"大数据应用开发（Java）" 1+X 职业技能等级证书配套教材
蓝桥学院 "Java 全栈工程师" 培养项目配套教材

Java 开源框架企业级应用

国信蓝桥教育科技（北京）股份有限公司　组编

颜　群　夏　汛　编著

电子工业出版社
Publishing House of Electronics Industry
北京·BEIJING

内容简介

本书是"大数据应用开发（Java）"1+X 职业技能等级证书配套教材，同时也是蓝桥学院"Java 全栈工程师"培养项目配套教材。本书共 17 章，以 MyBatis 基础、MyBatis 配置文件、SQL 映射文件、关联查询、查询缓存、MyBatis 高级开发、Spring 框架、Spring AOP、调度框架 Quartz、Spring 整合 MyBatis、Spring MVC、视图与表单、表单标签、文件上传与拦截器、异常处理与 Spring MVC 处理流程、SSM 整合与 Maven 为基础，通过清晰的图文和完整的案例演示了每项技术的使用细节，并且在本书的最后设置了第 17 章，介绍目前流行的 Spring Boot、Spring Cloud 等微服务技术。读者们学习本书后，可以快速掌握 Java 方向的主流框架技术，并将本书介绍的内容用于企业级项目开发中。

本书直接服务于"大数据应用开发（Java）"1+X 职业技能等级证书工作，可作为职业院校、应用型本科院校的计算机应用技术、软件技术、软件工程、网络工程和大数据应用技术等计算机类专业的教材，也可供从事计算机相关工作的技术人员参考。

未经许可，不得以任何方式复制或抄袭本书之部分或全部内容。
版权所有，侵权必究。

图书在版编目（CIP）数据

Java 开源框架企业级应用 / 国信蓝桥教育科技（北京）股份有限公司组编；颜群，夏汛编著. —北京：电子工业出版社，2021.12
ISBN 978-7-121-37564-4

Ⅰ.①J… Ⅱ.①国… ②颜… ③夏… Ⅲ.①JAVA 语言－程序设计－高等学校－教材 Ⅳ.①TP312.8

中国版本图书馆 CIP 数据核字（2021）第 265346 号

责任编辑：薛华强
印　　刷：北京七彩京通数码快印有限公司
装　　订：北京七彩京通数码快印有限公司
出版发行：电子工业出版社
　　　　　北京市海淀区万寿路 173 信箱　邮编：100036
开　　本：787×1 092　1/16　印张：23.5　字数：632 千字
版　　次：2021 年 12 月第 1 版
印　　次：2023 年 6 月第 2 次印刷
定　　价：69.00 元

凡所购买电子工业出版社图书有缺损问题，请向购买书店调换。若书店售缺，请与本社发行部联系，联系及邮购电话：（010）88254888，88258888。
质量投诉请发邮件至 zlts@phei.com.cn，盗版侵权举报请发邮件至 dbqq@phei.com.cn。
本书咨询联系方式：（010）88254569，QQ 1140210769，xuehq@phei.com.cn。

序

国务院 2019 年 1 月印发的《国家职业教育改革实施方案》明确提出，从 2019 年开始，在职业院校、应用型本科高校启动"学历证书+若干职业技能等级证书"制度试点（即"1+X"证书制度试点）工作。职业技能等级证书是职业技能水平的凭证，反映职业活动和个人职业生涯发展所需要的综合能力。

"1+X"证书制度的实施，有赖于教育行政主管部门、行业企业、培训评价组织和职业院校等多方力量的整合。培训评价组织是其中不可忽视的重要参与者，是职业技能等级证书及标准建设的主体，对证书质量、声誉负总责，其主要职责包括标准开发、教材和学习资源开发、考核站点建设、考核颁证等，并协助试点院校实施证书培训。

截至 2020 年 9 月，教育部分三批共遴选了 73 家培训评价组织，国信蓝桥教育科技（北京）股份有限公司（下称"国信蓝桥"）便是其中一家。国信蓝桥在信息技术领域和人才培养领域具有丰富的经验，其运营的"蓝桥杯"大赛已成为国内领先、国际知名的 IT 赛事，其蓝桥学院已为 IT 行业输送了数以万计的优秀工程师，其在线学习平台深受院校师生和 IT 人士的喜爱。

国信蓝桥在广泛调研企事业用人单位需求的基础上，在教育部相关部门的指导下制定了"1+X"《大数据应用开发（Java）职业技能等级标准》。该标准面向信息技术领域、大数据公司、互联网公司、软件开发公司、软件运维公司、软件营销公司等 IT 类公司、企事业单位的信息管理与服务部门，面向大数据应用系统开发、大数据应用平台建设、大数据应用程序性能优化、海量数据管理、大数据应用产品测试、技术支持与服务等岗位，规定了工作领域、工作任务及职业技能要求。

本丛书直接服务于职业技能等级标准下的技能培养和证书考取需要，包括 7 本教材：
- 《Java 程序设计基础教程》
- 《Java 程序设计高级教程》
- 《软件测试技术》
- 《数据库技术应用》
- 《Java Web 应用开发》
- 《Java 开源框架企业级应用》
- 《大数据技术应用》

目前，开展"1+X"试点、推进书证融通已成为院校特别是"双高"院校人才培养模式改革的重点。所谓书证融通，就是将"X"证书的要求融入学历证书这个"1"里面去，换言之，在人才培养方案的设计和实施中应包含对接"X"证书的课程。因此，选取本丛书的全部或部分作为专业课程教材，将有助于夯实学生基础，无缝对接"X"证书的考取和职业技能的提升。

为使教学活动更有效率，在线上、线下深度融合教学理念的指引下，丛书编委会为本丛书配备了丰富的线上学习资源。获取相关信息，请发邮件至 x@lanqiao.org。

最后，感谢教育部、行业企业及院校的大力支持！感谢丛书编委会全体同人的辛苦付出！感谢为本丛书出版付出努力的所有人！

郑 未

2020 年 12 月

丛书编委会

主　任：李建伟

副主任：毛居华　郑　未

委　员（以姓氏笔画为序）：

邓焕玉　刘　利　何　雄　张伟东　张　航　张崇杰

张慧琼　陈运军　段　鹏　夏　汛　徐　静　唐友钢

曹小平　彭　浪　董　岭　韩　坤　颜　群　魏素荣

前 言

掌握了 Java Web 基础知识后，我们应该能感受到 Java 在 Web 方向的巨大作用。从对象传递的范围选取到内置对象的设置、过滤器及监听器等工具的配备，Java 从不同角度为 Web 技术提供了强大的支持。此外，Java Web 的相关技术在编码层面也非常灵活，可以由开发人员任意掌控。但在上述技术中似乎存在某些可优化手段，比如能否把一些常见的功能封装起来，以便开发人员在编码时可以像面向对象那样直接调用封装好的功能，进而实现某些复杂的操作。其实，这些优化手段是可以实现的，这就会用到本书介绍的框架技术。简而言之，本书所介绍的技术，可以对 Java、Java Web 等技术进行简化。例如，MyBatis 相当于之前所学的 JDBC 的升级内容，开发人员可以用更少的代码实现更多的功能，而 Spring MVC 可以替代 Servlet 等。

读者在学习本书内容时，可能会发现一种常见的现象：在学习框架技术时，有的人学习得又快又好，而有的人花了大量的时间也很难得到提升。笔者认为，造成这种现象的一个重要原因就是，部分读者对 Java 和 Java Web 等基础知识的掌握不够深入。本书所介绍的一些框架技术看似和基础知识的关联不大，实际上，这些内容关联得非常密切，因为很多框架的底层理论都源自 Java 或 Java Web 基础知识，所以建议读者在学习本书内容前，务必对相关的基础知识有比较深刻的理解。

本书共 17 章，第 1~5 章介绍了 MyBatis 框架的基本使用方法，即使用 MyBatis 可以帮助开发人员快速地进行持久化操作；第 6 章介绍了 MyBatis 的扩展功能，包括逆向工程、MyBatis Plus 和通用 Mapper 等技术，使读者了解 MyBatis 的一些高级特性；第 7~10 章介绍了 Spring 的相关技术，包括 IoC、AOP 等 Spring 核心理论，以及使用 Spring 整合 Quartz 及 MyBatis 的方法；第 11~15 章介绍了 Spring MVC，从映射、视图、表单等方面完整地阐述了 Spring MVC 的核心技术；第 16 章则对前面介绍的 MyBatis、Spring 和 Spring MVC 进行了整合，这也是目前主流的企业级整合方案；第 17 章介绍了微服务构建框架 Spring Boot 和微服务治理框架 Spring Cloud，这两者也是目前微服务和分布式领域的主流技术，是每位高阶开发人员的必备技能。

本书是"大数据应用开发（Java）"1+X 职业技能等级证书配套教材，同时也是蓝桥学院"Java 全栈工程师"培养项目配套教材。为保证每位读者能够切实地掌握书中的内容，蓝桥学院搭建并部署了蓝桥云平台，在蓝桥云平台上提供了配套的实验环境、图文教程和视频课程，书中涉及的所有案例都可以在蓝桥云平台上模拟实现。

本书在易用性上进行了充分考虑，从零基础开始讲解，结合企业应用对知识点进行了取舍，对经典案例进行了改造升级，尽可能降低初学者的学习门槛。本书的内容、结构合理，在每章的开篇位置均设置了"本章简介"，用于概述本章的知识点；在每章的后半部分均设置了"本章小结",以便读者回顾本章内容;在每章的末尾均设置了"本章练习",从而帮助读者巩固相关知识。

本书由颜群和夏汛两位老师合作编著。颜群老师是阿里云云栖社区等知名互联网机构的特邀技术专家、认证专家,曾出版过多本专著,在互联网上发布了众多精品视频课程,并获得广泛好评。夏汛老师是泸州职业技术学院人工智能与大数据学院的副院长,具有丰富的软件开发经验和一线授课经验,主持开发了数十个大数据和企业信息化项目,指导学生参加各类竞赛,并在国赛等主要赛事中取得佳绩。上述两位老师分别来自国信蓝桥教育科技(北京)股份有限公司和泸州职业技术学院,因此本书是校企合作、多方参与编写的成果。

感谢丛书编委会各位专家、学者及老师的帮助和指导;感谢配合技术调研的企业及已毕业的学生;感谢蓝桥学院郑未院长对本书的编写指导;感谢蓝桥学院各位同事的大力支持和帮助。另外,本书参考与借鉴了一些专著、教材、论文、报告和网络上的成果、素材、结论和图文,在此向原创作者一并表示衷心的感谢。

期望本书的出版能够为软件开发相关专业的学生、程序员和广大编程爱好者快速入门带来帮助,也期望越来越多的人才加入软件开发行业中,为我国的信息技术发展做出贡献。

由于时间仓促,加之编者水平有限,疏漏和不足之处在所难免,恳请广大读者和社会各界朋友批评指正!

编者联系邮箱:x@lanqiao.org。

编 者

目 录

第 1 章 MyBatis 基础 1
1.1 持久化及 ORM 的概念 1
    1.1.1 持久化的概念 1
    1.1.2 持久化层 1
    1.1.3 ORM 的概念及优势 2
1.2 开发第一个基于 MyBatis 的程序 2
    1.2.1 MyBatis 配置文件简介 7
    1.2.2 SQL 映射文件简介 9
    1.2.3 使用 MyBatis 实现 CRUD 10
    1.2.4 使用 Mapper 动态代理优化程序 12
    1.2.5 MyBatis 调用存储过程实现 CRUD 16
1.3 本章小结 18
1.4 本章练习 18

第 2 章 MyBatis 配置文件 21
2.1 MyBatis 参数设置 21
    2.1.1 properties 属性 21
    2.1.2 settings 全局参数配置 22
2.2 为实体类定义别名 24
    2.2.1 单个别名定义 24
    2.2.2 批量别名定义 25
2.3 类型处理器 26
    2.3.1 内置类型处理器 26
    2.3.2 自定义类型处理器 27
2.4 本章小结 32
2.5 本章练习 32

第 3 章 SQL 映射文件 35
3.1 输入参数 35
    3.1.1 输入参数为简单类型 35
    3.1.2 输入参数为实体类对象 38
    3.1.3 输入参数为级联对象 40
    3.1.4 输入参数为 HashMap 对象 41
3.2 输出参数 42

		3.2.1 输出参数为简单类型或对象	42
		3.2.2 输出参数为 HashMap 对象	43
		3.2.3 使用 resultMap 指定输出类型及映射关系	44
	3.3	动态 SQL	45
		3.3.1 用 JDBC 实现动态 SQL	45
		3.3.2 用 MyBatis 实现动态 SQL	46
	3.4	本章小结	52
	3.5	本章练习	53
第 4 章		关联查询	55
	4.1	一对一查询	55
		4.1.1 使用扩展类实现一对一查询	56
		4.1.2 使用 resultMap 实现一对一查询	57
	4.2	一对多查询	59
	4.3	多对一查询与多对多查询	61
		4.3.1 多对一查询	61
		4.3.2 多对多查询	61
	4.4	延迟加载	62
		4.4.1 日志输出	62
		4.4.2 延迟加载详解	63
	4.5	本章小结	66
	4.6	本章练习	67
第 5 章		查询缓存	68
	5.1	一级缓存	68
	5.2	二级缓存	70
		5.2.1 使用二级缓存	71
		5.2.2 禁用二级缓存	73
		5.2.3 清理二级缓存	73
	5.3	整合第三方提供的二级缓存	75
	5.4	本章小结	78
	5.5	本章练习	79
第 6 章		MyBatis 高级开发	81
	6.1	MyBatis 逆向工程	81
		6.1.1 逆向工程简介	81
		6.1.2 使用 MyBatis Generator 生成代码	81
		6.1.3 MyBatis 批量操作	93
		6.1.4 PageHelper	97
	6.2	MyBatis Plus	99
		6.2.1 MyBatis Plus 映射关系	99
		6.2.2 使用 MyBatis Plus 实现 CRUD	105
		6.2.3 条件构造器与 AR 编程	107

	6.3	通用 Mapper	108
		6.3.1 Mapper 概述	109
		6.3.2 Mapper 中的 Selective 问题	111
		6.3.3 自定义 Mapper 组合	113
	6.4	本章小结	115
	6.5	本章练习	116
第 7 章	Spring 框架		117
	7.1	Spring 框架概述	117
		7.1.1 主流框架介绍	117
		7.1.2 搭建 Spring 框架的开发环境	118
		7.1.3 开发第一个 Spring IoC 程序	121
		7.1.4 Bean 的作用域	123
	7.2	Spring IoC	129
		7.2.1 Spring IoC 的发展	129
		7.2.2 通过 new()方法创建对象	130
		7.2.3 通过工厂模式获取对象	131
		7.2.4 通过 Spring IoC 容器获取对象	132
	7.3	依赖注入	133
		7.3.1 依赖注入简介	133
		7.3.2 依赖注入的三种方式	135
	7.4	自动装配	140
		7.4.1 根据属性名自动装配	140
		7.4.2 根据属性类型自动装配	141
		7.4.3 根据构造器自动装配	141
	7.5	基于注解方式的 IoC 配置	142
		7.5.1 使用注解定义 Bean	142
		7.5.2 使用注解实现自动装配	143
		7.5.3 扫描注解定义的 Bean	144
	7.6	本章小结	145
	7.7	本章练习	145
第 8 章	Spring AOP		147
	8.1	AOP 的原理	147
	8.2	AOP 的应用	149
		8.2.1 基于 XML 配置文件	149
		8.2.2 基于注解	156
		8.2.3 基于 Schema 配置	161
	8.3	Spring 配置文件	165
		8.3.1 配置文件的拆分思路	165
		8.3.2 配置文件的加载路径	166
		8.3.3 配置文件的整合	166

8.4	本章小结	168
8.5	本章练习	168

第 9 章 调度框架 Quartz ... 170

- 9.1 Quartz 框架 ... 170
  - 9.1.1 Quartz 框架的基本概念 ... 170
  - 9.1.2 Quartz 框架入门程序 ... 171
  - 9.1.3 JobExecutionContext ... 174
  - 9.1.4 ScheduleBuilder ... 176
- 9.2 在 Spring 中集成 Quartz ... 178
  - 9.2.1 Spring 整合 Quartz 的原理 ... 178
  - 9.2.2 通过实例演示 Spring 整合 Quartz ... 179
- 9.3 本章小结 ... 185
- 9.4 本章练习 ... 185

第 10 章 Spring 整合 MyBatis ... 187

- 10.1 Spring 整合 MyBatis 原理 ... 187
- 10.2 通过实例演示 Spring 整合 MyBatis ... 188
- 10.3 Spring 整合 MyBatis 后的事务管理 ... 193
- 10.4 本章小结 ... 200
- 10.5 本章练习 ... 201

第 11 章 Spring MVC ... 202

- 11.1 Spring MVC 入门 ... 202
  - 11.1.1 Spring MVC 的获取 ... 202
  - 11.1.2 开发第一个 Spring MVC 程序 ... 203
- 11.2 Spring MVC 映射 ... 207
  - 11.2.1 @RequestMapping ... 207
  - 11.2.2 Ant 风格 ... 211
  - 11.2.3 使用@PathVariable 获取动态参数 ... 212
  - 11.2.4 REST 风格 ... 213
  - 11.2.5 使用@RequestParam 获取请求参数 ... 215
- 11.3 使用 Spring MVC 获取特殊参数 ... 217
  - 11.3.1 @RequestHeader 与@CookieValue ... 217
  - 11.3.2 实体参数与 Servlet API 的使用 ... 219
- 11.4 处理模型数据 ... 221
  - 11.4.1 使用 ModelAndView 处理数据 ... 221
  - 11.4.2 使用 Map、ModelMap、Model 作为方法的参数处理数据 ... 222
  - 11.4.3 使用@SessionAttributes 注解处理数据 ... 223
  - 11.4.4 使用@ModelAttribute 注解处理数据 ... 224
- 11.5 本章小结 ... 227
- 11.6 本章练习 ... 228

第12章 视图与表单 ... 230
12.1 视图 ... 230
12.1.1 视图组件 View ... 230
12.1.2 视图解析器 ViewResolver ... 231
12.2 处理静态资源 ... 237
12.2.1 静态资源的特殊性 ... 237
12.2.2 使用 Spring MVC 处理静态资源 ... 238
12.3 处理表单数据 ... 239
12.3.1 类型转换 ... 239
12.3.2 格式化数据 ... 241
12.3.3 数据校验 ... 244
12.4 本章小结 ... 247
12.5 本章练习 ... 248

第13章 表单标签 ... 250
13.1 form 标签 ... 250
13.1.1 绑定表单对象 ... 250
13.1.2 支持所有的表单提交方式 ... 253
13.2 表单元素 ... 255
13.2.1 input 标签、hidden 标签、password 标签和 textarea 标签 ... 255
13.2.2 checkbox 标签和 checkboxes 标签 ... 255
13.2.3 radiobutton 标签和 radiobuttons 标签 ... 263
13.2.4 select 标签 ... 265
13.2.5 option 标签和 options 标签 ... 266
13.2.6 errors 标签 ... 271
13.3 本章小结 ... 275
13.4 本章练习 ... 276

第14章 文件上传与拦截器 ... 277
14.1 文件上传 ... 277
14.1.1 文件上传原理 ... 277
14.1.2 使用 Spring MVC 实现文件上传实例 ... 277
14.2 Spring MVC 拦截器 ... 279
14.2.1 拦截器简介 ... 279
14.2.2 拦截器的使用步骤 ... 280
14.2.3 拦截器的拦截配置 ... 281
14.3 使用 Spring MVC 整合 JSON ... 282
14.4 本章小结 ... 284
14.5 本章练习 ... 284

第15章 异常处理与 Spring MVC 处理流程 ... 286
15.1 异常处理 ... 286
15.1.1 ExceptionHandlerExceptionResolver ... 286

	15.1.2	ResponseStatusExceptionResolver	289
	15.1.3	DefaultHandlerExceptionResolver	291
	15.1.4	SimpleMappingExceptionResolver	292
15.2	Spring MVC 执行流程		294
	15.2.1	Spring MVC 核心对象	294
	15.2.2	Spring MVC 处理流程	295
15.3	本章小结		298
15.4	本章练习		299

第 16 章 SSM 整合与 Maven 300

16.1	SSM 整合		300
	16.1.1	SSM 整合的基本步骤	300
	16.1.2	优化 SSM 整合	305
16.2	Maven		307
	16.2.1	Maven 的安装	307
	16.2.2	开发第一个 Maven 项目	308
	16.2.3	使用 Maven 重构 SSM 项目	313
16.3	本章小结		319
16.4	本章练习		319

第 17 章 微服务 321

17.1	Spring Boot		321
	17.1.1	Spring Boot 基础	322
	17.1.2	使用 Spring Boot 开发 Web 应用	332
17.2	Spring Cloud		337
	17.2.1	微服务概述	337
	17.2.2	Spring Cloud 生态概述	338
	17.2.3	使用 Spring Cloud 构建微服务项目	339
17.3	本章小结		349
17.4	本章练习		350

附录 A 部分练习参考答案及解析 351
参考文献 361

第1章　MyBatis 基础

本章简介

MyBatis 是一款优秀的 ORM 框架，本章将介绍 MyBatis 的基本概念、开发流程，并通过一个简单的案例，示范如何开发基于 MyBatis 的应用程序。此外，本章还会介绍"约定优于配置"的开发思想，并简要解释 MyBatis 的工作原理。

1.1　持久化及 ORM 的概念

无论是 JDBC 还是 MyBatis，都是"持久化"的具体应用。在本章中，将介绍持久化的相关概念、持久化解决方案中的 ORM，以及 MyBatis 与它们之间的关系。

1.1.1　持久化的概念

持久化是指将内存中的数据转化并存储到数据库、文件等外存中。Java 基础编程中的持久化，最常见的方式是通过 SQL 语句将数据存储到关系型数据库中。

1.1.2　持久化层

如图 1.1 所示，持久化层是专门与数据库打交道的层，作为基础层被业务层调用。不难发现，持久化层就是三层架构中的数据访问层。

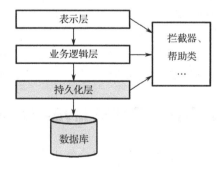

图 1.1　持久化层是分层体系结构的基础

1.1.3 ORM 的概念及优势

持久化层有若干实现方案,如通过 JDBC 调用 SQL 语句存取数据的方式,还有序列化对象的方式等。就技术发展的现状而言,ORM 是最好的方式之一。

ORM 是一种持久化的解决方案,主要是把对象模型和关系型数据库的关系模型映射起来,并且使用元数据对这些映射进行描述。如图 1.2 所示,实体类的定义可以和数据表的定义映射起来,类的属性定义可以和数据表的字段定义映射起来,内存中的一个实体对象可以和一行已经存在的数据或即将插入的数据映射起来。这样映射起来后,通过某种自动化的 SQL 生成机制便可达到"操作对象就是操作数据库"的目标。

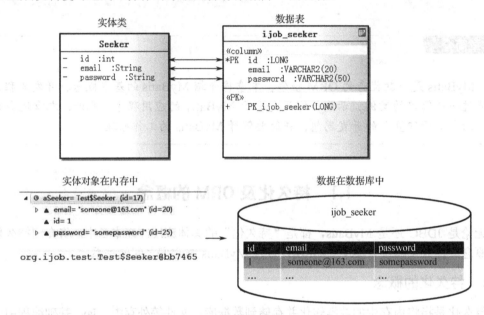

图 1.2 ORM 示意图

具体来说,ORM 解决方案提供以下四种主要功能:

(1)基本增、删、改、查 API。例如,session.insert(…)等效于执行一条 insert SQL 语句。

(2)对象或属性查询 API。例如,session.selectList(…)等效于执行一条 select SQL 语句。

(3)规范映射元数据。ORM 解决方案需要规范映射的方式,通常选择 XML 存储映射元数据,因为 XML 便于读取和规范格式。

(4)事务控制、延迟加载等优化功能。

说明:对象持久化是一个基本概念,ORM 是这个概念的一种解决方案,而 MyBatis 是一款 ORM 持久化层框架,是一个完整的 ORM 工具,提供了上述所有 ORM 的功能。

1.2 开发第一个基于 MyBatis 的程序

MyBatis 曾被称为 iBatis。iBatis 是 Apache 的一个开源项目,2010 年被迁移到了 Google Code,并且改名为 MyBatis。

MyBatis 是一款优秀的 ORM 持久化层框架。MyBatis 消除了绝大部分 JDBC 代码,简化了 SQL 参数设置，封装了结果集检索。MyBatis 可以使用简单的 XML 或注解方式来配置映射，将 POJO（普通的 Java 对象、实体类对象）映射成数据库中的记录。本书基于 MyBatis3.x 版本进行讲解。

下面先通过一个简单例子，了解使用 MyBatis 的整体思路和开发流程。

（1）获取 MyBatis 驱动包。可以在官网中下载 MyBatis 的资源文件 mybatis-3.x.x.zip，解压后可得到如表 1.1 所示的文件。

表 1.1 MyBatis 文件列表

文 件 名	简 介
mybatis-3.x.x.jar	MyBatis 的类库
mybatis-3.x.x -javadoc.jar	MyBatis 的 API 帮助文档
mybatis-3.x.x -sources.jar	MyBatis 的源代码
mybatis-3.x.x.pdf	MyBatis 的开发向导

（2）创建一个普通的 Java 项目，并将 mybatis-3.x.x.jar 和 mysql-connector-java-版本号.jar（MySQL 驱动包）添加到项目的构建路径（Build Path）中。

（3）创建（或使用之前已有的）"学生表"，各字段名及类型如表 1.2 所示。

表 1.2 学生表的字段名及类型

字 段 名	类 型	字 段 名	类 型
stuNo	int	stuAge	int
stuName	varchar(50)	graName	varchar(50)

创建完毕，加入一些数据，如图 1.3 所示。

图 1.3 学生表

（4）创建与学生表对应的实体类，代码详见程序清单 1.1。
org.lanqiao.entity.Student.java：

```
package org.lanqiao.entity;
public class Student{
    //学号
    private int stuNo;
    //姓名
    private String stuName;
    //年龄
    private int stuAge;
```

```
//年级
private String graName;
//省略无参、各种带参的构造方法
//省略 setter、getter

//为了方便地输出对象中的内容，重写toString()方法
@Override
public String toString(){
    return    "学号:"+this.stuNo+"\t 姓名:"+this.stuName
            +"\t 年龄:"+this.stuAge+"\t 年级:"+this.graName;
}
}
```

程序清单 1.1

（5）创建学生表与学生类的映射关系文件——SQL 映射文件，代码详见程序清单 1.2。
org/lanqiao/entity/studentMapper.xml：

```xml
<?xml version="1.0" encoding="UTF-8" ?>
<!DOCTYPE mapper PUBLIC "-//mybatis.org//DTD Mapper 3.0//EN"
"http://mybatis.org/dtd/mybatis-3-mapper***.dtd">
<mapper namespace="org.lanqiao.entity.studentMapper">
    <select id=" queryStudentByNo" parameterType="int"
        resultType="org.lanqiao.entity.Student">
        select * from student where stuNo=#{stuNo}
    </select>
</mapper>
```

程序清单 1.2

说明：在 SQL 映射文件中，SQL 语句（如 select * from …）的最后不加分号";"。
（6）创建 MyBatis 的配置文件，代码详见程序清单 1.3。
在项目的 src 目录下新建 conf.xml：

```xml
<?xml version="1.0" encoding="UTF-8" ?>
<!DOCTYPE configuration
PUBLIC "-//mybatis.org//DTD Config 3.0//EN"
"http://mybatis.org/dtd/mybatis-3-config***.dtd">
<configuration>
    <environments default="development">
        <environment id="development">
            <transactionManager type="JDBC" />
            <!-- 配置数据库连接信息 -->
            <dataSource type="POOLED">
                <property name="driver"
                    value="com.mysql.jdbc.Driver" />
                <property name="url"
                    value="jdbc:mysql://localhost:3306" />
                <property name="username" value="root" />
```

```xml
                <property name="password" value="root" />
            </dataSource>
        </environment>
    </environments>
    <!-- 在配置文件（conf.xml）中注册 SQL 映射文件（studentMapper.xml）-->
    <mappers>
        <mapper resource="org/lanqiao/entity/studentMapper.xml" />
    </mappers>
</configuration>
```

程序清单 1.3

说明：配置文件 conf.xml 及映射文件 studentMapper.xml 中的头信息、约束、子元素等，不必自己手写。可以在前述 mybatis-3.x.x.zip 的解压文件里找到 mybatis-3.x.x.pdf，此向导文件中就有 MyBatis 的配置及映射模板，复制后修改相关属性值即可。

（7）编写测试类：执行在 SQL 映射文件中定义的 select 语句，代码详见程序清单 1.4。
org.lanqiao.test.TestMyBatis.java：

```java
package org.lanqiao.test;
//省略 import
public class TestMyBatis{
    public static void main(String[] args) throws IOException {
        String resource = "conf.xml";
        //加载 MyBatis 的配置文件
        Reader reader = Resources.getResourceAsReader(resource);
        //创建 SqlSession 的工厂
        SqlSessionFactory sessionFactory
                = new SqlSessionFactoryBuilder().build(reader);
        //创建能够执行 SQL 映射文件中 SQL 语句的 SqlSession 对象
        SqlSession session = sessionFactory.openSession();
        //指定 SQL 语句对应的标识字符串：namespace+id
        String statement = "org.lanqiao.entity.studentMapper" + ". queryStudentByNo ";
        //执行查询，返回一个学号为 32 的 Student 对象
        Student student = session.selectOne(statement, 32);
        System.out.println(student);
        session.close();
    }
}
```

程序清单 1.4

在测试类中，statement 变量指向了 SQL 映射文件中 id 为 getStudentByNo 的<select>标签，并通过 SqlSession 对象的 selectOne()方法，将"32"传入该<select>标签中，最后<select>标签中的 SQL 语句通过占位符"#{stuNo}"将"32"赋值给 stuNo。

执行测试类 TestMyBatis.java，运行结果如图 1.4 所示。

图 1.4 运行结果

通过以上流程，可以发现 MyBatis 执行的总体思路如下：MyBatis 应用程序根据 XML 配置文件（conf.xml）创建 SqlSessionFactory，再由 SqlSessionFactory 创建一个 SqlSession 对象。SqlSession 对象包含执行 SQL 所需要的所有方法，可以直接运行 SQL 语句，完成对数据的增、删、改、查等操作。其中 SQL 语句存放在 SQL 映射文件（如 studentMapper.xml）中，应用程序可以通过 SQL 映射文件中的 namespace+id 找到对应的 SQL 语句。

在使用 MyBatis 时，大部分操作都是通过 SqlSession 对象完成的。SqlSession 对象的常用方法如表 1.3 所示。

表 1.3 SqlSession 对象的常用方法

方法	简 介
int insert(String statement,Object parameter)	执行数据库的"增加"操作。如果 SQL 语句中没有参数，可以使用重载方法 int insert(String statement) 返回值表示实际增加了几条数据
int delete(String statement,Object parameter)	执行数据库的"删除"操作。如果 SQL 语句中没有参数，可以使用重载方法 int delete(String statement) 返回值表示实际删除了几条数据
int update(String statement,Object parameter)	执行数据库的"修改"操作。如果 SQL 语句中没有参数，可以使用重载方法 int update(String statement) 返回值表示实际修改了几条数据
<T> T selectOne(String statement,Object parameter);	执行数据库的"单行查询"操作，如 select * from student where stuno = 1。如果 SQL 语句中没有参数，可以使用重载方法<T> T selectOne(String statement) 返回值表示结果数据封装而成的对象，返回值类型通过 SQL 映射文件中的 resultType 属性指定
<E> List<E> selectList(String statement, Object parameter);	执行数据库的"多行查询"操作，如 select * from student。如果 SQL 语句中没有参数，可以使用重载方法<E> List<E> selectList (String statement) 返回值表示结果数据封装而成的集合对象，集合元素的类型通过 SQL 映射文件中的 resultType 属性指定
void commit()	事务的提交语句。需要注意的是，在执行增、删、改（insert()、delete()、update()）命令后，必须执行 commit()提交事务，否则数据库表中的数据不会发生任何变化

第 1 章 MyBatis 基础

方法中的参数说明如下：
- statement：即将执行的 SQL 语句。该 SQL 语句由 SQL 映射文件中的 namespace 和元素的 id 值指定。
- parameter：SQL 语句需要的参数值，与映射文件 SQL 语句中的占位符一一对应。更详尽的 parameter 使用方法，会在本书的第 3 章进行介绍。

以上是一个 MyBatis 的入门示例，接下来详细讲解 MyBatis 的具体使用方法。

1.2.1 MyBatis 配置文件简介

以下是官方提供的 MyBatis 配置文件（conf.xml）模板，代码详见程序清单 1.5。

```xml
<?xml version="1.0" encoding="UTF-8" ?>
<!DOCTYPE configuration
PUBLIC "-//mybatis.org//DTD Config 3.0//EN"
"http://mybatis.org/dtd/mybatis-3-config***.dtd">
<configuration>
    <environments default="development">
        <environment id="development">
            <transactionManager type="JDBC" />
            <dataSource type="POOLED">
                <property name="driver" value="${driver}" />
                <property name="url" value="${url}" />
                <property name="username" value="${username}" />
                <property name="password" value="${password}" />
            </dataSource>
        </environment>
    </environments>
    <mappers>
        <mapper resource="org/mybatis/example/BlogMapper.xml" />
    </mappers>
</configuration>
```

程序清单 1.5

其中主要的元素及属性含义如下。

1．多环境配置

```
<environments default="development">
```

environments：可以为同一个 MyBatis 项目配置多种不同的数据库环境，如开发环境、测试环境、工作环境等。因此在 MyBatis 中，可以使用相同的 SQL 映射来操作不同环境的数据库。但要注意，虽然允许配置多种不同的环境，但在使用时，environments 只能选择唯一的环境，即通过 environments 元素的 default 属性来指定默认使用的 environment 的 id 值。这样可以方便开发者快速地在不同数据库环境之间切换。此外，每个数据库环境（environment 元素）在程序中都对应着一个 SqlSessionFactory 对象。

default：指定一个环境 id，与子元素 <environment> 的 id 属性值对应。

前述在测试类 TestMyBatis.java 中，通过配置文件（conf.xml）创建的 SqlSessionFactory

对象，就是根据数据库环境 environment 元素的内容产生的：

```
String resource = "conf.xml";
//加载 MyBatis 的配置文件
Reader reader = Resources.getResourceAsReader(resource);
//创建 SqlSession 的工厂
SqlSessionFactory sessionFactory
        = new SqlSessionFactoryBuilder().build(reader);
```

以上，是根据 environments 元素中 default 属性指定的数据库环境而产生的 SqlSessionFactory 对象。除此以外，还可以在 Java 代码中显式地指定数据库环境 id：

```
SqlSessionFactory sessionFactory
        = new SqlSessionFactoryBuilder().build(reader,"development");
```

在上述代码中，通过 build()方法的第二个参数，将数据库环境 id 指定为 development 所代表的 environment。

2．具体环境配置

<environment> 是 <environments> 的子元素，表示具体的数据库环境，它又有 <transactionManager>和<dataSource>两个子元素，用于配置该数据库环境的事务管理和数据源参数。

（1）事务管理器。语法如下：

```
<transactionManager type="JDBC" />
```

type：指定事务管理器类型。在 MyBatis 中，有两种事务管理器类型：JDBC 和 MANAGED，如表 1.4 所示。

表 1.4　事务管理器类型

类型	简介
JDBC	使用 JDBC 提交和回滚管理事务，即利用 java.sql.Connection 对象完成对事务的提交（commit()）、回滚（rollback()）、关闭（close()）等

MANAGED	MyBatis 自身不管理事务，而是把事务托管给容器（如 Spring、JBOSS、Weblogic 容器）。默认情况下，会关闭连接，若不想关闭，则需要按以下方式配置：
	`<transactionManager type="MANAGED">`
	`    <property name="closeConnection" value="false"/>`
	`</transactionManager>`

（2）数据源。语法如下：

```
<dataSource type="POOLED">
```

type：指定数据源类型。在 MyBatis 中，有三种数据源类型：UNPOOLED、POOLED 和 JNDI。

UNPOOLED：每次被请求时简单打开和关闭连接，需要配置的属性如表 1.5 所示。

表 1.5　UNPOOLED 属性

属　性　名	简　　介
driver	JDBC 驱动的 Java 全类名
url	数据库的 JDBC URL 地址
username	登录数据库的用户名
password	登录数据库的密码
defaultTransactionIsolationLevel	默认事务隔离级别

POOLED：数据库连接池类型，它使得数据库连接可被复用，不必在每次请求时都去创建一个新的连接。

JNDI：从 tomcat 等容器中获取数据源。

3．映射文件

映射文件。语法如下：

```
<mappers>
    <mapper resource="org/mybatis/example/BlogMapper.xml" />
</mappers>
```

mappers：用于罗列 SQL 映射文件。

mapper 的 resource 属性：SQL 映射文件（XxxMapper.java）的相对路径。

1.2.2　SQL 映射文件简介

SQL 映射文件（XxxMapper.java）的基础模板（以 select 查询操作为例），代码详见程序清单 1.6。

```
<?xml version="1.0" encoding="UTF-8" ?>
<!DOCTYPE mapper PUBLIC "-//mybatis.org//DTD Mapper 3.0//EN"
"http://mybatis.org/dtd/mybatis-3-mapper***.dtd">
<mapper namespace="{namespace}">
    <select id="{id}" parameterType="{ptype}" resultType="{rtype}">
        SQL 语句，如 select * from student where stuNo=#{stuNo}
    </select>
</mapper>
```

程序清单 1.6

映射文件中的主要元素及属性的含义如下。

1．命名空间

命名空间的语法如下：

```
<mapper namespace="{namespace}">
```

用 namespace 属性给此映射文件设置一个命名空间，通常使用 "xxx.xxx.xxx" 的形式，并且习惯上通过映射文件的路径名转换得到 namespace 的值。例如，映射文件的路径是 org/lanqiao/entity/studentMapper.xml，那么 namespace 的值就是 "org.lanqiao.entity.studentMapper"。

2. 查询标签

查询标签的语法如下：

```
<select id="{id}" parameterType="{ptype}"    resultType="{rtype}">
    <!-- SQL 语句，如 select * from student where stuNo=#{stuNo} -->
</select>
```

id：唯一标识符。程序可以通过"命名空间+唯一的标识符"（namespace+id）定位此<select>标签中的 SQL 语句。

parameterType：传入 SQL 语句中的参数类型。例如，当 SQL 语句中的 stuNo=#{stuNo}需要传入一个 int 型的 stuNo 时，就可以通过 parameterType="int"将输入参数的类型设置为 int。

resultType：SQL 语句查询的返回类型。例如，select * from student …返回的是一个学生的全部信息，可以用学生对象集合保存，因此返回类型应该是 List<Student>类型。但在 MyBatis 中，无论返回值是一个对象还是一个集合，resultType 都只能设置为对象或集合元素的类型，而不能是集合类型，因此本例中 resultType 属性正确的写法是 resultType="org.lanqiao.entity.Student"。

除查询标签<select>外，还有增加<insert>、修改<update>、删除<delete>等标签，会在后面讲解。

1.2.3 使用 MyBatis 实现 CRUD

CRUD 指 Create、Retrieve、Update 和 Delete，即常说的"增、删、改、查"操作，也是每个项目的基本功能。

现在在已有查询功能的基础上，实现一套完整的 CRUD，学生表、学生实体类 Student.java、MyBatis 配置文件 conf.xml 和之前完全一样，代码详见程序清单 1.7 和程序清单 1.8。

SQL 映射文件 org/lanqiao/entity/studentMapper.xml：

```
...
<mapper namespace="org.lanqiao.entity.studentMapper">
    <!-- 增加一个学生 -->
    <insert id="addStudent"
            parameterType="org.lanqiao.entity.Student">
        insert into student(stuNo,stuName,stuAge,graName)
        values(#{stuNo},#{stuName},#{stuAge},#{graName})
    </insert>

    <!-- 根据学号，删除一个学生 -->
    <delete id="deleteStudentByNo" parameterType="int">
        delete from student where stuNo=#{stuNo}
    </delete>

    <!-- 根据学号，修改学生信息 -->
    <update id="updateStudentByNo"
            parameterType="org.lanqiao.entity.Student">
        update student set stuName=#{stuName},stuAge=#{stuAge},
```

```xml
                graName=#{graName} where stuNo=#{stuNo}
    </update>

    <!-- 根据学号，查询一个学生 -->
    <select id="queryStudentByNo" parameterType="int"
            resultType="org.lanqiao.entity.Student">
        select * from student where stuNo=#{stuNo}
    </select>

    <!-- 查询全部学生 -->
    <select id="getAllStudents"
            resultType="org.lanqiao.entity.Student">
        select * from student
    </select>
</mapper>
```

程序清单 1.7

测试类 org.lanqiao.test.TestMyBatis.java：

```java
package org.lanqiao.test;
//省略 import
public class TestMyBatis{

    //增加一个学生
    public static void testAdd() throws IOException{
        …
        //指定 SQL 语句对应的标识字符串 namespace+id
        String statement = "org.lanqiao.entity.studentMapper"
                        + ".addStudent";
        Student stu = new Student(7, "路人甲", 22, "一年级");
        session.insert(statement, stu);
        session.commit();
        session.close();
    }

    //根据学号，删除一个学生
    public static void testDeleteByNo() throws IOException{
        …
        String statement = "org.lanqiao.entity.studentMapper"
                        + ".deleteStudentByNo";
        session.delete(statement, 7);
        session.commit();
        session.close();
    }

    //根据学号，修改学生信息
    public static void testUpdate() throws IOException{
```

```
            …
            String statement = "org.lanqiao.entity.studentMapper"
                            + ".updateStudentByNo";
            Student stu = new Student(7, "路人乙", 33, "二年级");
            session.update(statement, stu);
            session.commit();
            session.close();
    }

    //根据学号查询一个学生
    public static void testQueryStudentByNo () throws IOException{
            …
                    String statement = "org.lanqiao.entity.studentMapper"
                                    + ".queryStudentByNo ";
            //执行查询，返回一个学号为 32 的 Student 对象
            Student student = session.selectOne(statement, 32);
            System.out.println(student);
            session.close();
    }

    //查询全部学生
    public static void testQueryAll() throws IOException         {
            String statement = "org.lanqiao.entity.studentMapper"
                            + ".queryAllStudents";
            //执行查询，返回一个学号为 32 的 Student 对象
            List<Student> students = session.selectList(statement);
            System.out.println(students);
            session.close();
    }

    public static void main(String[] args) throws IOException {
            testQueryStudentByNo ();//根据学号，查询一个学生
            testAdd();//增加一个学生
            testUpdate();//根据学号，修改一个学生
            testDeleteByNo();//根据学号，删除一个学生
            testQueryAll();//查询全部学生
    }
}
```

程序清单 1.8

需要注意，执行增 insert()、删 delete()、改 update()操作后，必须执行 session.commit()方法提交事务，否则不会对数据库表中的数据产生影响。

1.2.4 使用 Mapper 动态代理优化程序

有一条软件设计范式被称为"约定优于配置"，就是说如果有一些值没被配置，那么程序就会使用默认值（即"约定"）。换句话说，如果能按照"约定"去开发程序，就不需要配置了。

之前开发的 MyBatisDemo 项目，在测试类（TestMyBatis.java）里，每执行一个数据库操作（增、删、改、查），都必须通过 statement 变量指向 SQL 映射文件（studentMapper.xml）中某个标签的 namespace+id 值（例如，String statement = "org.lanqiao.entity.studentMapper" + ".addStudent"，就是用 namespace+id 的方式指定"增加"所需要的 SQL 语句）。可以发现，使用这种硬编码方式指定 SQL 语句时，开发起来比较烦琐，因此可以使用"约定优于配置"设计范式进行简化：使用"约定"省略 statement 变量的配置。具体实现步骤如下。

（1）在之前的 MyBatis 项目上进行二次开发。其中，学生表、学生实体类（Student.java）均与之前的完全一样。

（2）新建接口，在接口中定义操作数据库的方法，并给方法增加一些"约定"。其中，"约定"需要参照 SQL 配置文件（studentMapper.xml）中的各标签（如<select>），代码如下：

```
<!-- 根据学号，查询一个学生 -->
<select id="queryStudentByNo" parameterType="int"
        resultType="org.lanqiao.entity.Student">
    select * from student where stuNo=#{stuNo}
</select>
```

接口中方法的具体"约定"如下。

①方法名和 SQL 配置文件（studentMapper.xml）中相关方法的 id 值相同。例如，SQL 配置文件中"查询一个学生"的<select>标签的 id 值是 queryStudentByNo，那么在接口中"查询一个学生"的方法名就必须是 queryStudentByNo()。

②方法的输入参数类型和 SQL 配置文件中 parameterType 的类型相同。例如，SQL 配置文件中"查询一个学生"的 parameterType 类型是 int，则在接口中"查询一个学生"方法的输入参数类型就必须是 int，即 getStudentByNo(int stuNo)。特殊情况：如果 SQL 配置文件中不存在 parameterType，则表示该方法是一个无参方法。

③方法的返回值类型和 SQL 配置文件中 resultType 的类型相同。例如，SQL 配置文件中"查询一个学生"的 resultType 类型是"org.lanqiao.entity.Student"，则在接口中"查询一个学生"方法的返回值类型就必须是 org.lanqiao.entity.Student（或简写为 Student），即 Student getStudentByNo(int stuNo){ … }。特殊情况：情况一，SQL 配置文件中不存在 resultType，表示方法的返回值为 void；情况二，方法的返回值是一个集合类型（如返回类型是 List<Student>），然而，SQL 配置文件中的 resultType 不能是集合类型，而应该是集合中的元素类型（例如，在配置文件中要使用 resultType="org.lanqiao.entity.Student"表示返回值类型 List<Student>）。

可以发现，有了上述三条"约定"，MyBatis 就能将接口中的方法和数据库标签（如<select>、<insert>等）一一对应起来，而不再需要使用 statement 变量指定。

另外，之前在学习接口时已经知道"接口中的方法必须是 public、abstract"。

综上，按照以上三条"约定"可知接口的定义如下，代码详见程序清单 1.9。

org.lanqiao.mapper.IStudentMapper.java：

```
package org.lanqiao.mapper;
import java.util.List;
import org.lanqiao.entity.Student;
public interface IStudentMapper{
```

```
            //按照"约定"编写的"根据学号,查询一个学生"的接口方法
            public abstract Student queryStudentByNo (int stuNo);
            //按照"约定"编写的"查询全部学生"的接口方法
            public abstract List<Student> queryAllStudents ();
            //按照"约定"编写的"增加一个学生"的接口方法
            public abstract void addStudent(Student student);
            //按照"约定"编写的"根据学号,删除一个学生"的接口方法
            public abstract void deleteStudentByNo(int stuNo);
            //按照"约定"编写的"根据学号,修改一个学生"的接口方法
            public abstract void updateStudentByNo(int stuNo);
        }
```

程序清单 1.9

（3）修改的 SQL 映射文件 studentMapper.xml 将 mapper 的 namespace 值修改为接口 IStudentMapper.java 的"包名+接口名"。

org/lanqiao/entity/studentMapper.xml：

```
...
<mapper namespace="org.lanqiao.mapper.IStudentMapper">
    ...
</mapper>
```

可以发现，MyBatis 就是通过 namespace 的值定位接口的路径，并用接口中编写方法的"约定"将 SQL 映射文件中的各数据库标签（如<select>、<insert>等）与接口中的方法一一对应的。有了接口方法和数据库标签的一一对应关系，也就可以直接通过接口中的方法名定位数据库标签，而不必使用 statement 变量定位数据库标签。

（4）习惯上，当使用此种基于约定的"Mapper 动态代理方式"实现 MyBatis 时，会把 SQL 映射文件和接口放在同一个包下。因此需要将项目中的 studentMapper.xml 移动到接口所在的包 org.lanqiao.mapper 中。移动文件后，注意修改 MyBatis 配置文件（conf.xml）中的 SQL 配置文件路径，代码如下。

conf.xml：

```
...
<configuration>
    ...
    <mappers>
        <mapper resource="org/lanqiao/mapper/studentMapper.xml" />
    </mappers>
</configuration>
```

（5）在测试类中编写测试代码。

以上工作完成后，就可以使用 Mapper 动态代理实现 MyBatis 程序了。

采用 Mapper 动态代理方式，还需要借助 SqlSession 接口中的 getMapper()方法，如表 1.6 所示。

表 1.6 getMapper()方法

方　　法	简　　介
<T> T getMapper(Class<T> type)	传入一个接口类型（接口.class）的对象，返回代理对象

下面以"查询一个学生"为例进行演示，代码详见程序清单 1.10。
org.lanqiao.test.TestMyBatis.java：

```
package org.lanqiao.test;
//省略 import
public class TestMyBatis{
    …
    //根据学号查询一个学生
    public static void testQueryByNoWithMapper() throws IOException{
        String resource = "conf.xml";
        Reader reader = Resources.getResourceAsReader(resource);
        SqlSessionFactory sessionFactory
                = new SqlSessionFactoryBuilder().build(reader);
        SqlSession session = sessionFactory.openSession();
        //传入 IStudentMapper 接口，返回该接口的代理对象 studentMapper
        IStudentMapper studentMapper
                = session.getMapper(IStudentMapper.class);
        //通过 Mapper 代理对象 studentMapper，调用 IStudentMapper 接口中的方法
        Student student = studentMapper.getStudentByNo(31);

        System.out.println(student);
        session.close();
    }
    public static void main(String[] args) throws IOException{
        testQueryByNoWithMapper();
        …
    }
}
```

程序清单 1.10

执行测试类 TestMyBatis.java，运行结果如图 1.5 所示。

图 1.5 运行结果

可以发现，使用 Mapper 代理的方法开发 MyBatis，开发者只需按照一定的"约定"编写接口及接口中的方法，并且不用编写接口的实现类，就可以直接通过接口中的方法执行 SQL 映射文件中的 SQL 语句。在 MyBatis 的官方文档中，也推荐使用此种方式开发程序。

1.2.5 MyBatis 调用存储过程实现 CRUD

MyBatis 还可以通过调用数据库中的存储过程实现 CRUD 等功能。本节以查询和删除为例进行演示，代码详见程序清单 1.11。

SQL 映射文件 org/lanqiao/entity/studentMapper.xml：

```xml
...
    <!-- 调用存储过程，查询指定年级的学生人数 -->
    <select id="queryCountByGradeWithProcedure" statementType="CALLABLE" useCache="false">
        {
            CALL query_count_byGrade(
                #{gName,jdbcType=VARCHAR,mode=IN},
                #{sCount,jdbcType= INTEGER,mode=OUT}
            )
        }
    </select>
    <!-- 调用存储过程，删除指定学号的学生 -->
    <delete id="deleteByStunoWithProcedure" statementType="CALLABLE" >
        {
            CALL delete_ByStuno(
                #{sno,jdbcType=NUMERIC,mode=IN}
            )
        }
    </delete>
```

程序清单 1.11

通过关键字 CALL 及 statementType="CALLABLE"指定查询方式为"调用存储过程"；还可以将 statementType 的值设置为 STATEMENT 或 PREPARED（默认），表示使用 Statement 或 PreparedStatement 的方式查询。并且在查询过程中，需要设置 useCache="false"关闭缓存。

此外，存储过程的参数值需要通过 jdbcType 指定数据类型，并通过 mode 指定为输入参数 IN 或输出参数 OUT，代码详见程序清单 1.12 和程序清单 1.13。

动态代理接口 org.lanqiao.mapper.IStudentMapper.java：

```java
package org.lanqiao.maper;
import java.util.List;
import org.lanqiao.entity.Student;
public interface IStudentMapper{
    ...
    //调用存储过程查询
    public abstract void queryCountByGradeWithProcedure(Map<String, Object> param);
    //调用存储过程删除
    public abstract void deleteByStunoWithProcedure(Map<String, Object> param);

}
```

程序清单 1.12

测试类 org.lanqiao.test.TestMyBatis.java：

```java
package org.lanqiao.test;
//省略 import
public class TestMyBatis{
    public static void testQueryCountByGradeWithProcedure() throws IOException{
        …
        IStudentMapper studentMapper = session.getMapper(IStudentMapper.class);

        Map<String, Object> params = new HashMap<String, Object>();
        //通过 Map 对象，给 SQL 映射文件传递输入参数
        params.put("gName", "初级");
        studentMapper.queryCountByGradeWithProcedure(params);
        //根据 Map 对象，获取存储过程的 OUT 参数
        Object result = params.get("sCount");
        System.out.println("就业班的人数为："+ result);
        …
    }
    public static void testDeleteWithProcedure() throws IOException{
        …
        IStudentMapper studentMapper = session.getMapper(IStudentMapper.class);

        Map<String, Object> params = new HashMap<String, Object>();
        params.put("sno", 34);
        studentMapper.deleteByStunoWithProcedure(params);
        System.out.println("删除成功！ ");
        session.commit();
        session.close();
    }
    public static void main(String[] args) throws IOException{
        //调用存储过程查询
        testQueryCountByGradeWithProcedure();
        //调用存储过程删除
        testDeleteWithProcedure();
    }
}
```

程序清单 1.13

在测试方法中，通过 Map 对象的 put()方法向存储过程传递 IN 参数值，并通过 get()方法获取存储过程的 OUT 参数值。

依次执行查询方法 testQueryCountByGradeWithProcedure()和删除方法 testDeleteWithProcedure()，运行结果如图 1.6 和图 1.7 所示。

图 1.6　执行查询方法

图 1.7　执行删除方法

1.3 本章小结

（1）Java 基础编程中的持久化，通常指通过 SQL 语句将数据存储在关系型数据库中。

（2）ORM 是一种持久化的解决方案，主要是把对象模型和关系型数据库关系模型映射起来，并且使用元数据对这些映射进行描述。

（3）MyBatis 执行的总体思路：MyBatis 应用程序根据 XML 配置文件（conf.xml）创建 SqlSessionFactory，再由 SqlSessionFactory 创建一个 SqlSession 对象。SqlSession 对象包含执行 SQL 所需要的所有方法，可以直接运行 SQL 语句，完成对数据的增、删、改、查等操作。其中，SQL 语句存放在 SQL 映射文件中（如 studentMapper.xml），应用程序可以通过 SQL 映射文件中的 namespace+id 找到对应的 SQL 语句。

（4）接口中方法遵循如下"约定"。

①方法名和 SQL 映射文件中标签的 id 值相同。

②方法的输入参数类型和 SQL 配置文件中 parameterType 的类型相同。特殊情况：如果 SQL 配置文件中不存在 parameterType，则表示该方法是一个无参方法。

③方法的返回值类型和 SQL 配置文件中 resultType 的类型相同。特殊情况：情况一，SQL 配置文件中不存在 resultType，表示方法的返回值为 void；情况二，方法的返回值是一个集合类型，然而，SQL 配置文件中的 resultType 不能是集合类型，而应该是集合中的元素类型。

（5）使用 MyBatis 调用存储过程时，需要通过关键字 CALL 及 statementType="CALLABLE" 指定查询方式为"调用存储过程"；还可以将 statementType 的值设置为 STATEMENT 或 PREPARED（默认），表示使用 Statement 或 PreparedStatement 的方式查询。并且在查询过程中，需要设置 useCache="false" 关闭缓存。此外，存储过程的参数值需要通过 jdbcType 指定数据类型，并通过 mode 指定为输入参数 IN 或输出参数 OUT。

1.4 本章练习

单选题

（1）以下关于持久化及 ORM 的说法，错误的是（　　）。

A．持久化主要是将内存中的数据转化并存储到数据库、文件等外存中。

B．通过 SQL 语句将数据存储在关系型数据库中，就是持久化的一种实现方式。

C．对数据库基本的增、删、改、查 API，对象或属性查询的 API，映射元数据，以及事务控制、延迟加载等都是 ORM 解决方案需要提供的功能。

D．JDBC 和 MyBatis 都是 ORM 框架。

（2）以下哪一项不是 SqlSession 提供的方法？（　　）

A．insert()　　　　B．delete()　　　　C．select()　　　　D．commit()

（3）以下哪一项是 MyBatis 配置文件中 <mapper> 标签的正确写法？（　　）

A．
```
<mappers>
    <mapper resource="org/mybatis/example/BlogMapper.xml" />
```

```
</mappers>
```

B.
```
<mappers>
    <mapper resource="org\mybatis\example\BlogMapper.xml" />
</mappers>
```

C.
```
<mappers>
    <mapper resource="org.mybatis.example.BlogMapper.xml" />
</mappers>
```

D.
```
<mappers>
    <mapper resource="D:/org/mybatis/example/BlogMapper.xml" />
</mappers>
```

（4）在 MyBatis 中，以下关于 SQL 映射文件与接口之间约定的说法，错误的是（   ）。

A．方法名和 SQL 配置文件中相关方法标签的 id 值相同。

B．方法的输入参数类型和 SQL 配置文件中 parameterType 的类型相同。特殊情况：如果 SQL 配置文件中不存在 parameterType，则表示该方法是一个无参方法。

C．方法的返回值类型必须和 SQL 配置文件中 resultType 的类型相同。

D．只要 SQL 映射文件和接口的编写复合约定，开发者就不需要编写接口的实现类。

（5）在 SQL 映射文件中，以下哪一项是调用存储过程的正确写法？（   ）

A.
```
<select id="queryCountByGradeWithProcedure"  statementType="CALL" useCache="false">
    {
        CALL query_count_byGrade(
            #{gName,jdbcType=VARCHAR,mode=IN},
            #{sCount,jdbcType= INTEGER,mode=OUT} )
    }
</select>
```

B.
```
<select id="queryCountByGradeWithProcedure"  statementType="CALLABLE" useCache="false">
    {
        CALL query_count_byGrade(
            #{gName,jdbcType=VARCHAR,mode=IN},
            #{sCount,jdbcType= INTEGER,mode=OUT} )
    }
</select>
```

C.
```
<select id="queryCountByGradeWithProcedure"  statementType="CALLABLE" useCache="false">
    {
        CALL query_count_byGrade(
```

```
            #{gName,jdbcType=VARCHAR,type=IN},
            #{sCount,jdbcType= INTEGER,type=OUT} )
    }
</select>
```

D.
```
<select id="queryCountByGradeWithProcedure"    statementType="CALLABLE" useCache="false">
    {
        CALL query_count_byGrade(
        #{gName},
            #{sCount} )
    }
</select>
```

第 2 章 MyBatis 配置文件

本章简介

本章首先介绍 MyBatis 配置文件中的一些重要的标签，如<properties>、<settings>等。<properties>用于将存放在外部的配置文件导入 MyBatis 配置文件中，<settings>用于给 MyBatis 设置全局参数。之后，本章还会讲解别名定义、内置类型处理器和自定义类型处理器等知识。

2.1 MyBatis 参数设置

2.1.1 properties 属性

在第 1 章中，我们把数据库连接参数直接写在 MyBatis 配置文件 conf.xml 中，代码如下：

```
…
<dataSource type="POOLED">
    <property name="driver" value="com.mysql.jdbc.Driver" />
    <property name="url" value="jdbc:mysql://localhost:3306" />
    <property name="username" value="root" />
    <property name="password" value="root" />
</dataSource>
…
```

为了方便地查阅和维护数据库信息，还可以把数据库连接参数单独写在一个属性文件中，然后在配置文件中引用这些信息。例如，可以先在 src 下新建一个属性文件 db.properties，如图 2.1 所示。

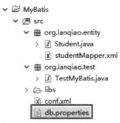

图 2.1 新建属性文件

将数据库连接参数以 key=value 的形式写在该属性文件中，代码详见程序清单 2.1。
db.properties：

```
driver=com.mysql.jdbc.Driver
url=jdbc:mysql://localhost:3306
username=root
password=root
```

程序清单 2.1

在配置文件中，通过<properties>标签引入该属性文件，并在<property>标签中以形如 EL 的方式（${…}）引用相应的属性值，代码详见程序清单 2.2。
conf.xml：

```
…
<configuration>
    <!-- 引用 db.properties 配置文件 -->
    <properties resource="db.properties"/>
    <environments default="development">
        <environment id="development">
            <transactionManager type="JDBC" />
            <!-- 配置数据库连接信息 -->
            <dataSource type="POOLED">
                <!-- value 属性值：引用 db.properties 中的参数值 -->
                <property name="driver" value="${driver}" />
                <property name="url" value="${url}" />
                <property name="username" value="${username}" />
                <property name="password" value="${password}" />
            </dataSource>
        </environment>
    </environments>
    …
</configuration>
```

程序清单 2.2

2.1.2 settings 全局参数配置

<configuration>标签有一个<settings>子标签，可以用于设置 MyBatis 框架的运行参数，如二级缓存、延迟加载等。需要注意的是，修改这些运行参数，会影响 MyBatis 整体的运行行为，因此需要谨慎。常见的运行参数如表 2.1 所示。

表 2.1 常见的运行参数

参　数	简　介	有　效　值
cacheEnabled	在全局范围内启用或禁用缓存	true（默认）、false
lazyLoadingEnabled	在全局范围内启用或禁用延迟加载。当禁用时，所有关联的对象都将立即被加载（热加载）	true（默认）、false

续表

参　数	简　介	有　效　值
aggressiveLazyLoading	当调用有延迟加载属性的对象时，完全加载所有属性（立即加载）；否则，每个属性都将被按需加载（延迟加载）	true（默认）、false
multipleResultSetsEnabled	允许或禁止执行一条单独的 SQL 语句后返回多条结果（结果集）；需要驱动程序的支持	true（默认）、false
autoMappingBehavior	指定数据表字段和对象属性的映射方式 NONE：禁止自动映射，只允许手动配置的映射 PARTIAL：只会自动映射简单的、没有嵌套的结果 FULL：自动映射任何结果（包含嵌套等）	NONE、 PARTIAL（默认）、 FULL
defaultExecutorType	指定默认的执行器 SIMPLE：普通的执行器 REUSE：可以重复使用 prepared statements 语句 BATCH：可以重复执行语句和批量更新	SIMPLE（默认）、 REUSE、BATCH
defaultStatementTimeout	设置驱动器等待数据库回应的最长时间	以秒为单位的任意正整数，无默认值
safeRowBoundsEnabled	允许或禁止使用嵌套的语句	true、false（默认）
mapUnderscoreToCamelCase	当在数据表中遇到有下画线的字段时，自动映射到相应的驼峰式的 Java 属性名。例如，自动将数据表中的 stu_no 字段映射到 POJO 类的 stuNo 属性	true、false（默认）
lazyLoadTriggerMethods	指定触发延迟加载的对象的方法	equals、clone、hashCode、toString

说明：有关"延迟加载"的内容，将在本书的第 4 章进行讲解。

在 MyBatis 配置文件中设置 settings，代码详见程序清单 2.3。

conf.xml：

```
...
<configuration>
    <properties resource="db.properties"/>
    <settings>
        <setting name="cacheEnabled" value="true"/>
        <setting name="defaultStatementTimeout" value="25"/>
        <setting name="mapUnderscoreToCamelCase" value="false"/>
        <setting name="localCacheScope" value="SESSION"/>
        <setting name="lazyLoadTriggerMethods" value="equals,clone,hashCode,toString"/>
        ...
    </settings>
    ...
</configuration>
```

程序清单 2.3

2.2 为实体类定义别名

之前在 SQL 映射文件中，如果 parameterType 或 resultType 为实体类的对象类型，则可以通过全类名的形式指定"包名.类名"。此外，还可以在 MyBatis 配置文件中为实体类设置别名，再在 SQL 映射文件中使用该别名。

例如，在第一个 MyBatis 示例中，SQL 映射文件中的 resultType 属性值就是通过全类名指定的。

org/lanqiao/mapper/studentMapper.xml：

```xml
...
<select id="queryStudentByNo" parameterType="int"
        resultType="org.lanqiao.entity.Student">
        select * from student where stuNo=#{stuNo}
</select>
...
```

下面通过定义别名的方式指定 resultType 的值。定义别名时，既可以为某一个类定义单个别名，也可以一次性批量定义别名。

2.2.1 单个别名定义

（1）在 MyBatis 配置文件中，为实体类定义别名，代码详见程序清单 2.4。
conf.xml：

```xml
<configuration>
    <properties resource="db.properties"/>
    <settings>… </settings>

    <!--为实体类，定义别名 -->
    <typeAliases>
        <typeAlias type="org.lanqiao.entity.Student" alias="student"/>
        <typeAlias type="类型 A" alias="别名 a"/>
        <typeAlias type="类型 B" alias="别名 b"/>
        …
    </typeAliases>
    …
</configuration>
```

程序清单 2.4

以上代码实现了给 org.lanqiao.entity.Student 类型定义别名 student。

定义别名时，需要注意的是，别名在使用过程中不区分大小写。例如，在配置文件中出现 org.lanqiao.entity.Student 的任何地方，都可以用 student、Student、sTUdent 或 STUDENT 等替代。

（2）在 SQL 映射文件中引用别名。

org/lanqiao/mapper/studentMapper.xml：

```
...
<select id="queryStudentByNo" parameterType="int"   resultType="student">
    select * from student where stuNo=#{stuNo}
</select>
...
```

2.2.2 批量别名定义

如果用上面的方法，当定义多个别名时，就必须配置多个<typeAlias>。除此以外，还可以一次性定义一批别名，具体步骤如下。

（1）在 MyBatis 配置文件中，给一个 package 包中的所有实体类定义别名。
conf.xml：

```
<typeAliases>
    <package name="org.lanqiao.entity"/>
    <package name="其他包"/>
</typeAliases>
```

以上代码实现了给 org.lanqiao.entity 包中的所有实体类都自动定义别名，别名就是"不带包名的类名（不区分大小写）"。例如，org.lanqiao.entity.Student 类的别名是 Student、student、sTUdent、STUDENT 等。

（2）在 SQL 映射文件中引用别名。

与"单个别名定义"中的方法相同，即直接使用 student（或 Student 等）作为 resultType 的属性值。本书后面使用到的类型，采用的都是批量定义的别名。

除自己定义的别名外，MyBatis 还对常见的 Java 数据类型内置了别名，开发者可以直接使用，并且这些别名也都是不区分大小写的，如表 2.2 所示。

表 2.2 MyBatis 内置别名

别　　名	映射的类型	别　　名	映射的类型
_byte	byte	_double	double
_long	long	_float	float
_short	short	_boolean	boolean
_int	int	string	String
_integer	int	byte	Byte
long	Long	short	Short
int	Integer	double	Double
integer	Integer	float	Float
boolean	Boolean	date	Date
decimal	BigDecimal	bigdecimal	BigDecimal
object	Object	map	Map
hashmap	HashMap	list	List
arraylist	ArrayList	collection	Collection
iterator	Iterator		

2.3 类型处理器

类型处理器用于 Java 类型和 JDBC 类型之间的映射。例如,之前在 SQL 映射文件中有如下配置。

org/lanqiao/mapper/studentMapper.xml:

```
…
<select id="queryStudentByNo" parameterType="int" resultType="student">
    select * from student where stuNo=#{stuNo}
</select>
…
```

MyBatis 内置了一些常用的类型处理器,可以将 parameterType 中传入的类型自动转换为 JDBC 需要的类型。例如,当给 SQL 映射文件传入一个 int 型的数字 31 时,…where stuNo=#{stuNo} 就会变为…where stuNo=31;而如果 SQL 语句是…where stuName=#{stuName},当传入一个 String 类型的"张三"时,则会变为…where stuName='张三',即自动为 String 类型加上引号。

2.3.1 内置类型处理器

MyBatis 内置类型处理器如表 2.3 所示。

表 2.3 MyBatis 内置类型处理器

类型处理器	Java 类型	JDBC 类型
BooleanTypeHandler	Boolean, boolean	任何兼容的布尔值
ByteTypeHandler	Byte, byte	任何兼容的数字或字节类型
ShortTypeHandler	Short, short	任何兼容的数字或短整型
IntegerTypeHandler	Integer, int	任何兼容的数字或整型
LongTypeHandler	Long, long	任何兼容的数字或长整型
FloatTypeHandler	Float, float	任何兼容的数字或单精度浮点型
DoubleTypeHandler	Double, double	任何兼容的数字或双精度浮点型
BigDecimalTypeHandler	BigDecimal	任何兼容的数字或十进制小数类型
StringTypeHandler	String	CHAR 和 VARCHAR 类型
ClobTypeHandler	String	CLOB 和 LONGVARCHAR 类型
NStringTypeHandler	String	NVARCHAR 和 NCHAR 类型
NClobTypeHandler	String	NCLOB 类型
ByteArrayTypeHandler	byte[]	任何兼容的字节流类型
BlobTypeHandler	byte[]	BLOB 和 LONGVARBINARY 类型
DateTypeHandler	Date (java.util)	TIMESTAMP 类型
DateOnlyTypeHandler	Date (java.util)	DATE 类型
TimeOnlyTypeHandler	Date (java.util)	TIME 类型
SqlTimestampTypeHandler	Timestamp (java.sql)	TIMESTAMP 类型

续表

类型处理器	Java 类型	JDBC 类型
SqlDateTypeHandler	Date（java.sql）	DATE 类型
SqlTimeTypeHandler	Time（java.sql）	TIME 类型
ObjectTypeHandler	任意	其他或未指定类型
EnumTypeHandler	Enumeration 类型	VARCHAR，任何兼容的字符串类型，作为代码存储（而不是索引）

2.3.2 自定义类型处理器

除 MyBatis 内置的类型处理器外，开发者还可以自定义类型处理器，从而实现特定的 Java 类型与 JDBC 类型之间的映射。

比如有这样的需求：先给实体类 Student.java 中增加一个表示性别的属性（Boolean stuSex），并给学生表增加一个性别字段（Integer 类型的 stuSex 字段）。由于属性 stuSex 是 Boolean 类型，而字段 stuSex 是数字 Integer 类型，因此需要实现一个类型处理器，用来实现 java 中 Boolean 类型和 MySQL 数据库中 Integer 类型之间的映射与转换。

为了实现此类型转换功能，先进行如下约定。

（1）学生实体类中的 stuSex 属性：true 表示男，false 表示女。

（2）学生表中的 stuSex 字段：1 表示男，0 表示女。

说明：本书使用的是 MySQL 数据库，相应的整型字段是 Integer，如果读者使用的是其他数据库，就需要调整数据库的字段类型，比如 Oracle 中的整数类型应该是 Number。

开发并使用自定义类型处理器的具体步骤如下。

1. 创建自定义类型处理器

使用 MyBatis 开发自定义类型处理器，需要实现 TypeHandler 接口或继承 BaseTypeHandler 抽象类。

TypeHandler 是开发自定义类型转换器必须实现的接口，但为了便于开发，MyBatis 还提供了 BaseTypeHandler 抽象类。BaseTypeHandler 底层实现了 TypeHandler 接口，并对接口中的方法做了简单处理以方便用户使用，所以用户也可以直接继承 BaseTypeHandler 抽象类来开发自定义类型处理器。

下面是一个自定义类型处理器 BooleanAndIntConverter，用于 Java 中的 Boolean 类型与 JDBC 中的 Integer 类型之间的相互转换，代码详见程序清单 2.5。

org.lanqiao.converter.BooleanAndIntConverter.java：

```
public class BooleanAndIntConverter extends BaseTypeHandler<Boolean>{
    /**
     * Java 类型（Boolean）→ JDBC 类型（Integer）
     *
     * @param ps:
     *           当前的 PreparedStatement 对象
     * @param i:
     *           当前参数的位置
     * @param parameter:
     *           当前参数值
```

```java
    */
    @Override
    public void setNonNullParameter(PreparedStatement ps, int i, Boolean parameter, JdbcType jdbcType)
            throws SQLException {
        /*
         * 如果 Java 类型的 parameter==true，则在数据库中存储 JDBC 类型的数字 1
         * 如果 Java 类型的 parameter==false，则在数据库中存储 JDBC 类型的数字 0
         */
        ps.setInt(i,parameter?1:0);
    }

    /**
     * JDBC 类型（Integer）→Java 类型（Boolean）
     */
    @Override
    public Boolean getNullableResult(ResultSet rs, String columnName) throws SQLException{
        /*
         * 通过字段名获取值
         */
        int sexNum = rs.getInt(columnName);
        /*
         * 如果数据库中的 JDBC 变量 sexNum==1，则返回 Java 类型的 true
         * 如果数据库中的 JDBC 变量 sexNum==0，则返回 Java 类型的 false
         */
        return sexNux == 1;
    }

    /**
     * JDBC 类型（Integer）→Java 类型（Boolean）
     */
    @Override
    public Boolean getNullableResult(ResultSet rs, int columnIndex) throws SQLException{
        /*
         * 通过字段的索引获取值
         */
        int sexNum = rs.getInt(columnIndex);
        return sexNum == 1;
    }

    /**
     * JDBC 类型（Integer）→Java 类型（Boolean）
     */
    @Override
    public Boolean getNullableResult(CallableStatement cs, int columnIndex) throws SQLException{
        /*
         * 通过调用存储过程获取值
```

```
        */
        int sexNum = cs.getInt(columnIndex);
        return sexNum == 1;
    }
}
```

程序清单 2.5

2．配置自定义类型处理器

自定义类型处理器 BooleanAndIntConverter 开发完毕后，需要将它注册到配置文件中，代码详见程序清单 2.6。

MyBatis 配置文件 conf.xml：

```xml
<configuration>
    …
    <typeAliases> … </typeAliases>

    <!-- 配置自定义类型处理器,并指定用于 Java 中的 Boolean 类型与 JDBC 中的 Integer 类型之间的转换 -->
    <typeHandlers>
        <typeHandler handler="org.lanqiao.converter.BooleanAndIntConverter"
            javaType="java.lang.Boolean" jdbcType="INTEGER"/>
    </typeHandlers>

    <environments default="development">
        …
    </environments>
    …
</configuration>
```

程序清单 2.6

说明：<typeHandler>中 jdbcType 的属性值是枚举的常量值，必须写成大写的 INTEGER，其余常见的常量值有 BIT、FLOAT、CHAR、TIMESTAMP、VARCHAR、BINARY、BLOB、DOUBLE、CLOB、NUMERIC、DATE、BOOLEAN、DECIMAL、TIME、NULL、CURSOR 等。

3．使用自定义类型处理器

运行程序之前，数据库中 student 表的数据如图 2.2 所示。

	STUNO	STUNAME		STUSEX
▶ 1	31	张三	…	1
2	32	李四	…	1
3	33	颜群	…	1
4	34	王五	…	0
5	36	赵六	…	0
6	37	孙琪	…	0

图 2.2 student 表

学生类 Student 的属性，代码详见程序清单 2.7。
Student.java：

```
public class Student{
    //学号
    private int stuNo;
    //姓名
    private String stuName;
    //性别: true: 男, false: 女
    private Boolean stuSex ;
    //setter、getter
}
```

程序清单 2.7

现在，使用自定义类型处理器 BooleanAndIntConverter 实现 Student 的 Boolean 类型的 stuSex 属性，与 student 表中 Integer 类型的 stuSex 字段之间的类型转换处理。

（1）查询时，使用自定义类型处理器（JDBC 类型的 Integer→Java 类型的 Boolean），代码详见程序清单 2.8。

SQL 映射文件 studentMapper.xml：

```xml
<select id="queryStudentByStuNoWithConverter" parameterType="int" resultMap="studentResult">
    select * from student where stuNo=#{stuNo}
</select>
<resultMap id="studentResult" type="org.lanqiao.entity.Student">
    <id property="stuNo" column="stuNo"/>
    <result property="stuName" column="stuName"/>
    <result property="stuSex"   column="stuSex" javaType="java.lang.Boolean" jdbcType="INTEGER"/>
</resultMap>
```

程序清单 2.8

使用 resultMap 中的 result 元素的 javaType 和 jdbcType 属性，指定当从数据库中查询到 Integer 类型（JDBC 类型）的 stuSex 字段值时，就会将查询结果自动转换为 Boolean 类型（Java 类型）的值。具体而言，如果从数据库中查询到 1，就转换为 true；如果查询到 0，就转换为 false。

动态代理接口 IStudentMapper.java，代码详见程序清单 2.9。

```java
public interface IStudentMapper{
    …
    Student queryStudentByStuNoWithConverter(int stuNo);
}
```

程序清单 2.9

测试方法 TestMyBatis.java，代码详见程序清单 2.10。

```java
public static void testQueryStudentByStuNoWithConverter() throws IOException{
    …
    IStudentMapper studentMapper
        = session.getMapper(IStudentMapper.class);
    Student student
```

```
    = studentMapper.queryStudentByStuNoWithConverter(34);
    System.out.println(student.getStuNo()","+student.getStuName()+","+student.getStuSex());
    session.close();
}
```

程序清单 2.10

执行测试方法，运行结果如图 2.3 所示。

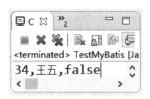

图 2.3 运行结果

（2）进行增、删、改操作时，使用自定义类型处理器（Java 类型的 Boolean→JDBC 类型的 Integer）。

SQL 映射文件 studentMapper.xml，代码详见程序清单 2.11。

```
<insert id="addStudentWithConverter" parameterType="org.lanqiao.entity.Student" >
    insert into student(stuNo,stuName,stuSex) values(#{stuNo},#{stuName}
        ,#{stuSex, javaType=java.lang.Boolean, jdbcType=INTEGER})
</insert>
```

程序清单 2.11

通过#{stuSex, javaType=java.lang.Boolean, jdbcType=INTEGER}指定：当执行增加操作时，MyBatis 就会把 Java 中的 Boolean 类型的 stuSex 值转换为 JDBC 中的 INTEGER 类型的值，并存储到数据库中。

动态代理接口 IStudentMapper.java，代码详见程序清单 2.12。

```
public interface IStudentMapper{
    …
    public abstract void addStudentWithConverter(Student student);
}
```

程序清单 2.12

测试方法 TestMyBatis.java，代码详见程序清单 2.13。

```
public static void testAddStudentWithConverter() throws IOException{
    …
    IStudentMapper studentMapper = session.getMapper(IStudentMapper.class);
    Student student = new Student();
    student.setStuNo(38);
    student.setStuName("王二小");
    student.setStuSex(true);//男
    studentMapper.addStudentWithConverter(student);
    session.commit();
```

```
        session.close();
}
```

程序清单 2.13

执行测试方法，会在数据库中新增一条“王二小”的记录，如图 2.4 所示。

	STUNO	STUNAME	STUSEX
1	31	张三	1
2	32	李四	1
3	33	颜群	1
4	34	王五	0
5	36	赵六	0
6	37	孙琪	0
7	38	王二小	1

图 2.4 新增记录后的 student 表

至此，已实现了从 Java 类型的 Boolean 值 true，到 JDBC 类型的 Integer 值 1 的类型转换处理。

2.4 本章小结

（1）为了方便地查阅和维护数据库信息，可以把数据库连接参数单独写在一个属性文件（如 db.properties）中，在 MyBatis 配置文件中通过<properties>标签引入该属性文件，并以形如 EL 的方式（如${…}）引用相应的属性值。

（2）<configuration>标签下有一个<settings>子标签，可以用于设置 MyBatis 框架的运行参数，如二级缓存、延迟加载等。需要注意的是，修改这些运行参数，会影响 MyBatis 整体的运行行为，因此需要谨慎。

（3）可以在 SQL 映射文件中，通过全类名的形式（“包名.类名”）指定数据类型，也可以在 MyBatis 配置文件中为实体类设置别名，再在 SQL 映射文件中使用该别名。

（4）定义别名时，既可以为某一个类定义别名，也可以一次性批量定义别名。需要注意的是，使用别名时不区分大小写。

（5）MyBatis 类型处理器用于 Java 类型和 JDBC 类型之间的映射，除 MyBatis 内置的处理器外，开发者还可以自定义类型处理器。

（6）使用 MyBatis 开发自定义类型处理器，需要实现 TypeHandler 接口或继承 BaseTypeHandler 抽象类。

2.5 本章练习

单选题

（1）当使用 MyBatis 时，可以把数据库信息单独写在一个属性文件中，以下哪一项是属性文件中参数键值对正确的写法？（　　）

A.

```
driver: com.mysql.jdbc.Driver
```

B.

url=jdbc:mysql://localhost:3306

C.

{key=username; value=root}

D.

{key:username, value:root}

(2) 当使用 MyBatis 时,把数据库信息写在一个属性文件中并引入配置文件后,以下哪一项是正确引用属性值的形式?(   )

A.

<property name="driver" value="#{driver}" />

B.

<property key="url" value="${url}" />

C.

<property key="username" value="#{username}" />

D.

<property name="password" value="${password}" />

(3) 以下关于在 MyBatis 中定义别名的描述,正确的是(   )。
A. 在 MyBatis 中,既可以为某一个类定义别名,也可以一次性定义一批别名。
B. 在 MyBatis 中,为某一个类定义别名的形式如下:

<typeAliases>
　　<package type="类型" alias="别名"/>
</typeAliases>

C. 在 MyBatis 中,一次性定义一批别名的形式如下:

<typeAliases>
<typeAlias name="包名"/>
</typeAliases>

D. 在 MyBatis 中定义的别名,是需要区分大小写的。
(4) 以下关于 MyBatis 类型处理器的描述,错误的是(   )。
A. MyBatis 内置了一些类型处理器,开发者可以直接使用。
B. 除 MyBatis 内置的处理器外,开发者还可以自定义类型处理器,从而实现特定的 Java 类型与 JDBC 类型之间的映射。
C. 在 MyBatis 中,实现自定义类型处理器的一种方式是继承 TypeHandler 类。
D. 在 MyBatis 中,实现自定义类型处理器的一种方式是继承 BaseTypeHandler 类。
(5) 假设在 MyBatis 中,开发者自定义了一个类型处理器,可以用于将 Java 中的 Boolean 类型转换为 JDBC 中的 Integer 类型,以下哪一项是正确使用该类型处理器实现<insert>功能

的形式？（   ）

注：选项中的 stuSex 属性是 Boolean 类型。

A.
```
<insert ... >
    insert into student(stuSex) values(${stuSex, javaType=java.lang.Boolean, jdbcType=INTEGER})
</insert>
```

B.
```
<insert ... >
    insert into student(stuSex) values(#{stuSex, javaType=java.lang.Boolean, jdbcType=INTEGER})
</insert>
```

C.
```
<insert ... >
    insert into student(stuSex) values(#(stuSex, javaType=java.lang.Boolean, jdbcType=INTEGER))
</insert>
```

D.
```
<insert ... >
    insert into student(stuSex) values(#{stuSex, jdbcType=java.lang.Boolean, jdbcType=INTEGER})
</insert>
```

第 3 章

SQL 映射文件

本章简介

MyBatis 用于访问数据库,在通过 SQL 语句访问数据库时,就会涉及 SQL 的输入参数与输出参数(即 SQL 语句的执行结果)。本章将介绍如何在 MyBatis 中接收各种类型的输入参数及输出参数,并且介绍使用动态 SQL 简化配置的具体实现步骤。

3.1 输入参数

使用 MyBatis 时,可以为 SQL 语句传入简单类型、普通对象类型、嵌套对象类型及 HashMap 类型等不同类型的参数。

在正式讲解输入参数之前,先向大家做如下说明:在语法上,MyBatis 语句可以通过多种方式接收任意数量的输入参数,但因篇幅有限,本章只介绍使用 MyBatis 接收输入参数为 0 个或 1 个的情况,这也是目前企业中最流行、最规范的方式之一。因此,如果遇到有多个输入参数的情况,就需要想办法将多个输入参数转化为唯一的输入参数,例如,可以先将多个参数转化为数组对象,或者将多个参数封装到一个 JavaBean 对象中,之后再将这唯一的参数传给 SQL 映射文件。

3.1.1 输入参数为简单类型

parameterType 用于指定 SQL 输入参数的类型,SQL 语句可以通过#{stuNo}获取该参数值,语法格式如下:

```
...
<mapper namespace="...">
    <select id=".." parameterType=".." resultType="..">
        SQL 语句,如 select * from student where stuNo=#{stuNo}
    </select>
</mapper>
```

实际上,"#{参数}"表示一个"占位符",相当于 JDBC 中 PreparedStatement 的占位符"?"。如果输入参数是简单类型(即 8 个基本类型或 String 类型),那么从语法角度讲,"参数"的名字可以是任意的（如#{studentNo}、#{abc}等），但建议按照"见名知意"的变量命名原则，以驼峰命名法设置合理的参数名。"#{参数}"还可以防止SQL注入，为传入String类型的参数值自动加上引号。请看以下两种情况：

（1）在查询语句中传入一个String类型的值，代码详见程序清单3.1~程序清单3.3。

SQL映射文件studentMapper.xml：

```xml
<!-- 根据姓名，查询学生 -->
<select id="queryStudentByName" parameterType="string" resultType="student">
    select * from student where stuName=#{stuName}
</select>
...
```

程序清单 3.1

动态代理接口 IStudentMapper.java：

```java
public interface IStudentMapper{
    ...
    //按照"约定"编写的查询方法
    public abstract Student queryStudentByName(String stuName);
}
```

程序清单 3.2

测试方法 TestMyBatis.java：

```java
//根据姓名查询一个学生
public static void testQueryByName() throws IOException{
    ...
    //使用 Mapper 动态代理方式查询
    IStudentMapper studentMapper = session.getMapper(IStudentMapper.class);
    //执行查询，传入 String 类型的"张三"
    Student student = studentMapper.queryStudentByName("张三");
    ...
}
```

程序清单 3.3

通过queryStudentByName("张三")将String类型的"张三"传入studentMapper.xml中的#{stuName}时，<select>标签中的SQL语句为select * from student where stuName='张三'，即#{stuName}自动为字符串类型的值加上了引号。

（2）若在查询语句中传入一个int类型的值，则"#{参数}"不会为其加引号，代码详见程序清单3.4~程序清单3.6。

SQL映射文件studentMapper.xml：

```xml
...
<!-- 根据学号查询一个学生 -->
<mapper namespace="org.lanqiao.entity.studentMapper">
    <select id="getStudentByNo" parameterType="int"
        resultType="student">
        select * from student where stuNo=#{stuNo}
```

```
    </select>
</mapper>
```

程序清单 3.4

动态代理接口 IStudentMapper.java：

```
public interface IStudentMapper{
    ...
//按照"约定"编写的查询方法
    public abstract Student queryStudentByNo(int stuNo);
}
```

程序清单 3.5

测试方法 TestMyBatis.java：

```
//根据学号查询一个学生
public static void testQueryByNo() throws IOException{
    ...
    IStudentMapper studentMapper = session.getMapper(IStudentMapper.class);
//执行查询，传入 int 类型的 32
    Student student = studentMapper.queryStudentByNo(32);
    ...
}
```

程序清单 3.6

通过 queryStudentByNo(32)将 int 类型的 32 传入 studentMapper.xml 中的#{stuNo}时，<select>标签中的 SQL 语句为 select * from student where stuNo=32，即#{stuNo}没有为 int 类型的参数加上引号。

除"#{参数}"外，还可以使用${value}来获取输入的参数值。${value}的作用就是输出变量的值。要注意，解析简单类型的参数值时，${value}中的参数值"value"在 MyBatis 3.5.2 版本前是固定写法，不能改成其他名字。并且${value}不能防止 SQL 注入，有很大的安全隐患。

${value}主要用于动态排序（Order By）。因为${value}是把变量值原样输出，不会像"#{参数}"那样自动为字符串等类型的值加上引号。例如，按照"学号"对查询的结果集进行排序，代码详见程序清单 3.7～程序清单 3.8。

SQL 映射文件 studentMapper.xml：

```
...
<!-- 查询全部学生，并按学号升序排序 -->
<select id="queryAllStudentsOrderByStuNo" parameterType="string" resultType="student">
    select * from student order by ${value} asc
</select>
...
```

程序清单 3.7

测试方法 TestMyBatis.java：

```
//查询全部学生，并按学号升序排序
public static void testQueryAllOrderByStuNo() throws IOException{
```

```
    …
    //指定 SQL 语句对应的标识字符串 namespace+id
    String statement = "org.lanqiao.mapper.IStudentMapper" + ".queryAllStudentsOrderByStuNo";
    //执行查询,并且将查询结果按照传入的 stuNo 列排序
    List<Student> students = session.selectList(statement,"stuNo");
    …
}
```

程序清单 3.8

执行时的 SQL 语句为 select * from student order by stuNo asc,即可正常运行。

但如果不用上述的${value}传参,而使用"#{参数}"接收传入的需要排序的列名,则程序无法正常运行,代码详见程序清单 3.9。

studentMapper.xml:

```
…
<!-- 查询全部学生,并按学号升序排序 -->
<select id=" queryAllStudentsOrderByStuNo" parameterType="string" resultType="student">
    select * from student order by #{stuNo} asc
</select>
…
```

程序清单 3.9

执行时的 SQL 语句为 select * from student order by 'stuNo' asc,即"#{参数}"方式给传入的 String 类型的列名 stuNo 加上了引号,就导致了 SQL 语法错误。因此,要想实现 order by 动态参数排序,必须使用${value}。

此外,两种方式都支持级联属性的获取。例如,若输入参数类型是一个实体类对象(如 Student 对象),则可以通过"#{对象名.属性名}"或"${对象名.属性名}"来获取属性值,如 #{student.stuNo}、${student.stuNo}。

为了便于记忆,我们对获取输入参数值的两种方式进行比较,如表 3.1 所示。

表 3.1 获取输入参数值的两种方式

	#{参数}	${value 参数}
防止 SQL 注入	支持	不支持
参数名(参数值是简单类型时)	任意,如#{studentId}、#{abc}等	必须是 value,即${value}
参数值	会给 String 类型的参数值自动加引号	将参数值原样输出,可以用来实现动态参数排序
获取级联属性	支持	支持

3.1.2 输入参数为实体类对象

我们已经知道,当输入参数是简单类型时,${value}的参数值必须是"value";但当输入参数是实体类对象时,${...}的参数名只能是对象的属性名。类似地,当使用#{...}时,其参数名必须是对象的属性名。可见,${...}和#{...}在接收实体类对象时,用法是相似的。不同的是,${...}会将参数值原样输出,而#{...}会根据参数类型,将参数值原样输出或给参数值加上引号。

以下是向 MyBatis 查询中传入一个实体类对象的示例。
SQL 映射文件 org/lanqiao/mapper/studentMapper.xml，代码详见程序清单 3.10。

```xml
...
<!-- 根据实体类的属性，查询学生信息，并分别通过${...}和#{...}解析属性 -->
<select id="getStudentsByNameAndAge" parameterType="student" resultType="student">
    select * from student where stuName like '%${stuName}%' and stuAge = #{stuAge}
</select>
...
```

程序清单 3.10

动态代理接口 org.lanqiao.mapper.IStudentMapper.java，代码详见程序清单 3.11。

```java
public interface IStudentMapper{
    Student queryStudentsByNameAndAge(Student student);
    ...
}
```

程序清单 3.11

测试方法 TestMyBatis.java，代码详见程序清单 3.12。

```java
public static void testQueryStudentsByNameAndAge()
throws IOException{
    ...
    IStudentMapper studentMapper = session.getMapper(IStudentMapper.class);
    Student student = new Student();
    student.setStuName("张三");
    student.setStuAge(23);
    //执行查询，输入一个实体对象类型的参数
    Student student = studentMapper.queryStudentsByNameAndAge(student);
    ...
}
```

程序清单 3.12

以上，将 Student 对象传入 studentMapper.xml 中，并在 SQL 映射文件中分别通过${stuName}及#{stuAge}获取到该对象的 stuName 和 stuAge 属性值。

如果 studentMapper.xml 中占位符的变量名与实体类的属性不一致，则会引发异常，例如，若把 SQL 配置文件中的 stuAge = #{stuAge}写成了 stuAge = #{age}，则会引发以下异常。

```
org.apache.ibatis.reflection.ReflectionException:
There is no getter for property named 'age' in 'class org.lanqiao.entity.Student'
```

因此，如果传入的参数是一个实体类对象，则在 SQL 配置文件中解析时，一定要确保${}或#{}中的参数名必须是实体类的属性名。

说明：MyBatis 底层在解析对象的属性值时，实际使用的是 OGNL（Object Graph Navigation Language）技术，有兴趣的读者可以自行研究。

3.1.3 输入参数为级联对象

级联对象从整体来讲也是一个对象,只不过在这个对象之中,包含着另一个对象类型的属性。例如,"学生"和"地址"都是对象,如果"学生"包含"地址"类型的属性,那么"学生"就是一个级联对象。

以下是向 MyBatis 查询中传入一个级联对象类型参数的示例。

在 Student 类中新增一个 Address 类型的属性,代码详见程序清单 3.13~程序清单 3.14。

Student.java:

```
public class Student{
    …
    //地址
    private Address address;
//省略 getter、setter 及构造方法
}
```

程序清单 3.13

Address.java:

```
…
public class Address{
    private String schoolAddress;
    private String homeAddress;
//省略 getter、setter 及构造方法
}
```

程序清单 3.14

可以在 SQL 配置文件中,通过#{}或${}来获取传入对象的所有嵌套属性,代码详见程序清单 3.15~程序清单 3.17。

SQL 映射文件 studentMapper.xml:

```
…
<select id="queryStudentsIncludeCascadeProperties"
    parameterType="student"    resultType="address">
    select * from address where homeAddress
        like '%${address.homeAddress}%'
        or schoolAddress = #{address.schoolAddress}
</select>
…
```

程序清单 3.15

传入一个 Student 对象,并获取该对象的 Address 属性中的嵌套属性 homeAddress 和 schoolAddress。

动态代理接口 IStudentMapper.java:

```
public interface IStudentMapper{
    List<Address> queryStudentsIncludeCascadeProperties(Student student);
```

```
    …
}
```

程序清单 3.16

测试方法 TestMyBatis.java：

```
//测试传入级联对象类型的属性值
public static void testQueryStudentsIncludeCascadeProperties()
throws IOException{
    …
    Address address = new Address();
    address.setHomeAddress("西安");
    address.setSchoolAddress("北京");

    Student student = new Student();
    student.setAddress(address);

    IStudentMapper studentMapper = session.getMapper(IStudentMapper.class);
    //执行查询，输入一个实体类对象类型的参数
    List<Address> addresses =studentMapper.queryStudentsIncludeCascadeProperties(student);
    …
}
```

程序清单 3.17

本例通过 queryStudentsIncludeCascadeProperties()传入一个 Student 对象，并且在 Student 对象中包含一个 Address 类型的属性，在 SQL 配置文件中仍然可以使用#{}或${}来获取传入的 Student 对象的嵌套属性 address.homeAddress 和 address.schoolAddress。

3.1.4 输入参数为 HashMap 对象

还可以给 SQL 配置文件传入 HashMap 类型的参数，并通过${key 键}或#{key 键}获取对应的 value 值，代码详见程序清单 3.18～程序清单 3.20。

SQL 映射文件 studentMapper.xml：

```
…
<!-- 测试传入 HashMap 类型 -->
<select id=" queryStudentsWithHashMap " parameterType="HashMap" resultType="student">
    select * from student where stuName like '%${stuName}%' and stuAge = #{stuAge}
</select>
…
```

程序清单 3.18

动态代理接口 IStudentMapper.java：

```
public interface IStudentMapper{
    Student queryStudentsWithHashMap(Map<String, Object> map);
}
```

程序清单 3.19

测试方法 TestMyBatis.java：

```
public static void testQueryStudentsWithHashMap()
throws IOException{
    …
    Map<String, Object> studentMap = new HashMap<String, Object>();
    studentMap.put("stuName", "张三");
    studentMap.put("stuAge", new Integer(23));
    IStudentMapper studentMapper = session.getMapper(IStudentMapper.class);
    //执行查询，输入一个 HashMap 类型的参数
    Student student =studentMapper.queryStudentsWithHashMap(studentMap);
    …
}
```

程序清单 3.20

通过 queryStudentsWithHashMap() 传入一个 HashMap 对象，再在 SQL 配置文件中通过 ${} 或 #{} 获取 key 键对应的 value 值。

3.2 输出参数

3.2.1 输出参数为简单类型或对象

1. 输出参数为简单类型

当输出参数为简单类型时，可以在 SQL 配置文件中，使用 resultType 指定输出的参数类型。例如，以下指定输出类型为 int。

SQL 映射文件 studentMapper.xml，代码详见程序清单 3.21。

```
…
<!-- 测试输出简单类型 -->
<select id=" queryStudentsCount " resultType="int">
    select count(*) from student
</select>
…
```

程序清单 3.21

动态代理接口 IStudentMapper.java，代码详见程序清单 3.22。

```
public interface IStudentMapper{
    public abstract int queryStudentsCount();
    …
}
```

程序清单 3.22

测试方法 TestMyBatis.java，代码详见程序清单 3.23。

```
public static void testQueryStudentCount()throws IOException{
    …
```

```
        IStudentMapper studentMapper = session.getMapper(IStudentMapper.class);
        int count = studentMapper.queryStudentsCount();
        …
}
```

程序清单 3.23

2．输出参数为实体类对象

与输出简单类型的步骤相似，详见 1.2.4 节。

3．输出参数为实体类对象的集合

与输出简单类型的步骤相似，详见 3.1.1 节中的 testQueryAllOrderByStuNo()方法，及其相关的 SQL 配置文件和接口。

3.2.2　输出参数为 HashMap 对象

当输出参数的类型为 HashMap 时，可以根据字段的别名获取查询结果：MyBatis 会将字段的别名作为 HashMap 的 key，将字段值作为 HashMap 的 value。例如，在 SQL 映射文件中，指定输出类型为 HashMap，并给每个字段都起别名，代码详见程序清单 3.24～程序清单 3.25。

SQL 映射文件 studentMapper.xml：

```xml
<select id="queryStudentOutByHashMap"    parameterType="int" resultType="HashMap">
    select stuNo "no",stuName "name",stuAge "age" from student where stuNo = #{stuNo}
</select>
```

程序清单 3.24

动态代理接口 IStudentMapper.java：

```java
public interface IStudentMapper{
    HashMap<String,Object> queryStudentOutByHashMap(int stuNo);
    …
}
```

程序清单 3.25

之后，就可以通过 Mapper 动态代理对象，根据字段的别名来获取查询结果，代码详见程序清单 3.26。

测试方法 TestMyBatis.java：

```java
//测试输出 HashMap 类型
public static void queryStudentOutByHashMap()
    throws IOException
{
    …
    IStudentMapper studentMapper = session.getMapper(IStudentMapper.class);
    //查询学号为 31 的学生，并将查询结果保存在 HashMap 中
    HashMap<String, Object> studentMap = studentMapper.queryStudentOutByHashMap(31);
    //根据字段的别名来获取查询结果
    System.out.println("学号:"+studentMap.get("no")
                +"\t 姓名:"+studentMap.get("name")
```

```
                        +"\t 年龄:"+studentMap.get("age"));
        ...
    }
```

程序清单 3.26

运行结果如图 3.1 所示。

图 3.1 运行结果

3.2.3 使用 resultMap 指定输出类型及映射关系

先看一个返回实体类对象类型的例子——根据学号查询一个学生。
SQL 映射文件 studentMapper，代码详见程序清单 3.27。

```
...
<mapper namespace="org.lanqiao.entity.studentMapper">
    <select id="getStudentByNo" parameterType="int" resultType="student">
        select stuNo,stuName,stuAge,graName from student where stuNo=#{stuNo}
    </select>
</mapper>
```

程序清单 3.27

根据已有的知识，此例中的 SQL 语句使用的字段名必须和 resultType 指定的实体类中的属性名一致，例如，stuNo、stuName 等必须既是数据表的字段名，又是 Student 类的属性名，否则就会产生异常。

当字段名与属性名不一致时，怎样让程序正常运行呢？可以使用以下两种方法。

说明：为了讲解方便，现在先将数据表中的字段依次改名为 no、name、age、gname，而实体类中的属性仍然使用 stuNo、stuName、stuAge、graName。

（1）在 SQL 语句中定义别名。
用别名表示实体类的属性名，语法格式如下：

```
select 字段名"属性名"from 数据表
```

其中，"属性名"就是字段名的别名，代码如下：

```
select no "stuNo",name "stuName" ,age "stuAge", gName "graName" from student
```

（2）使用<resultMap>标签指定字段和属性的对应关系。
将之前的 resultType 改为 resultMap，并配置 resultMap 的内容，代码详见程序清单 3.28。
SQL 映射文件 studentMapper：

```
...
<!-- 根据学号，查询一个学生 -->
<select id="queryStudentByNo" parameterType="int" resultMap ="studentResultMap">
    select no, name, age, gName from student where no=#{stuNo}
</select>
<!-- 配置 resultMap，用来指定字段和属性的对应关系 -->
<resultMap type="student" id="studentResultMap">
    <!-- 数据表主键 no 对应属性 stuNo -->
    <id column="no" property="stuNo"/>
    <!-- 字段 name 对应属性 stuName -->
    <result column="name" property="stuName"/>
    <result column="age" property="stuAge"/>
    <result column="gName" property="graName"/>
</resultMap>
```

程序清单 3.28

本程序的对应关系如下：

（1）<select>标签中 resultMap 的属性值对应<resultMap>标签的 id 属性值；

（2）<resultMap>标签中的子标签<id>或<result>的 column 值、property 值分别对应表的字段名和对象的属性名。其中，<result>标签用来指定普通字段，<id>标签用来指定主键字段。

说明：为了和其他章节的示例保持一致，在讲完本节后，再将数据表的字段恢复成 stuNo、stuName、stuAge、graName。

3.3 动态 SQL

3.3.1 用 JDBC 实现动态 SQL

请先观察以下两条 SQL 语句：

```
select * from student where graName like '%明%' ;
select * from student where graName like '%明%' and stuAge = 23;
```

不难发现，这两条 SQL 语句大致相同，唯一的差别就是第二条语句比第一条语句多了"and stuAge =23"。如果能使用 JDBC 技术将上述两条 SQL 语句合为一条语句，并用 if 语句进行区分，就可以使用动态 SQL 实现，代码如下：

```
String sql = "select * from student where graName like '%明%'" ;
if(存在年龄查询){
    sql += " and stuAge = 23";
}
```

像这样，开发者可以在 JDBC 中借助 if 等选择语句，根据条件拼接出不同的 SQL 语句，进而实现动态 SQL。

为了简化程序，MyBatis 提供了更加方便的形式来实现动态 SQL。

3.3.2 用 MyBatis 实现动态 SQL

MyBatis 提供了 <if>、<where>、<foreach> 等标签来实现 SQL 语句的动态拼接。

1. <if> 标签

在 MyBatis 中，可以将 SQL 映射文件写成以下形式。

SQL 映射文件 studentMapper.java，代码详见程序清单 3.29。

```xml
<select id="testQueryStudentByNoWithOGNL" parameterType="student" resultType="student">
    select stuNo,stuName,stuAge,graName from student where 1=1
    <if test="graName != null and graName !='' ">
            and graName like '%${graName}%'
    </if>
    <if test="stuAge != null and stuAge>0
            and stuAge = #{stuAge}
    </if>
</select>
```

程序清单 3.29

从上述代码中可以看出，只有当传入的 Student 对象的 graName 属性不为空时，才会拼接 SQL 语句 and graName like '%${graName}%'，而如果 graName 属性为空，就不会再拼接；stuAge 同理。

动态代理接口 IStudentMapper.java，代码详见程序清单 3.30。

```java
public interface IStudentMapper{
    List<Student> testQueryStudentByNoWithOGNL(Student stu);
    ...
}
```

程序清单 3.30

测试方法 TestMyBatis.java，代码详见程序清单 3.31。

```java
public static void testQueryStudentByNoWithOGNL()
throws IOException{
    ...
    IStudentMapper studentMapper = session.getMapper(IStudentMapper.class);
    Student stu = new Student();
    stu.setGraName("就业班");
    stu.setStuAge(23);

    List<Student> students = studentMapper.testQueryStudentByNoWithOGNL(stu);
    ...
}
```

程序清单 3.31

本例通过 testQueryStudentByNoWithOGNL() 方法，向 SQL 映射文件传入一个 Student 对

象，SQL 映射文件就会在<if>等标签中解析出该对象中的属性值。例如，<if>标签中的 graName、stuAge 就是 Student 对象的属性。

2. <where>标签

在<if>标签的举例中，其 SQL 配置文件可以使用<where>标签进行等价改写。

SQL 映射文件 studentMapper.java，代码详见程序清单 3.32。

```
<select id="testQueryStudentByNoWithOGNL" parameterType="student" resultType="student">
    select stuNo,stuName,stuAge,graName from student
    <where>
        <if test="graName != null and graName !='' ">
            and graName like '%${graName}%'
        </if>
        <if test="stuAge != null and stuAge>0">
            and stuAge = #{stuAge}
        </if>
    </where>
</select>
```

程序清单 3.32

此处使用<where>标签替代了 SQL 中的 where 关键字，并且<where>标签可以根据情况自动处理<if>标签内的 SQL 语句前端的会导致语法错误的"and"或"or"关键字。在本例中，假设两个<if>标签内的条件均成立，则生成的最终 SQL 语句是"select stuNo,stuName,stuAge, graName from student and graName like '%${graName}%' and stuAge = #{stuAge}"，为保证语法正确，执行时会删掉第一个"and"或"or"。

3. <foreach>标签

我们已经知道，SQL 映射文件通过 parameterType 来指定输入的参数类型。如果输入参数是简单类型或一般对象类型（除集合和数组外），则可以直接指定，如 parameterType="int"、parameterType="student"等；但如果输入参数是集合或数组类型，就需要使用<foreach>标签来完成输入参数的处理。

例如，有如下 SQL 语句：

```
select * from student where stuNo in(第一个学号, 第二个学号, 第三个学号)
```

要想实现上述语句，就必须将包含学号的数组或集合传入 SQL 映射文件中，并替代"第一个学号，第二个学号，第三个学号"等占位符。

下面介绍向 MyBatis 传入数组或集合的四种方式。

（1）将集合或数组以对象属性的形式传入。

先在类中定义一个集合（或数组）类型的属性，然后将该属性传入 SQL 映射文件中。例如，新建一个年级 Grade 类，该类包含一个 List 集合类型的属性 stuNos，存放着该年级中所有学生的学号，代码详见程序清单 3.33。

Grade.java：

```
public class Grade{
    //年级中所有学生的学号
    private List<Integer> stuNos ;
```

```
//setter、getter
}
```

程序清单 3.33

将 Grade 对象中 List 类型的属性 stuNos 传入 SQL 映射文件中。
SQL 映射文件 studentMapper.xml，代码详见程序清单 3.34。

```xml
<!-- 注意 grade 是 org.lanqiao.entity.Grade 的别名 -->
<select id="queryStudentWithForeach" parameterType="grade" resultType="student">
    select * from student
    <where>
        <if test="stuNos !=null and stuNos.size()>0 " >
            <!-- 使用<foreach>标签，迭代取出 Grade 对象中 stuNos 集合属性中的每个元素 -->
            <foreach collection="stuNos" open=" stuNo in(" close=")" item="stuNo" separator=",">
                #{stuNo}
            </foreach>
        </if>
    </where>
</select>
```

程序清单 3.34

通过 parameterType 传入 Grade 对象，该对象包含集合类型的属性 stuNos（假定 stuNos 集合属性包含 31、32、33 三个元素）。之后通过<foreach>标签处理 stuNos 集合中的数据，拼接出完整的 SQL 语句 select * from student where stuNo in (31,32,33)。

以此 SQL 映射文件为例，具体的拼接过程如下。

首先，输入主体的 SQL 语句，代码如下：

```
select * from student
```

其次，通过<where>标签拼接 where 关键字，代码如下：

```
select * from student where
```

再次，如果传入的 Grade 对象不为空，就会在<foreach>标签中进行拼接。
① 先拼接 open 属性中的 SQL 语句，代码如下：

```
select * from student where stuNo in(
```

② 再循环拼接 collection 属性所代表的集合。用 item 的属性值代表每次遍历时的别名，并在<foreach>标签中用#{别名}来接收每次的迭代值，再在每次迭代值之间用 separator 的属性值隔开。代码如下：

```
select * from student where stuNo in( 31,32,33
```

③ 最后拼接 close 中的结尾符")"，代码如下：

```
select * from student where stuNo in(31,32,33)
```

<foreach>标签中的属性如表 3.2 所示。

表 3.2 <foreach>标签中的属性

属性	含义
collection	需要遍历的集合类型的属性名
item	集合中每个元素进行迭代时的别名
index	指定一个名字，用于表示在迭代过程中每次迭代到的位置
open	循环遍历前附加的 SQL 语句
separator	指定迭代之间的分隔符
close	循环遍历后附加的 SQL 语句

动态代理接口 IStudentMapper.java，代码详见程序清单 3.35。

```
public interface IStudentMapper{
    List<Student> queryStudentWithForeach(Grade grade);
    …
}
```

程序清单 3.35

测试方法 TestMyBatis.java，代码详见程序清单 3.36。

```
public static void queryStudentWithForeach() throws IOException{
    …
    IStudentMapper studentMapper = session.getMapper(IStudentMapper.class);

    List<Integer> stuNos = new ArrayList<Integer>();
    stuNos.add(31);
    stuNos.add(32);
    stuNos.add(33);

    Grade grade = new Grade();
    grade.setStuNos(stuNos);
    //传入 grade 对象，该对象包含了 List 集合类型的属性 stuNos
    List<Student> students
        = studentMapper.queryStudentWithForeach(grade);
    …
}
```

程序清单 3.36

至此，就从数据库里查出了学号为 31、32、33 的三位学生的信息，并封装到了 students 集合对象里。

（2）传入 List 类型的集合。

传入 List 类型的集合的方法与"将集合或数组以对象属性的形式传入"的方法基本相同，只是需要将 parameterType 指定为 List，并且必须用参数值"list"来接收传来的 List 集合，代码详见程序清单 3.37～程序清单 3.39。

SQL 映射文件 studentMapper.xml：

```xml
<select id="queryStudentWithForeachAndList" parameterType="java.util.List" resultType="student">
    select * from student
    <where>
        <if test="list !=null and list.size>0" >
            <foreach collection="list" open=" stuNo in(" close=")" item="stuNo" separator=",">
                #{stuNo}
            </foreach>
        </if>
    </where>
</select>
```

程序清单 3.37

动态代理接口 IStudentMapper.java：

```java
public interface IStudentMapper{
    List<Student> queryStudentWithForeachAndList(List<Integer> stuNos);
    …
}
```

程序清单 3.38

测试方法 TestMyBatis.java：

```java
public static void queryStudentWithForeachAndList()
throws IOException{
    …
    IStudentMapper studentMapper = session.getMapper(IStudentMapper.class);
    List<Integer> stuNos = new ArrayList<Integer>();
    stuNos.add(31);
    stuNos.add(32);
    stuNos.add(33);

    List<Student> students = studentMapper.queryStudentWithForeachAndList(stuNos);
    …
}
```

程序清单 3.39

（3）传入简单类型的数组。

传入数组与传入 List 集合的方法基本相同，只是需要将 parameterType 指定为数组类型，并且必须用参数值"array"来接收传来的数组。下面以传入 int[]数组为例进行讲解。

SQL 映射文件 studentMapper.xml，代码详见程序清单 3.40。

```xml
<select id="queryStudentWithForeachAndArray" parameterType="int[]" resultType="student">
    select * from student
    <where>
        <if test="array !=null and array.length>0" >
            <foreach collection="array" open="  stuNo in(" close=")" item="stuNo" separator=",">
                #{stuNo}
            </foreach>
```

第3章 SQL 映射文件

```
            </if>
        </where>
</select>
```

程序清单 3.40

动态代理接口与测试方法略。

（4）传入对象数组。

传入对象数组的方法与"传入简单类型的数组"的方法基本相同，只是需要将 parameterType 的值固定写成 Object[]，并且可以通过 OGNL 获取迭代对象的属性，如 #{student.stuNo}。下面以传入 Student[]数组为例进行讲解。

SQL 映射文件 studentMapper.xml，代码详见程序清单 3.41。

```
<select id="queryStudentWithForeachAndObjectArray" parameterType="Object[]" resultType="student">
    select * from student
    <where>
        <if test="array !=null and array.length>0" >
            <foreach collection="array" open=" stuNo in(" close=")" item="student" separator=",">
                #{student.stuNo}
            </foreach>
        </if>
    </where>
</select>
```

程序清单 3.41

动态代理接口与测试方法略。

4．SQL 片段

为了实现复用的目的，可以通过"方法"将重复的 Java 代码提取出来，通过"存储过程"将重复的 SQL 语句提取出来；同样，在 MyBatis 中也可以使用"SQL 片段"将 SQL 映射文件中的重复的代码提取出来。

假设有以下 SQL 映射文件，代码详见程序清单 3.42。

```
<select id="testQueryStudentByNoWithOGNL" parameterType="student" resultType="student">
    select stuNo,stuName,stuAge,graName from student
    <where>
        <if test="graName != null and graName !='' ">
            and graName like '%${graName}%'
        </if>
        <if test="stuAge != null and stuAge>0
            and stuAge = #{stuAge}
        </if>
    </where>
</select>
```

程序清单 3.42

可以将<where>标签中的 if 判断语句提取出来，然后在需要使用的地方使用<include>标签导入，代码详见程序清单 3.43。

```
<!-- 提取的 SQL 片段 -->
<sql id="queryWithGranameAndAge">
    <if test="graName != null and graName !=" ">
        and graName like '%${graName}%'
    </if>
    <if test="stuAge != null and stuAge>0
        and stuAge = #{stuAge}
    </if>
</sql>

<select id="testQueryStudentByNoWithOGNL" parameterType="student" resultType="student">
    select stuNo,stuName,stuAge,graName from student
    <where>
        <!--导入 SQL 片段 -->
        <include refid="queryWithGranameAndAge"/>
    </where>
</select>
```

程序清单 3.43

使用<sql>标签将代码提取出来，然后在需要使用的地方用<include>标签导入。其中<include>标签的 refid 属性指向需要导入<sql>标签的 id 值。

说明：如果<include>标签导入的是其他 SQL 映射文件中的 SQL 片段，则需要在引用时加上 namespace，下面举例说明，在 SQL 映射文件 B 中引入 SQL 映射文件 A 中的 SQL 片段。

SQL 映射文件 A，代码如下：

```
<mapper namespace="namespaceA">
    <sql id="fragment">
        ...
    </sql>
</mapper>
```

SQL 映射文件 B，代码如下：

```
<select ...>
    select ... from ...
    <where>
        <!--导入 SQL 映射文件 A 中的 SQL 片段 -->
        <include refid="namespaceA.fragment"/>
    </where>
</select>
```

3.4 本章小结

（1）使用 MyBatis 时，可以为 SQL 语句传入简单类型、普通对象类型、级联对象类型及 HashMap 类型等不同类型的参数。

（2）可以使用#{...}和${...}两种取值符号获取 SQL 语句的参数值；当参数值是简单类型

时，#{...}的参数名可以是任意的（但建议遵循"见名知意"的变量命名原则），而${...}的参数值必须是 value；${...}可以用来实现动态参数排序；当传入的参数是一个对象类型时，一定要确保${}或#{}中的参数名必须是实体类的属性名。

（3）可以给 SQL 配置文件传入一个 HashMap 类型的参数，并通过${key 键}或#{key 键}获取对应的 value 值。

（4）有四种方式给 MyBatis 传入数组或集合：①将集合或数组以对象属性的形式传入；②传入 List 类型的集合；③传入简单类型的数组；④传入对象数组。

（5）当输出参数为 HashMap 类型时，可以根据字段的别名获取查询结果。

（6）当字段名与属性名不一致时，可以使用两种方法让二者保持一一对应的关系：①在 SQL 语句中定义别名；②使用<resultMap>标签指定字段和属性的对应关系。

（7）MyBatis 提供了<if>、<where>、<foreach>等标签来实现 SQL 语句的动态拼接，并且<where>标签可以根据情况自动处理<if>标签中的 and 关键字。

（8）在 SQL 配置文件中，可以使用<sql>标签将相同的代码提取出来，然后在需要使用的地方用<include>标签导入，其中<include>标签的 refid 属性指向需要导入<sql>标签的 id 值。

3.5 本章练习

单选题

（1）下列选项中，（　　）可以正确地实现动态参数排序。

A.
```
<select id="..." parameterType="string" resultType="student">
    select * from student order by ${value} asc
</select>
```

B.
```
<select id="..." parameterType="string" resultType="student">
    select * from student order by #{value} asc
</select>
```

C.
```
<select id="..." parameterType="string" resultType="student">
    select * from student order by value asc
</select>
```

D.
```
<select id="..." parameterType="string" resultType="student">
    select * from student order by %{value} asc
</select>
```

（2）在 MyBatis 中，下列关于两种获取输入参数值的方式#{}和${}的说法中，错误的是（　　）。

A．#{}可以防止 SQL 注入，${}不可以。

B. 当参数值是简单类型时，#{}的参数名是任意的，${}的参数名只能是value。
C. ${}会给String类型的参数值自动加引号，#{}不会。
D. #{}和#{}都可以获取级联的属性值。

（3）假设SQL配置文件如下：

```
<select id="..."    parameterType="int" resultType="...">
    select stuNo "no",stuName "name" from student where stuNo = #{stuNo}
</select>
```

其中，stuNo、stuName是student的属性名，no、name是开发者定义的别名，那么此时resultType的值应该写为（   ）。

    A. student   B. HashMap   C. List<student>   D. String

（4）假设有如下代码：

```
<resultMap type="student" id="studentResultMap">
    <!-- no 是数据表中唯一的主键-->
    <【1】 【2】="no" property="stuNo"/>
    <result column="name" property="stuName"/>
    <result column="age" property="stuAge"/>
    <result column="gName" property="graName"/>
</resultMap>
```

当使用<resultMap>标签指定字段和属性的对应关系时，在以上代码的【1】和【2】处应该分别填写的内容是（   ）。

    A. key、column   B. result、column   C. name、column   D. id、column

（5）下列选项中，（   ）不是MyBatis提供的用于实现SQL动态拼接的标签。

    A. <if>   B. <case>   C. <where>   D. <foreach>

（6）在SQL配置文件中，可以使用<sql>标签将相同的sql代码片段提取出来，再用（   ）标签导入提取出的sql代码片段。

    A.<import>   B.<add>   C.<include>   D.<config>

第 4 章

关联查询

> **本章简介**
>
> 一对一、一对多、多对一、多对多等关联查询是项目中十分常见的查询方法，延迟加载也是提升查询效率的有效方法，因为该方法可以减少同一时段内的查询数量。本章将通过具体的案例详细讲述这些查询方法的在 MyBatis 中的具体实现步骤。
>
> 本章的学习内容稍有一些难度，但底层逻辑十分类似，建议大家采取"对比"学习法，通过对比相似知识点的不同之处，深刻理解相关概念。例如，请大家边学习边思考：一对一和一对多在实现时有哪些不同的地方呢？

4.1 一对一查询

一个学生对应一个学生证，反过来一个学生证也只能对应一个学生。因此学生和学生证的关系是"一对一"。当查询学生信息时，有时会要求将学生证的信息也一起查询出来，这被称为"一对一查询"。在介绍使用 MyBatis 实现"一对一查询"之前，先做以下的准备工作。

说明：本章的重点内容是关联查询及延迟加载的相关概念，章节设计的示例是为了示范语法，因此没有侧重考虑表设计的合理性和实际业务场景。

因为之前已经创建了学生表，现在再创建一个学生证表，如图 4.1 所示。

	CARDID	CARDINFO	
▶ 1	1000	张三是清华大学计算机学院的…	…
2	1001	李四是北京大学管理学院的…	…
3	1002	王五是西安交通大学经济学院的…	…

图 4.1 学生证表 studentCard

在学生表中增加一个表示学生证的外键（CardId），用于将学生表和学生证表关联起来，如图 4.2 所示。

	STUNO	STUNAME		STUAGE	GRANAME		CARDID
1	31	张三	...	23	就业班	...	1000
2	32	李四	...	24	初级	...	1001
3	34	王五	...	25	初级	...	1002

图 4.2　给学生证表增加外键 CardId

接下来介绍使用 MyBatis 实现"一对一查询"的两种方法：扩展类及 resultMap。

4.1.1　使用扩展类实现一对一查询

使用扩展类实现一对一查询的本质，就是将学生和学生证的所有属性合并放到一个类中，然后通过 SQL 内连接语句查询结果。为了同时拥有学生和学生证两个类的属性，可以创建一个学生的扩展类（继承于学生的类）。

StudentAndCardBusiness.java，代码详见程序清单 4.1。

```
public class StudentAndCardBusiness extends Student{
    //学生证号
    private int cardId;
    //学生证的相关信息
    private String cardInfo;
    //setter、getter
}
```

程序清单 4.1

因为该扩展类拥有学生证的属性（cardId、cardInfo），而且继承于学生类，所以同时拥有学生和学生证的所有属性。因此，可以将学生表和学生证表的关联查询结果，直接映射到扩展类 StudentAndCardBusiness 中，下面介绍实现"根据学号，查询某个学生的所有信息及对应的学生证信息"功能的 SQL 配置。

SQL 映射文件 studentMapper.xml，代码详见程序清单 4.2。

```
<select id="queryStudentAndCardBusinessByStuNo"
    parameterType="int" resultType="StudentAndCardBusiness">
    select s.*,c.* from student s
        inner join studentCard c on s.cardId = c.cardId
        where s.stuNo = #{stuNO}
</select>
```

程序清单 4.2

动态代理接口 IStudentMapper.java，代码详见程序清单 4.3。

```
public interface IStudentMapper{
    …
    StudentAndCardBusiness queryStudentAndCardBusinessByStuNo(int stuNo);
}
```

程序清单 4.3

测试方法 TestMyBatis.java，代码详见程序清单 4.4。

```
public static void queryStudentAndCardBusinessByStuNo()
throws IOException{
    …
    SqlSession session = sessionFactory.openSession();
    IStudentMapper studentMapper
        = session.getMapper(IStudentMapper.class);
    StudentAndCardBusiness studentAndCard
        = studentMapper.queryStudentAndCardBusinessByStuNo(32);
    …
}
```

程序清单 4.4

从上述代码中可以看出，通过内连接的 SQL 语句，将 stuNo 为 32 的学生和该学生的学生证信息全部查询出来，并保存到 StudentAndCardBusiness 对象中。即通过扩展类 StudentAndCardBusiness，实现了学生和学生证的一对一关联查询。

4.1.2 使用 resultMap 实现一对一查询

要实现学生和学生证的一对一查询，还可以将学生和学生证设计成两个类，然后在学生类中添加一个学生证类型的成员变量（当然，也可以反过来）。

学生类 Student.java，代码详见程序清单 4.5。

```
public class Student{
    private int stuNo;
    private String stuName;
    private int stuAge;
    //学生证
    private StudentCard card ;
    …
    //setter、getter
}
```

程序清单 4.5

学生证类 StudentCard.java，代码详见程序清单 4.6。

```
public class StudentCard{
    //学生证号
    private int cardId;
    //学生证的相关信息
    private String cardInfo;
    //getter、setter
}
```

程序清单 4.6

因为学生证作为学生类的一个成员存在，所以可以使用学生类来保存学生和学生证的信息。再通过 SQL 映射文件中的 resultMap 属性，将查询结果映射到学生类的所有属性中（包括学生证属性）。下面介绍使用 resultMap 实现"根据学号，查询某个学生的所有信息及对应的学生证信息"功能的 SQL 配置。

SQL 映射文件 studentMapper.xml,代码详见程序清单 4.7。

```xml
<!-- 使用 resultMap,实现学生表和学生证表的一对一查询 -->
<select id="queryStudentAndCardByStuNoWithResultMap"
    parameterType="int" resultMap="student_card_map">
    select s.*,c.* from student s
        inner join studentCard c
        on  s.cardId = c.cardId
        where s.stuNo = #{stuNO}
</select>

<resultMap type="org.lanqiao.entity.Student" id="student_card_map">
    <id property="stuNo" column="stuNo"/>
    <result property="stuName" column="stuName"/>
    <result property="stuAge" column="stuAge"/>
    <association property="card" javaType="studentCard">
        <id property="cardId" column="cardId"/>
        <result property="cardInfo" column="cardInfo"/>
    </association>
</resultMap>
```

程序清单 4.7

以上,通过<resultMap>将学生表的字段与 Student 类的属性绑定起来,并通过<association>将 card 中的各级联属性与 studentCard 表的字段绑定起来。其中<id>映射主键列,<result>映射其他列。

动态代理接口 IStudentMapper.java,代码详见程序清单 4.8。

```java
public interface IStudentMapper{
    …
    Student queryStudentAndCardByStuNoWithResultMap(int stuNo);
}
```

程序清单 4.8

测试方法 TestMyBatis.java,代码详见程序清单 4.9。

```java
public static void queryStudentAndCardByStuNoWithResultMap()
    throws IOException{
    …
    SqlSession session = sessionFactory.openSession();
    IStudentMapper studentMapper = session.getMapper(IStudentMapper.class);

    Student student = studentMapper.queryStudentAndCardByStuNoWithResultMap(32);
    …
}
```

程序清单 4.9

以上,就是使用<resultMap>和<association>实现一对一查询的具体步骤。

4.2 一对多查询

一个班级有多个学生，因此班级和学生是"一对多"关系。下面以班级和学生的"一对多"关系为例，介绍使用 MyBatis 实现一对多查询的具体步骤。

先做一些准备工作。

创建一个"班级"的实体类和数据表，并插入测试数据。

StudentClass.java，代码详见程序清单 4.10。

```java
public class StudentClass{
    //班级 id
    private int classId ;
    //班级名称
    private String className;
    //setter、getter
}
```

程序清单 4.10

班级表如图 4.3 所示。

	CLASSID	CLASSNAME
1	1	JAVA班
2	2	IOS班
3	3	HTML5班

图 4.3　班级表（studentClass）

为了在"类"中体现班级和学生的"一对多"关系，需要在班级类中增加一个 List<Student>类型的成员变量，表示一个班级有多个学生。

StudentClass.java，代码详见程序清单 4.11。

```java
public class StudentClass{
    private int classId ;
    private String className;
    //班级中的学生信息
    private List<Student> students ;
    //setter、getter
}
```

程序清单 4.11

为了在"表"中体现班级和学生的"一对多"关系，需要在学生表中增加外键（ClassId）关联班级表的 ID，如图 4.4 所示。

	STUNO	STUNAME	STUAGE	GRANAME	CARDID	CLASSID
1	31	张三	23	就业班	1000	1
2	32	李四	24	初级	1001	2
3	34	王五	25	初级	1002	3

图 4.4　给学生表增加外键（ClassId）

上述准备工作完成后，就可以实施一对多查询了。

下面介绍实现"根据班级编号，查询某个班级的所有信息，以及该班级中所有学生的信息"功能的 SQL 配置。

SQL 映射文件 studentMapper.xml，代码详见程序清单 4.12。

```xml
<select id="queryClassAndStudentsByClassId"
    parameterType="int" resultMap="classAndStudentMap">
    select s.*,sc.* from student s
        inner join studentClass sc
        on s.classid=sc.classid
        where sc.classid = #{classId}

</select>

<resultMap type="studentClass" id="classAndStudentMap">
    <id property="classId" column="classId" />
    <result property="className" column="className" />
    <collection property="students" ofType="student">
        <id property="stuNo" column="stuNo" />
        <result property="stuName" column="stuName" />
        <result property="stuAge" column="stuAge" />
    </collection>
</resultMap>
```

程序清单 4.12

通过<select>执行一对多查询的 SQL 语句，并将查询结果通过<resultMap>映射到 StudentClass 类中的各属性中：普通类型通过<id>、<result>映射，List 类型的属性 students 通过<collection>映射，并通过 ofType 指定 List 中元素的类型。

动态代理接口 IStudentMapper.java，代码详见程序清单 4.13。

```java
public interface IStudentMapper{
    …
    StudentClass queryClassAndStudentsByClassId(int classId);
}
```

程序清单 4.13

测试方法 TestMyBatis.java，代码详见程序清单 4.14。

```java
public static void queryClassAndStudentsByClassId()
throws IOException{
    …
    IStudentMapper studentMapper = session.getMapper(IStudentMapper.class);
    StudentClass stuclass = studentMapper.queryClassAndStudentsByClassId(1);
    …
}
```

程序清单 4.14

这样就可以查询编号为 1 的班级的所有信息，以及该班级中所有学生的信息。

4.3 多对一查询与多对多查询

4.3.1 多对一查询

一个班级和多个学生是"一对多"关系,反过来看,多个学生和一个班级是"多对一"关系。因此,一对多和多对一的本质是一样的,只是观察的角度和查询的主体不同而已。

4.3.2 多对多查询

一个学生可以选择多门课程,即一个学生和多门课程是"一对多"关系;反过来看,一门课程也可以被多个学生选择,即一门课程和多个学生也是"一对多"关系。因此,多个学生和多门课程是"多对多"关系。

通过以上分析可知,"多对多"的本质就是组合了两个"一对多"。例如,在实现"多个学生和多门课程"的"多对多"关系时,只需先以"学生"为观察点,实现一次"一个学生和多个课程"的一对多查询;同时,再以"课程"为观察点,实现一次"一门课程和多个学生"的一对多查询。将二者结合起来,就实现了"多个学生和多门课程"的"多对多"关系了。

下面介绍使用 MyBatis 实现"多个学生和多门课程"多对多查询的具体方法。

多对多查询的双方应该是双向的:既可以通过学生查询到对应的课程,也可以通过课程查询到关联的学生。因此,既要在学生类 Student 中通过 List<Course>保留课程信息,也应该在课程类 Course 类中通过 List<Student>保留学生信息。

学生类 Student.java,代码详见程序清单 4.15。

```
public class Student{
    private int stuNo;
    private String stuName;
    //在学生类 Student 中保留课程信息
    private List<Course> courses;
    ...
}
```

程序清单 4.15

课程类 Course.java,代码详见程序清单 4.16。

```
public class Course{
    private int courseNo;
    private String courseName;
    //在课程类 Course 类中保留学生信息
    private List<Student> students;
    ...
}
```

程序清单 4.16

SQL 映射文件 studentMapper.xml,代码详见程序清单 4.17。

```xml
<select id="queryStudentsAndCourses" resultMap="studentsAndCoursesMap">
    select s.*,c.* from student s
            inner join course c
            on s.stuno=c.stuno
</select>

<resultMap type="student" id="studentsAndCoursesMap">
    <id property="stuNo" column="stuno" />
    <result property="stuName" column="stuname" />
    <collection property="courses" ofType="Course">
        <id property="courseNo" column="courseno" />
        <result property="courseName" column="coursname" />
    </collection>
</resultMap>
```

程序清单 4.17

省略 studentMapper.xml 中对应的接口配置。

测试方法 TestMyBatis.java，代码详见程序清单 4.18。

```java
public static void querystudentsAndCourses()
throws IOException{
    ...
    IStudentMapper studentMapper = session.getMapper(IStudentMapper.class);
    List<Student> students= studentMapper.queryStudentsAndCourses();
    for(Student stu:students){
        //通过学生对象，查询出关联的 Course 对象
        List<Course> courses =   stu.getCourses();
        ...
    }
    ...
}
```

程序清单 4.18

经过以上配置，就可以通过 Student 对象查询出关联的 Course 对象，大家可以仿照 studentMapper.xml 的写法，编写课程类的 SQL 配置文件，使得程序也可以通过 Course 对象查询出关联的 Student 对象。

小结：关联查询主要是在<resultMap>标签中，使用<association>配置一对一查询、使用<collection>配置一对多查询。多对一查询和多对多查询的本质仍然是一对多查询。

4.4 延迟加载

4.4.1 日志输出

为了更好地理解延迟加载，先开启日志输出功能，用于观察实际被执行的 SQL 语句细节。MyBatis 集成多种日志输出的功能，现在以 Log4j 为例进行讲解。

（1）加入 Log4j 驱动包。将 Log4j 的驱动包 log4j-1.2.15.jar 加入项目的构建目录（Build Path）中。

（2）指定日志输出。在配置文件的<settings>标签中，指定使用 Log4j 完成 MyBatis 的日志输出功能。

conf.xml，代码详见程序清单 4.19。

```
...
<configuration>
    <properties resource="db.properties" />
    <settings>
        ...
        <setting name="logImpl" value="LOG4J"/>
    </settings>
    ...
</configuration>
```

程序清单 4.19

如果不进行此项设置，MyBatis 就会按照 SLF4J→Apache Commons Logging→Log4j 2→Log4j→JDK logging 的顺序查找日志组件，并打开第一个找到的日志组件完成日志输出，如果没找到日志组件，就会禁用日志功能。

（3）配置日志输出。在 src 下新建一个 log4j.properties 文件，用于配置日志输出的级别、格式、输出位置等。

log4j.properties.java，代码详见程序清单 4.20。

```
log4j.rootLogger=DEBUG, stdout
log4j.appender.stdout=org.apache.log4j.ConsoleAppender
log4j.appender.stdout.layout=org.apache.log4j.PatternLayout
log4j.appender.stdout.layout.ConversionPattern=%5p [%t] - %m%n
```

程序清单 4.20

在开发、调试程序期间，建议把日志级别设置为 DEBUG。

至此，就给 MyBatis 加入了日志功能，用户可以在控制台看到实际被执行的 SQL 语句。例如，运行之前编写的 queryClassAndStudentsByClassId()可以在控制台看到如图 4.5 所示的日志信息。

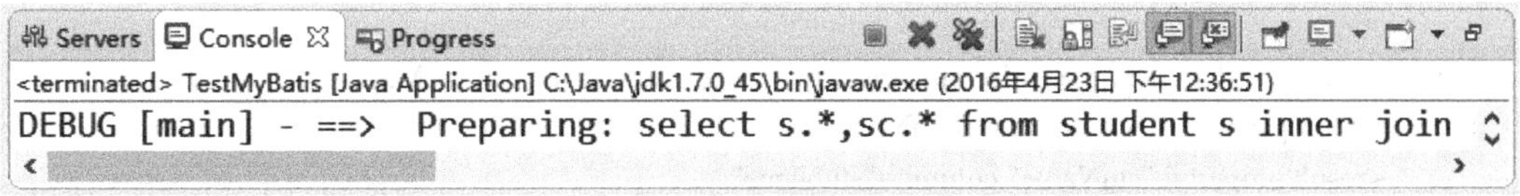

图 4.5　MyBatis 日志信息

4.4.2　延迟加载详解

在进行关联查询时，经常会使用到延迟加载，现在以一对多查询为例，讲解延迟加载的意义。在使用一对多查询时，很多时候并无须立即将"多"的一方查询出来。例如，班级是"一",学生是"多",有时候只需查询出班级中的信息,无须立即查询出班级中的所有学生信息。例如,有一个班级列表,当单击某个班级名称时才会真正查询该班级对应的学生信息。也就是说,最好能够将查询"多"的操作进行延迟:即首次查询只查询主要信息(如"班级"),而关联信息(如"班级"中的学生信息)等需要的时候再加载,以减少不必要的数据库查询开销,从而提升程序的效率。就刚才的例子而言,延迟加载可以实现"按需加载",即只有单击了某个班级名称时,才会查询该班级的学生信息;反之,如果用户没有单击,该班级的学生信息就不会被查询。

以上过程就被称为延迟加载。同理,在进行一对一、多对一、多对多关联查询时,也可以使用延迟加载提高查询效率。

要在 MyBatis 中使用延迟,必须先将 MyBatis 配置文件中延迟加载的相关配置打开,具体是在<setting>标签中加入以下配置。

MyBatis 配置文件 conf.xml,代码详见程序清单 4.21。

```xml
<configuration>
    <properties resource="db.properties" />
    <settings>
        <!-- 将延迟加载设置为 true(可省略,因为默认值就是 true) -->
        <setting name="lazyLoadingEnabled" value="true"/>
        <!-- 将立即加载设置为 false -->
        <setting name="aggressiveLazyLoading" value="false"/>
    </settings>
    ...
</configuration>
```

程序清单 4.21

接下来,介绍一对一延迟加载和一对多延迟加载。

1. 一对一延迟加载

学生和学生证是"一对一"关系,现在通过延迟加载来实现:学生表一对一关联查询学生证表,要求默认只查询学生表,只有当需要时再查询学生证表,即延迟加载学生证表。

SQL 映射文件 studentMapper.xml,代码详见程序清单 4.22。

```xml
<select id="queryStudentLazyLoadCard" resultMap="studentAndCardLazyLoadMap">
    select * from student
</select>

<resultMap type="org.lanqiao.entity.Student" id="studentAndCardLazyLoadMap">
    <id property="stuNo" column="stuNo"/>
    <result property="stuName" column="stuName"/>
    <association property="card" javaType="org.lanqiao.entity.StudentCard"
            <!--通过 namespace+id 指定延迟加载执行的 SQL 语句 -->
            select="org.lanqiao.mapper.IStudentCardMapper.queryCardById"
            column="cardId"/>
</resultMap>
```

程序清单 4.22

SQL 映射文件 studentCardMapper.xml，代码详见程序清单 4.23。

```xml
<mapper namespace="org.lanqiao.mapper.IStudentCardMapper">
<!-- 根据学生证编号，查询学生证信息 -->
<select id="queryCardById" parameterType="int" resultType="student">
    select * from studentCard where cardId=#{cardId}
</select>
```

程序清单 4.23

先通过主查询 select * from student 查询学生信息，然后通过<association>标签关联查询学生证表，并通过 select 属性指定延迟加载的 SQL 语句 select * from studentCard where cardId=#{cardId}。也就是说，在一对一查询中，是通过<association>的 select 属性设置延迟加载的。

因为本程序新增了 studentCardMapper.xml 映射文件，所以不要忘记修改 MyBatis 配置文件。

conf.xml，代码详见程序清单 4.24。

```xml
...
<mappers>
        <mapper resource="org/lanqiao/mapper/studentMapper.xml" />
        <mapper resource="org/lanqiao/mapper/studentCardMapper.xml" />
</mappers>
...
```

程序清单 4.24

动态代理接口 IStudentMapper.java，代码详见程序清单 4.25。

```java
public interface IStudentMapper{
    ...
    public abstract List<Student> queryStudentLazyLoadCard();
}
```

程序清单 4.25

动态代理接口 IStudentCardMapper.java，代码详见程序清单 4.26。

```java
public interface IStudentCardMapper{
    public abstract List<Student> queryCardById();
}
```

程序清单 4.26

测试方法 TestMyBatis.java，代码详见程序清单 4.27。

```java
public static void queryStudentLazyLoadCard() throws IOException{
    ...
    SqlSession session = sessionFactory.openSession();
    IStudentMapper studentMapper = session.getMapper(IStudentMapper.class);
    List<Student> students = studentMapper.queryStudentLazyLoadCard();
    for(Student student:students) {
        StudentCard card = student.getCard();
```

```
        }
        session.close();
}
```

程序清单 4.27

执行测试方法，观察控制台日志，如图 4.6 所示。

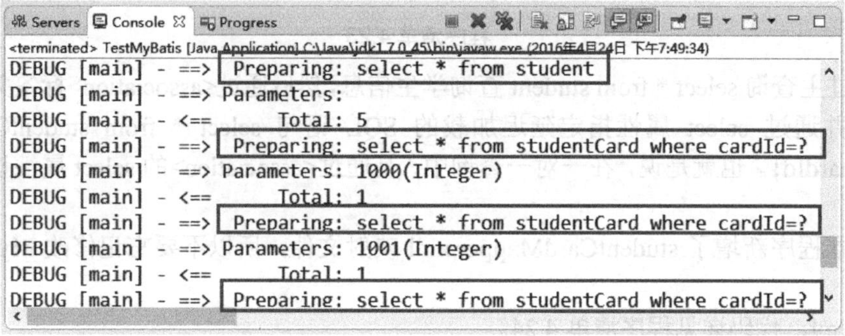

图 4.6　控制台日志

从输出结果可知，当程序执行到 studentMapper.queryStudentLazyLoadCard()时，MyBatis 只发出了查询学生表的 SQL 语句 select * from student；但当程序执行到 student.getCard()时，才会发出查询学生证信息的 SQL 语句 select * from studentCard where cardId=?。这就是使用了延迟加载的效果：首次查询时，只查询目前需要的信息，其他信息则等到需要时再查询。

2．一对多延迟加载

一对多延迟加载的配置方法与一对一延迟加载的配置方法基本相同，不同的是将 <association>换成了<collection>，即一对多延迟加载是在<collection>中配置 select 属性。

4.5　本章小结

（1）MyBatis 可以使用扩展类及 resultMap 实现一对一关联查询。

（2）使用扩展类实现一对一关联查询的本质，就是将两个不同类中的所有属性合并到一个类中，然后通过 SQL 内连接语句查询结果。

（3）使用 resultMap 实现一对一关联查询时，可以通过<resultMap>标签将表中的字段和类的简单类型的属性绑定起来，并通过<association>映射字段和属性之间的对应关系：如果是简单类型的属性，则使用<id>映射主键列，使用<result>映射其他列；如果是非简单类型的属性，则全部使用<association>映射，并通过 javaType 指定该属性的实际类型。

（4）在实现一对多关联查询时，查询结果通过<resultMap>映射到"一"的一方的各属性中：普通类型通过<id>、<result>映射，List 类型的属性（代表"多"的一方）通过<collection>映射，并通过 ofType 指定 List 中元素的类型。

（5）使用 MyBatis 实现一对多、多对一和多对多映射时，逻辑是一致的：在<resultMap>标签中，使用<association>配置一对一查询、使用<collection>配置一对多查询。

（6）使用一对多查询时，很多时候只需查询"一"的一方，无须立即将"多"的一方查询出来。开发者最好能够将查询"多"的操作进行延迟：即首次查询时只查询主要信息，而关联信息等需要的时候再加载，以减少不必要的数据库查询开销，从而提升程序的效率。

4.6 本章练习

单选题

（1）使用 resultMap 实现一对一关联查询时，如果是简单类型的属性，则需要使用（　　）映射主键列，使用（　　）映射其他列；如果是非简单类型的属性，则需要使用（　　）映射，并使用（　　）来指定该属性的类型。

A．key，result，association，javaType

B．id，result，association，javaType

C．id，result，collection，javaType

D．id，result，association，ofType

（2）使用 MyBatis 实现一对多映射时，可以在以下代码的【1】和【2】处分别填写（　　）。

```
<select ...  resultMap="classAndStudentMap">
    ...
</select>

<resultMap ..." id="classAndStudentMap">
    <!-- 主键 -->
    <id property="..." column="..." />
    <!-- 非主键 -->
    <【1】 property="..." column="..." />
    <【2】 property="..." ofType="...">
        <id property="stuNo" column="..." />
        <result property="..." column="..." />
    </【2】>
</resultMap>
```

A．result 和 list　　　　　　　　B．result 和 collection

C．name 和 collection　　　　　　D．name 和 array

（3）使用 MyBatis 时，下列关于日志的说法中，错误的是（　　）。

A．给 MyBatis 加入日志输出功能，可用于观察 MyBatis 执行时的 SQL 语句。

B．可以在配置文件的<settings>标签中，设置使用的日志类型。

C．默认情况下，MyBatis 会根据一定的顺序查找在项目中是否集成了相应的日志组件，并打开第一个找到的日志组件，如果没有找到，就会禁用日志功能。

D．必须先打开日志功能，才能使用 MyBatis 提供的延迟加载机制。

（4）假设 A 表有 3 条数据，B 表有 1000 条数据，下列选项中，适合使用延迟加载的场景是（　　）。

A．立即加载 B，延迟加载 A　　　　B．立即加载 A，立即加载 B

C．立即加载 A，延迟加载 B　　　　D．延迟加载 A，延迟加载 B

第 5 章

查询缓存

本章简介

本章讲解如何在 MyBatis 中使用一级缓存、二级缓存，以及如何在 MyBatis 中整合第三方厂商提供的缓存。缓存可以大幅度提高查询效率，而一级缓存与二级缓存也有不同的使用场景。

查询缓存，就是在内存或外存上建立一个存储空间，用来保存上次的查询结果，下次再进行同样的查询时，就可以直接从内存或外存中读取，而不用再从数据库中查找，可以显著提高查询效率。MyBatis 中的一级缓存的范围是一个 SqlSession 对象，而二级缓存则是可以被多个 SqlSession 对象共享的，范围是有相同 namespace 值的 SQL 映射文件所生成所有 mapper 对象。

5.1 一级缓存

在 MyBatis 中，常用的查询缓存分为一级缓存和二级缓存。一级缓存的范围是一个 SqlSession 对象，在同一个 SqlSession 对象中多次执行相同的查询 SQL 语句时，第一次执行完毕就会将数据库的查询结果写到内存（缓存）中，以后如果再次执行该查询，就会直接从内存中读取第一次的查询结果。但是，如果在进行增、删、改等操作，执行了 commit()方法，那么一级缓存就会被清理(清理是指"将缓存中的数据全部写入数据库，并且清空已有缓存")，因此将来再次查询时，都会重新从数据库中查询，并将查询结果重新写入 SqlSession 对象，如图 5.1 所示为以"查询学生信息"为例的 MyBatis 一级缓存流程图。

MyBatis 默认开启一级缓存。并且在使用一级缓存时，当一个 SqlSession 对象关闭后，该 SqlSession 对象中的一级缓存也就随之销毁。以下是一级缓存的使用示例。

首先，执行两次相同的查询操作。

数据库
①读取
②写入
第一次查询学号为31的学生
再次查询学号为31的学生
读取
SqlSession对象
一级缓存
执行commit()方法
清理

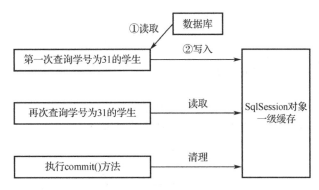

图 5.1　一级缓存流程图

测试方法 TestMyBatis.java，代码详见程序清单 5.1。

```
public static void queryStudentByNoTwice() throws IOException{
    …
    IStudentMapper studentMapper = session.getMapper(IStudentMapper.class);
    //第一次查询学号为 32 的学生
    Student student1 = studentMapper.queryStudentByNo(32);
    //第二次查询学号为 32 的学生，直接从缓存中获取
    Student student2 = studentMapper.queryStudentByNo(32);
    session.close();
}
```

程序清单 5.1

执行日志如图 5.2 所示。

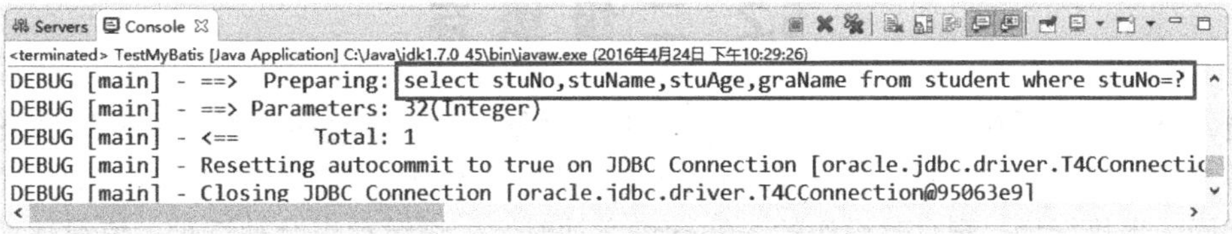

Servers
Console
<terminated> TestMyBatis [Java Application] C:\Java\jdk1.7.0_45\bin\javaw.exe (2016年4月24日 下午10:29:26)
DEBUG [main] - ==> Preparing: select stuNo,stuName,stuAge,graName from student where stuNo=?
DEBUG [main] - ==> Parameters: 32(Integer)
DEBUG [main] - <==   Total: 1
DEBUG [main] - Resetting autocommit to true on JDBC Connection [oracle.jdbc.driver.T4CConnectic
DEBUG [main] - Closing JDBC Connection [oracle.jdbc.driver.T4CConnection@95063e9]

图 5.2　执行日志

可以发现，虽然本次查询了两次学号为 32 的学生，但实际上，只向数据库发送了一次查询 SQL 语句，即第二次没有通过 SQL 语句进行查询，而是直接从缓存中获取查询结果。

现在，在两次查询之间添加一次增、删、改操作，并调用 commit()方法，用来清理一级缓存。

测试方法 TestMyBatis.java，代码详见程序清单 5.2。

```
public static void queryStudentByNoTwiceWithUpdate() throws IOException{
    …
    SqlSession session = sessionFactory.openSession();
    IStudentMapper studentMapper = session.getMapper(IStudentMapper.class);
    //第一次查询学号为 32 的学生
    Student student1 = studentMapper.queryStudentByNo(32);
    //执行一次修改操作，并调用 commit()方法，一级缓存被清理
```

```
            Student stu = new Student();
            stu.setStuNo(32);
            ...
            studentMapper.updateStudentByNo(stu);
            session.commit();
            //第二次查询学号为 32 的学生，重新发送查询 SQL 语句
            Student student2 = studentMapper.queryStudentByNo(32);
            session.close();
        }
```

程序清单 5.2

虽然在第二次查询过程中，仍然查询学号为 32 的学生，但因为在两次查询之间增加了 commit()方法，导致一级缓存被清理了，所以两次查询操作各自发送了查询 SQL 语句，执行日志如图 5.3 所示。

图 5.3　执行日志（增加了 commit()方法）

5.2　二　级　缓　存

MyBatis 一级缓存的范围是一个 SqlSession 对象；而二级缓存是可以被多个 SqlSession 对象共享的，范围是有相同 namespace 值的 SQL 映射文件所生成的所有 mapper 对象。与一级缓存相同，当执行增、删、改操作的 commit()方法时，二级缓存也会被清理。值得注意的是，如果两个不同的 SQL 映射文件有相同的 namespace 值，那么这两个 SQL 映射文件生成的两个 mapper 对象共享二级缓存。二级缓存流程图如图 5.4 所示。

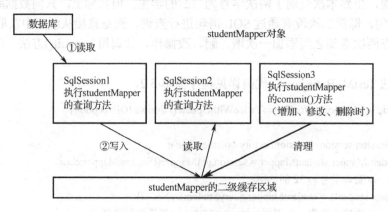

图 5.4　二级缓存流程图

在使用二级缓存时，只要使用 namespace 值相同的 mapper 对象，就会在第一次查询时访问数据库并将查询结果写入二级缓存，以后再次查询时就可以直接从二级缓存中获取查询结果。

5.2.1 使用二级缓存

下面以"查询学生信息"为例，介绍在 MyBatis 中使用二级缓存的具体步骤。

1. 开启二级缓存

MyBatis 默认没有开启二级缓存，使用二级缓存时，需要在 setting 全局参数中显式开启。

conf.xml，代码详见程序清单 5.3。

```
<configuration>
    <!-- 引用 db.properties 配置文件 -->
    <properties resource="db.properties" />
    <settings>
    …
        <!-- 开启二级缓存 -->
        <setting name="cacheEnabled" value="true"/>
    </settings>
    …
</configuration>
```

程序清单 5.3

此外，还要在 SQL 映射文件中添加一行代码，即<cache />，该代码表示把由此 SQL 映射文件生成的 mapper 对象的二级缓存功能打开。

studentMapper.xml，代码详见程序清单 5.4。

```
<mapper namespace="org.lanqiao.mapper.IStudentMapper">
    <cache />
    …
</mapper>
```

程序清单 5.4

2. 实现序列化

要进行二级缓存的对象，需要使用对象所属的实体类实现 java.io.Serializable 接口，以支持序列化和反序列化操作。注意，如果实体类有父类，或者实体类中的某个属性成员也是实体类类型，那么这些关联的父类、实体类属性也需要实现 java.io.Serializable 接口。

Student.java，代码详见程序清单 5.5。

```
package org.lanqiao.entity;
import java.io.Serializable;
public class Student implements Serializable{
    //学号
    private int stuNo;
    //姓名
    private String stuName;
    //年龄
```

```
        private int stuAge;
        …
        //学生证
        private StudentCard card ;
        //setter、getter
}
```

程序清单 5.5

Student 类中的属性 card 所属的实体类,也需要实现 Serializable 接口。
StudentCard.java,代码详见程序清单 5.6。

```
package org.lanqiao.entity;
import java.io.Serializable;
public class StudentCard implements Serializable{
        //学生证号
        private int cardId;
        //学生证的相关信息
        private String cardInfo;
        //setter、getter
}
```

程序清单 5.6

3. 测试二级缓存

前已述及,二级缓存的范围是有相同 namespace 值的 SQL 映射文件所生成的所有 mapper 对象,现在进行测试(省略 SQL 映射文件及动态代理接口)。
TestMyBatis.java,代码详见程序清单 5.7。

```
public static void queryStudentByNoWithSecondCache() throws IOException{
        …
        //创建第一个 SqlSession 对象
        SqlSession session1 = sessionFactory.openSession();
        IStudentMapper studentMapper1 = session1.getMapper(IStudentMapper.class);
        //第一次查询学号为 32 的学生
        Student student1 = studentMapper1.queryStudentByNo(32);
        session1.close();
        //创建第二个 SqlSession 对象
        SqlSession session2 = sessionFactory.openSession();
        IStudentMapper studentMapper2 = session2.getMapper(IStudentMapper.class);
        //第二次查询学号为 32 的学生
        Student student2 = studentMapper2.queryStudentByNo(32);
        session2.close();
}
```

程序清单 5.7

执行日志如图 5.5 所示。

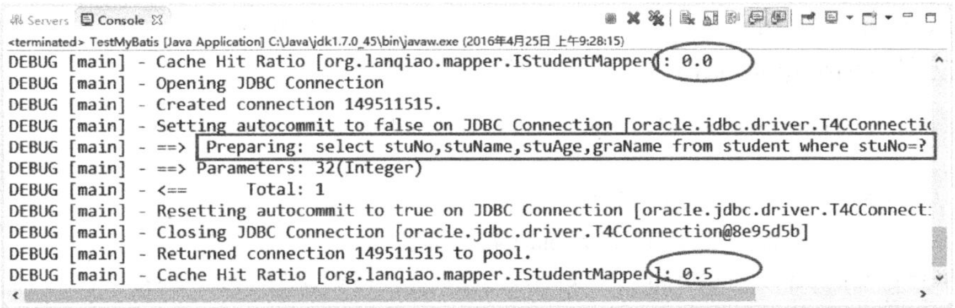

图 5.5　执行日志（测试二级缓存）

通过日志可以发现，虽然两次查询操作是通过不同的 SqlSession 对象执行的，但这些 SqlSession 对象都是由同一个 namespace 的 mapper 对象生成的，因此这两个 SqlSession 对象可以共享二级缓存，即只需在第一次查询时向数据库发送 SQL 语句并将查询结果写入二级缓存，之后再次查询时就可以直接从二级缓存中获取查询结果。日志中的"0.0"和"0.5"表示缓存的命中率：第一次查询时，缓存中没有数据，因此命中率为 0.0；第二次查询相同的数据时，可以从缓存中查询到结果，因此命中率为 0.5（共查询了两次，只有第二次命中，因此命中率为 50%，即 0.5）。

5.2.2　禁用二级缓存

开发者还可以通过配置，禁用某个具体的 SQL 标签对应的二级缓存。
SQL 映射文件 studentMapper.xml，代码详见程序清单 5.8。

```xml
<select id="queryStudentByNo" parameterType="int" resultType="student" useCache="false">
    select stuNo,stuName,stuAge,graName from student where stuNo=#{stuNo}
</select>
```

程序清单 5.8

再次执行测试方法 queryStudentByNoWithSecondCache()时，日志如图 5.6 所示。

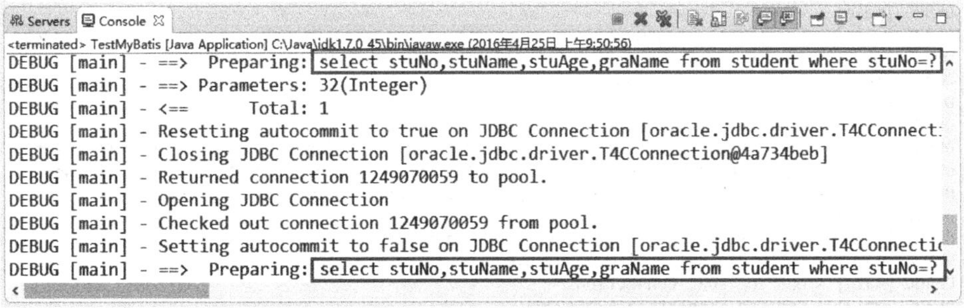

图 5.6　执行日志（禁用二级缓存）

可以发现，给<select>标签设置了 useCache="false"，就可以禁用当前 SQL 标签对应的二级缓存，即发送了两次 SQL 语句。默认情况下，useCache="true"表示开启二级缓存。

5.2.3　清理二级缓存

如果在进行增、删、改操作后执行 commit()方法，二级缓存也会被随之清理。例如，先将之前的 useCache 改回 true，表示使用二级缓存，再进行如下测试。

测试方法 TestMyBatis.java，代码详见程序清单 5.9。

```java
public static void queryStudentByNoWithSecondCacheAndUpdate() throws IOException{
    …
    //使用第一个 SqlSession 执行查询
    SqlSession session1 = sessionFactory.openSession();
    IStudentMapper studentMapper1 = session1.getMapper(IStudentMapper.class);
    Student student1 = studentMapper1.queryStudentByNo(32);
    session1.close();
    //执行更新方法，并调用 commit()方法清理缓存
    SqlSession session_update = sessionFactory.openSession();
    IStudentMapper studentMapper = session_update.getMapper(IStudentMapper.class);
    Student stu = new Student();
    stu.setStuNo(32);
    …
    studentMapper.updateStudentByNo(stu);
    session_update.commit();
    //使用第二个 SqlSession 执行查询
    SqlSession session2 = sessionFactory.openSession();
    IStudentMapper studentMapper2 = session2.getMapper(IStudentMapper.class);
    Student student2 = studentMapper2.queryStudentByNo(32);
    session2.close();
}
```

程序清单 5.9

执行日志如图 5.7 所示。

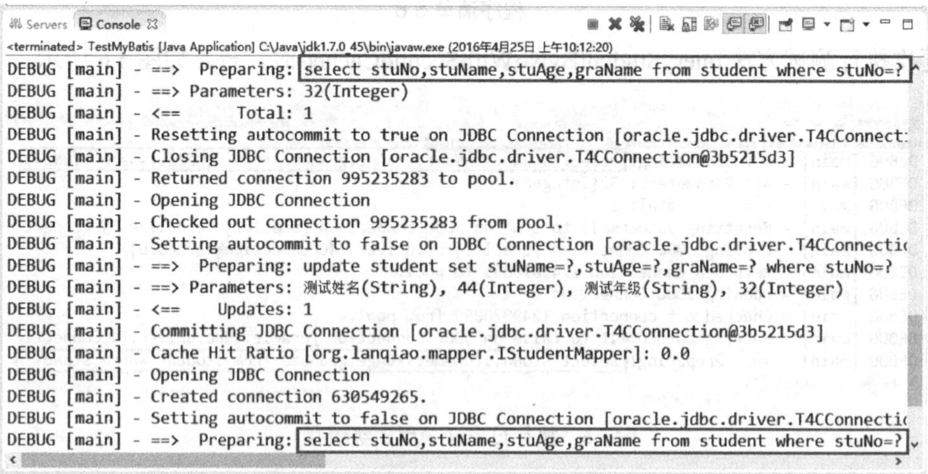

图 5.7　执行日志（清理二级缓存）

从日志中可以得知，因为在两次查询之间执行了 commit()方法，二级缓存被清理，因此向数据库发送了两条查询 SQL 语句。

现在分析 commit()方法会清理缓存的原因：在对数据库进行增、删、改操作时，如果不

及时清理缓存,就可能丢失数据的实时性,导致数据的脏读。例如,假设存在一条数据"姓名,张三;年龄,23 岁;年级,初级",第一次从数据库查询到此数据时,会将查询结果放入缓存,如果再进行修改操作,假设修改为"姓名,张三;年龄,24 岁;年级,中级",此时,之前存放在缓存中的数据就已经与数据库中修改后的数据不一致,如果再从缓存中读取数据,就会导致脏读的发生。因此每次执行增、删、改操作并调用 commit()方法时,就会及时地清理缓存,从而保证数据的实时性。

如果有特殊情况,开发者想在执行 commit()方法时并不清理缓存,则可以在进行增、删、改操作的 SQL 标签里设置 flushCache="false"。

studentMapper.xml,代码详见程序清单 5.10。

```
<update id="updateStudentByNo" parameterType="student" flushCache="false">
    update student set stuName=#{stuName},stuAge=#{stuAge}, graName=#{graName}
        where stuNo=#{stuNo}
</update>
```

程序清单 5.10

flushCache="false"表示执行 commit()方法时不会清理缓存。默认情况下,flushCache="true"。设置后,再次执行之前的测试方法 queryStudentByNoWithSecondCacheAndUpdate(),得到的日志如图 5.8 所示。

```
Servers  Console
<terminated> TestMyBatis [Java Application] C:\Java\jdk1.7.0_45\bin\javaw.exe (2016年4月25日 上午10:56:23)
DEBUG [main] - Cache Hit Ratio [org.lanqiao.mapper.IStudentMapper]: 0.0
DEBUG [main] - Opening JDBC Connection
DEBUG [main] - Created connection 149511515.
DEBUG [main] - Setting autocommit to false on JDBC Connection [oracle.jdbc.driver.T4CConnectio
DEBUG [main] - ==>  Preparing: select stuNo,stuName,stuAge,graName from student where stuNo=?
DEBUG [main] - ==> Parameters: 32(Integer)
DEBUG [main] - <==      Total: 1
DEBUG [main] - Resetting autocommit to true on JDBC Connection [oracle.jdbc.driver.T4CConnect
DEBUG [main] - Closing JDBC Connection [oracle.jdbc.driver.T4CConnection@8e95d5b]
DEBUG [main] - Returned connection 149511515 to pool.
DEBUG [main] - Opening JDBC Connection
DEBUG [main] - Checked out connection 149511515 from pool.
DEBUG [main] - Setting autocommit to false on JDBC Connection [oracle.jdbc.driver.T4CConnectio
DEBUG [main] - ==>  Preparing: update student set stuName=?,stuAge=?,graName=? where stuNo=?
DEBUG [main] - ==> Parameters: 测试姓名(String), 44(Integer), 测试年级(String), 32(Integer)
DEBUG [main] - <==    Updates: 1
DEBUG [main] - Committing JDBC Connection [oracle.jdbc.driver.T4CConnection@8e95d5b]
DEBUG [main] - Cache Hit Ratio [org.lanqiao.mapper.IStudentMapper]: 0.5
```

图 5.8 执行日志(禁止清理缓存)

虽然在两次查询之间存在 commit()方法,但因为使用 flushCache 属性禁止清理缓存,所以仍然只向数据库发送了一次 SQL 语句,第二次查询直接从缓存中获取数据。两次查询缓存的命中率分别为 0.0 和 0.5。

5.3 整合第三方提供的二级缓存

MyBatis 还可以整合 Ehcache、OSCache、MEMcache 等由第三方厂商提供的二级缓存解决方案。本书以使用较多的 Ehcache 为例进行讲解。

MyBatis 默认提供了用于整合二级缓存的接口 Cache 及实现类 PerpetualCache，如图 5.9 所示。

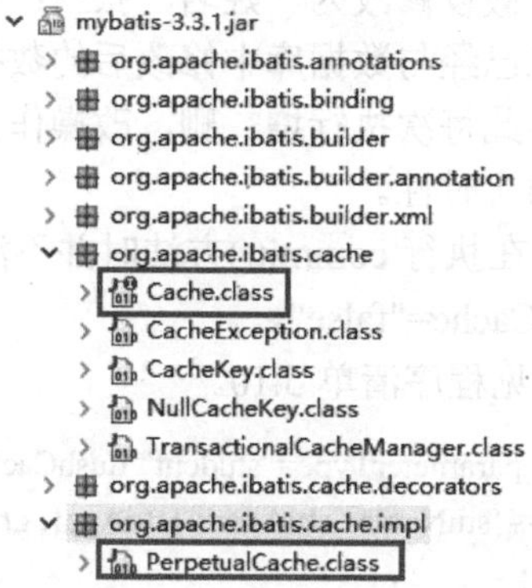

图 5.9　Cache 接口及实现类 PerpetualCache

MyBatis 整合 Ehcache 的具体步骤如下。

1. 导入 Ehcache 相关 JAR 文件

MyBatis 整合 Ehcache 需要导入如表 5.1 所示的三个 JAR 文件。

表 5.1　JAR 文件

Ehcache-core-2.6.8.jar	mybatis-Ehcache-1.0.3.jar	slf4j-api-1.7.5.jar

2. 创建并编写 Ehcache 配置文件

在 src 下创建 Ehcache 配置文件 Ehcache.xml，并进行以下配置。
Ehcache.xml，代码详见程序清单 5.11。

```
<ehcache xmlns:xsi="http://www.w3.org/2001/XMLSchema-instance***" xsi:noNamespaceSchemaLocation=
"../config/ehcache.xsd">
    <diskStore path="F:\Ehcache"/>
    <defaultCache
        maxElementsInMemory="1000"
        maxElementsOnDisk="1000000"
        eternal="false"
        overflowToDisk="false"
        timeToIdleSeconds="100"
        timeToLiveSeconds="100"
        diskExpiryThreadIntervalSeconds="120"
        memoryStoreEvictionPolicy="LRU">
    </defaultCache>
</ehcache>
```

程序清单 5.11

Ehcache 配置文件中的各元素/属性的简介如表 5.2 所示。

表 5.2　Ehcache 各元素/属性的简介

元素/属性	简　介
maxElementsInMemory	将缓存保存在内存中时，缓存中存放的对象的最大数目
maxElementsOnDisk	将缓存保存在硬盘中时，缓存中存放的对象的最大数目
eternal	缓存中存放的对象，是否永远都不过期
overflowToDisk	当内存中存放的缓存对象的数量超过最大值时，是否将多余的缓存对象缓存到硬盘中
timeToIdleSeconds	当缓存在 Ehcache 中的数据前后两次访问的时间超过 timeToIdleSeconds 的属性值时，缓存的数据就会被删除
timeToLiveSeconds	保存在缓存中的对象的生命周期
diskExpiryThreadIntervalSeconds	硬盘缓存的清理线程运行时间间隔，默认是 120 秒。每隔 120 秒，相应的线程会进行一次 Ehcache 缓存数据的清理工作
memoryStoreEvictionPolicy	当内存中存放的缓存对象的数量达到最大值时，如果有新的对象加入缓存，则采取移除已有缓存对象的策略。默认是 LRU（最近最少使用），可选的还有 LFU（最不常使用）和 FIFO（先进先出）
<diskStore>中的 path 属性	当 overflowToDisk 为 true，并且内存中存放的缓存对象的数量超过 maxElementsInMemory 的值时，将多余的缓存对象存放在硬盘中的路径

3．开启 Ehcache

前面提到过，在 MyBatis 中整合第三方的二级缓存解决方案，需要实现 MyBatis 提供的 Cache 接口。在 Ehcache 的 JAR 包中，提供了编译好的 Cache 接口的实现类 EhcacheCache，如图 5.10 所示。

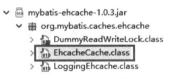

图 5.10　Cache 接口的实现类

修改 studentMapper.xml，将 MyBatis 内置的二级缓存<cache/>更换为 Ehcache 的相关配置。studentMapper.xml，代码详见程序清单 5.12。

```xml
<mapper namespace="org.lanqiao.mapper.IStudentMapper">
    <!--
        <cache/>
    -->
    <cache type="org.mybatis.caches.ehcache.EhcacheCache">
        <property name="timeToIdleSeconds" value="3600"/>
        <property name="timeToLiveSeconds" value="3600"/>
        <!--同 ehcache 参数 maxElementsInMemory -->
        <property name="maxEntriesLocalHeap" value="1000"/>
        <!--同 ehcache 参数 maxElementsOnDisk -->
        <property name="maxEntriesLocalDisk" value="10000000"/>
        <property name="memoryStoreEvictionPolicy" value="LRU"/>
```

```
        </cache>
        ...
    </mapper>
```

程序清单 5.12

可见,开发者可以在具体的 SQL 映射文件中配置 Ehcache 的参数,用来覆盖 ehcache.xml 中的配置。

4. 测试 Ehcache

再次执行查询同一对象的方法 queryStudentByNoWithSecondCache(),得到的日志如图 5.11 所示。

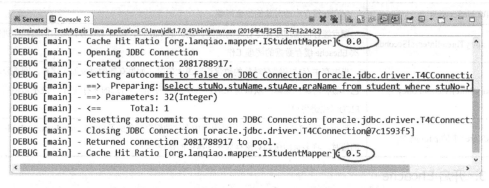

图 5.11 执行日志(测试 Ehcache)

可以发现,两次相同的查询操作只发送了一条 SQL 语句,即 Ehcache 二级缓存确实得到了应用。

5.4 本章小结

(1)在 MyBatis 中,常用的查询缓存分为一级缓存和二级缓存。

(2)一级缓存的范围是一个 SqlSession 对象:在同一个 SqlSession 对象中多次执行相同的查询 SQL 语句时,第一次执行完毕就会将数据库的查询结果写到内存(缓存)中,以后如果再次执行该查询,就会直接从内存中读取第一次的查询结果。

(3)二级缓存是可以被多个 SqlSession 对象共享的,范围是有相同 namespace 值的 SQL 映射文件所生成的所有 mapper 对象。与一级缓存相同,当执行增、删、改操作的 commit() 方法时,二级缓存也会被清理。

(4)如果在进行增、删、改等操作时执行了 commit()方法,那么一级缓存和二级缓存都会被清理。

(5)MyBatis 默认开启一级缓存,但没有开启二级缓存。使用二级缓存时,需要在 setting 全局参数中显式开启,还要在 SQL 映射文件中添加一行代码,即<cache />,该代码表示把由此 SQL 映射文件生成的 mapper 对象的二级缓存功能打开。

(6)要进行二级缓存的对象,需要使用对象所属的实体类实现 java.io.Serializable 接口,以支持序列化和反序列化操作。

(7)因为在对数据库进行增、删、改操作时,如果不及时清理缓存,就可能丢失数据的实时性,导致数据的脏读,所以每次执行增、删、改操作并调用 commit()方法时,就会及时地清理缓存,从而保证数据的实时性。

(8) MyBatis 可以整合 Ehcache、OSCache、MEMcache 等由第三方厂商提供的二级缓存解决方案,MyBatis 默认提供了用于整合二级缓存的接口 Cache 及默认的实现类 PerpetualCache。

5.5 本章练习

单选题

(1) 下列关于 MyBatis 一级缓存和二级缓存的说法中,错误的是(　　)。
A．一级缓存的范围是一个 SqlSession 对象。
B．二级缓存的范围是有相同 namespace 值的 SQL 映射文件所生成所有 mapper 对象。
C．当执行 SqlSession 对象的 commit()方法时,一级缓存和二级缓存都会被清理。
D．如果两个不同的 SQL 映射文件有相同的 namespace 值,那么由这两个映射文件生成的 mapper 对象是无法共享二级缓存的。

(2) 若在 MyBatis 配置文件中开启二级缓存配置,下列选项中,正确的是(　　)。
A．
```xml
<configuration>
    <properties resource="..." />
    <settings>
    ...
        <setting name="cacheEnabled" value="true"/>
    </settings>
    ...
</configuration>
```

B．
```xml
<configuration>
    <properties resource=".." />
    <settings>
    ...
        <setting name="cacheEnabled" value="false"/>
    </settings>
    ...
</configuration>
```

C．
```xml
<configuration>
    <properties resource="..." />
    <settings>
    ...
        <setting name="secondCache" value="true"/>
    </settings>
```

```
    ...
</configuration>
```

D.
```
<configuration>
    <properties resource="..." />
    <settings>
        ...
        <setting name="enableCached" value="true"/>
    </settings>
    ...
</configuration>
```

（3）下列关于二级缓存的说法中，正确的是（　　）。

A．要进行二级缓存的对象，需要使用对象所属的实体类实现 java.io.Serializable 接口。

B．commit()方法会清理一级缓存，但不会清理二级缓存。

C．MyBatis 默认开启二级缓存。

D．MyBatis 可以整合由第三方厂商提供的二级缓存解决方案，但没有统一的接口整合它们。

（4）以下哪项是在 MyBatis 中使用二级缓存的基本步骤？（　　）

A．

① 在属性文件中设置 cache=true；

② 在 SQL 映射文件中添加一行代码<cache />；

③ 使用对象所属的实体类实现 java.io.Serializable 接口。

B．

① 在 setting 全局参数中显式开启二级缓存；

② 在 SQL 映射文件中添加一行代码<cacheEnabled />；

③ 使用对象所属的实体类实现 java.io.Serializable 接口。

C．

① 在 setting 全局参数中显式开启二级缓存；

② 在 SQL 映射文件中添加一行代码<cache />；

③ 使用对象所属的实体类实现 java.io.Serializable 接口。

D．

① 在 setting 全局参数中显式开启二级缓存；

② 在 SQL 映射文件中添加一行代码<cache />；

③ 使用对象所属的实体类实现 java.io.Cachedable 接口。

第 6 章

MyBatis 高级开发

本章简介

本章介绍 MyBatis 的增强插件，主要包括 MyBatis Generator、MyBatis Plus 和 Mapper。

MyBatis 属于 ORM 框架，当我们开发 DAO 组件时，使用 MyBatis 可以节省大量的时间。与 JDBC 相比，使用 MyBatis 可以省略大部分基础代码的输入工作，同时我们也无须关心 connection 是否已经关闭。

在前几章的示例中，我们需要编写大量的 MyBatis 定义的 XML 文件和 Java 文件，包括与数据库表对应的 JavaBean、XML 格式的 SQL 映射文件，以及与 SQL 映射文件对应的接口文件。在规模比较大的项目中完成上述内容是一项非常繁重的任务。为了简化操作，我们将在本章介绍 MyBatis 的增强插件。

6.1 MyBatis 逆向工程

6.1.1 逆向工程简介

逆向工程指从数据库表中自动生成 JavaBean、SQL 映射文件和接口文件的过程。

MyBatis Generator（MBG）是一个可以帮助 MyBatis 完成逆向工程的工具。该工具由 MyBatis 官方提供。MyBatis Generator 有多种使用方式，其中最常用的使用方式为以下三种。

（1）通过 Java 命令直接启动 mybatis-generator-core-x.x.x.jar。需要在 Github 的 MyBatis 代码仓库里下载 mybatis-generator-core-x.x.x-bundle.zip 压缩文件，如 mybatis-generator-core-1.4.0-bundle.zip，将其解压缩后得到 mybatis-generator-core-1.4.0.jar，这就是我们需要的 jar 包。

提醒：建议读者下载最新版的 jar 包。

（2）MyBatis Generator 也可以作为 Eclipse 的插件在可视化的操作界面中使用。

（3）将 MyBatis Generator 作为一个 jar 包集成到项目中，通过代码调用完成逆向工程。

6.1.2 使用 MyBatis Generator 生成代码

本节主要介绍最简单的图形化操作方式。为 Eclipse 安装一个 MyBatis Generator 插件，然后通过可视化的方式进行配置，或者直接将配置内容写入 XML 配置文件中，在 Eclipse 中通过菜单命令来执行 MyBatis Generator 插件。

1．准备工作

使用 MyBatis Generator 的准备工作包括以下三个方面：安装 MyBatis Generator 插件、创建数据库表和导入 jar 包，以及生成待修改的 MyBatis Generator 配置文件。

（1）安装 MyBatis Generator 插件。

执行"Help"→"Eclipse Marketplace"菜单命令，弹出"Eclipse Marketplace"对话框，在"Find"文本框中输入"mybatis generator"并进行搜索，在搜索结果中单击"MyBatis Generator 1.4.0"插件右下角的"Install"按钮，如图 6.1 所示。

图 6.1 "Eclipse Marketplace"对话框

接受协议并单击"Finish"按钮，如图 6.2 所示。

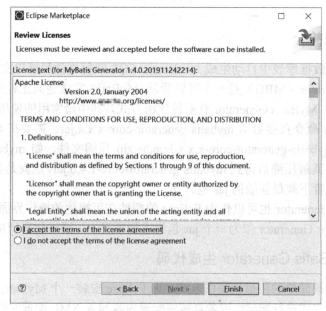

图 6.2 接受协议并单击"Finish"按钮

安装完 MyBatis Generator 插件后，Eclipse 会提示需要重启软件。

（2）创建数据库表和导入 jar 包。

使用 MyBatis Generator 之前，我们先在数据库中创建一个独立的表 homework，再创建两个关联的表（班级表和教师表）。因为一个教师可以给多个班级上课，所以教师和班级的关系是一对多关系。

generatortest.sql 包含创建数据表需要的 SQL 语句，代码详见程序清单 6.1。

```sql
create table   homework (
    work_no int primary key auto_increment comment '作业编号作为主键',
    content text    comment '作业内容',
    start_date timestamp not null default current_timestamp    comment '留作业时间'
)engine=innodb default charset=utf8 ;

create table   teacher (
    tea_no int primary key auto_increment   comment '教师编号',
    tea_name varchar(50) not null comment '教师姓名',
    tea_birthday date default '0000-01-01' comment '出生日期',
    tea_salary decimal(10,2) comment '教师工资'
)engine=innodb default charset=utf8;

create table   tea_class(
    class_id INT primary key auto_increment comment '班级编号',
    class_name varchar(50) comment '班级名称',
    tea_id int comment '授课教师 ID'
)engine=innodb default charset=utf8;

alter table tea_class add constraint fk_teacher_classes foreign key(tea_id) references teacher (tea_no);
```

程序清单 6.1

在 generatortest.sql 代码的最后部分，为 tea_class 表添加了外键约束 fk_teacher_classes。

为项目添加需要的 jar 包，将 mybatis-3.5.3.jar 和 mysql-connector-java-5.1.47.jar 导入项目中。

接下来，介绍 MyBatis Generator 的使用步骤。

（3）生成待修改的 MyBatis Generator 配置文件。

生成一个 MyBatis Generator 配置文件，该文件会告诉 MyBatis Generator 如何连接数据库，要生成什么对象，并指定数据库中需要参与逆向工程的表。

MyBatis Generator 配置文件的存放路径没有特别的要求，但是为了方便管理，我们把该配置文件存放在项目的文件夹中。例如，在测试项目 generatortest 中，MyBatis Generator 配置文件就存放在 source 文件夹中。

现在，使用 Eclipse 的 MyBatis Generator 插件生成一个待修改的配置文件。右击 source 文件夹，在弹出的快捷菜单中选择"New"→"Other"选项。打开向导对话框，选择"MyBatis"→"MyBatis Generator Configuration File"选项，如图 6.3 所示。

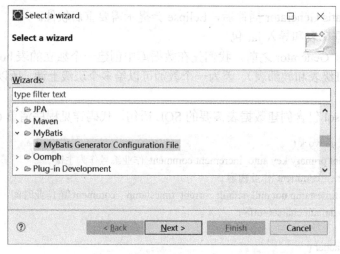

图 6.3 生成待修改的 MyBatis Generator 配置文件

弹出下一对话框,用于确认 MyBatis Generator 配置文件。无须改动对话框中的内容,直接单击"Finish"按钮,如图 6.4 所示。

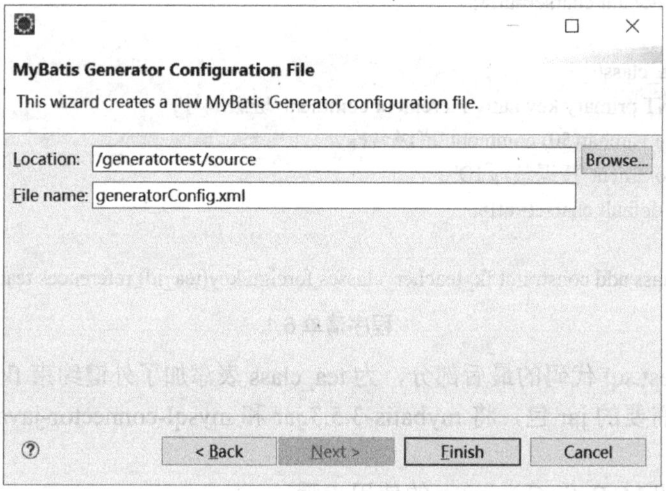

图 6.4 单击"Finish"按钮

之后,在 source 文件夹中就新增了一个 generatorConfig.xml 文件。同时,该文件被自动打开,在 Eclipse 的工作区中会显示该文件,如图 6.5 所示。

从 generatorConfig.xml 的配置窗口中,我们可以看到此配置文件的根节点是 <generatorConfiguration>,该根节点下面只有一个节点<context>。在当前节点上右击,在弹出的快捷菜单中选择增加属性或增加子节点等选项,如图 6.6 所示。

正确设置 generatorConfig.xml 文件是实施逆向工程的核心内容。我们需要进一步研究该配置文件的各节点的作用。

第 6 章　MyBatis 高级开发

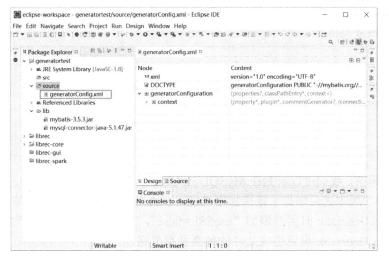

图 6.5　新增 generatorConfig.xml 文件

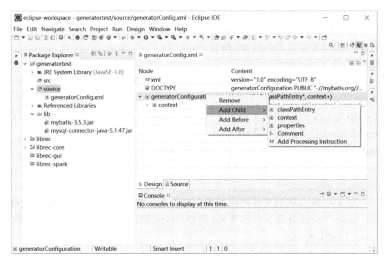

图 6.6　选择增加属性或增加子节点等选项

2．设置 MyBatis Generator

MyBatis Generator 配置文件需要根据项目设计方案及数据库进行修改，主要修改内容包括为配置文件添加数据库连接信息，为各种生成文件指定存放路径，指定需要生成文件的数据库表。同时，也可以对生成代码的注释进行调整，以及对数据库表中的特殊数据类型指定逆向处理方法。

首先，对<context>节点进行修改。将 MyBatis Generator 的 targetRuntime 属性设置为 MyBatis3（其默认值为 MyBatis3DynamicSql）。修改配置文件时，我们既可以在"Design"界面中进行修改，也可以在"Source"界面中直接输入如下代码：

```
<context id="generatortest" targetRuntime="MyBatis3">
```

为 MyBatis Generator 添加数据库连接参数。设置节点<jdbcConnection/>。代码如下：

```xml
<generatorConfiguration>
    <context id="generatortest" targetRuntime="MyBatis3">
<jdbcConnection
        connectionURL="jdbc:mysql://121.37.72.79:3306/lanqiaodb?useSSL=false"
        driverClass="com.mysql.jdbc.Driver" password="zhangQIANG@123"
        userId="root" />
    ...
    </context>
</generatorConfiguration>
```

从上述代码中，我们可以看到在 MySQL 的 URL 中增加了参数 "useSSL=false"，这是因为 MySQL 自 5.7 版本之后增加了连接加密功能，从而防止数据库信息在通信过程中被窃取。在使用 MyBatis Generator 时需要添加 "useSSL=false"，否则执行代码时会产生异常现象。

为 MyBatis Generator 设置生成文件的种类及存放路径。XML 代码如下：

```xml
<generatorConfiguration>
    <context id="generatortest" targetRuntime="MyBatis3">
        ...
        <!-- 定义生成 JavaBean 的各种要求，targetPackage 是存放 JavaBean 的包名，
        targetProject 是项目名称及 src 路径 -->
        <javaModelGenerator
            targetPackage="org.lanqiao.entity" targetProject="generatortest/src">
        </javaModelGenerator>
        <!-- 定义生成 SQL 映射文件的各种要求，targetPackage 是存放 JavaBean 的包名，
        targetProject 是项目名称及 src 路径 -->
        <sqlMapGenerator targetPackage="org.lanqiao.dao.xml"
            targetProject="generatortest/src">
        </sqlMapGenerator>
        <!-- 定义与 SQL 映射文件对应的接口文件的各种要求，targetPackage 是存放 JavaBean 的包
        名，targetProject 是项目名称及 src 路径，type 指定接口文件是哪些文件的客户端 -->
        <javaClientGenerator
            targetPackage="org.lanqiao.dao" targetProject="generatortest/src"
            type="XMLMAPPER">
        </javaClientGenerator>
        ...
    </context>
</generatorConfiguration>
```

需要注意，在 targetPackage 中输入的包名可以是项目路径下没有预先创建的包名，MyBatis Generator 在逆向生成文件时会自动创建这些包。

接下来，为 MyBatis Generator 指定数据库表需要定义的文件。设置<table/>节点，其中，属性 shema 表示数据库的名称，属性 tableName 表示表的名称，代码如下：

```xml
<generatorConfiguration>
    <context id="generatortest" targetRuntime="MyBatis3">
        ...
        <table schema="lanqiaodb" tableName="homework"></table>
        <table schema="lanqiaodb" tableName="teacher"></table>
```

```xml
        <table schema="lanqiaodb" tableName="tea_class"></table>
        ...
    </context>
</generatorConfiguration>
```

我们把没有任何关联关系的表 homework，以及有关联关系的表 teacher 和表 tea_class 都定义为需要逆向生成代码的表。

至此，MyBatis Generator 的设置基本完成，配置文件的完整代码详见程序清单 6.2。generatorConfig.xml：

```xml
<?xml version="1.0" encoding="UTF-8"?>
<!DOCTYPE generatorConfiguration PUBLIC
 "-//mybatis.org//DTD MyBatis Generator Configuration 1.0//EN"
  "http://mybatis.org/dtd/mybatis-generator-config_1_0***.dtd">
<generatorConfiguration>
    <context id="generatortest" targetRuntime="MyBatis3">
        <jdbcConnection
            connectionURL="jdbc:mysql://121.37.72.79:3306/lanqiaodb?useSSL=false"
            driverClass="com.mysql.jdbc.Driver" password="zhangQIANG@123"
            userId="root" />
        <javaModelGenerator
            targetPackage="org.lanqiao.entity" targetProject="generatortest/src">
        </javaModelGenerator>
        <sqlMapGenerator
            targetPackage="org.lanqiao.dao.xml" targetProject="generatortest/src">
        </sqlMapGenerator>
        <javaClientGenerator
            targetPackage="org.lanqiao.dao"   targetProject="generatortest/src" type="XMLMAPPER">
        </javaClientGenerator>
        <table schema="lanqiaodb" tableName="homework"></table>
        <table schema="lanqiaodb" tableName="teacher"></table>
        <table schema="lanqiaodb" tableName="tea_class"></table>
    </context>
</generatorConfiguration>
```

程序清单 6.2

3. 执行 MyBatis Generator

执行 MyBatis Generator，生成需要的文件。在项目路径中找到 generatorConfig.xml 文件并右击，在弹出的快捷菜单中选择"Run As"→"Run MyBatis Generator"选项，如图 6.7 所示。

执行 MyBatis Generator 时，会在控制台显示执行过程中的提示信息，当出现"MyBatis Generator Finished"提示信息时，表示执行过程结束，这时我们可以看到在"src"目录下新增了三个包存放着 MyBatis Generator 逆向生成的所有文件，执行结果如图 6.8 所示。

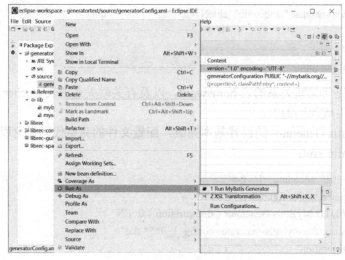

图 6.7 执行 MyBatis Generator

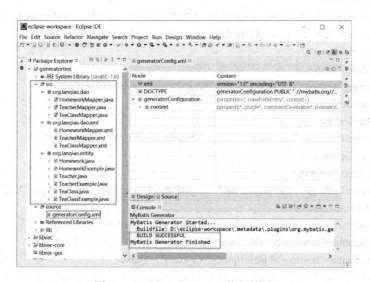

图 6.8 MyBatis Generator 执行结果

查看各包中生成的文件。JavaBean 被放在 org.lanqiao.entity 包中,其他两类文件被放在配置文件所指定的位置。

可以看到,在 org.lanqiao.entity 包中,生成的文件不仅有与数据库表对应的 JavaBean,还有一个以 "Example" 结尾的 java 文件,该文件为我们提供了在动态查询中组织 "where" 子句的能力,即为 selectByExmple 方法、deleteByExample 方法、countByExample 方法、updateByExample 方法提供动态的 where 子句。以 "Example" 结尾的文件有个特点,随着表中字段的增加该文件会变得越来越大,但是对应的 xxxMapper.java 文件和 xxxMapper.xml 文件会保持比较小的状态。

当我们查看这些文件时,会发现每个文件中都有大量的无用的注释,可以通过在 MyBatis Generator 配置文件中增加一些配置项来控制注释的生成,比如将数据库表中的 comment 内容生成为 JavaBean 中域的注释。代码如下:

```xml
<generatorConfiguration>
    <context id="generatortest" targetRuntime="MyBatis3">
        <commentGenerator>
            <!--禁止注释中出现文件创建时间-->
            <property name="suppressDate" value="true" />
            <!--将数据库表中各列的 comment 字段作为 JavaBean 中域的注释-->
            <property name="addRemarkComments" value="true" />
        </commentGenerator>
        ...
    </context>
</generatorConfiguration>
```

我们给 commentGenerator 增加了两个属性的配置项，再次执行 MyBatis Generator，新生成的代码会覆盖旧代码。我们进一步查看新生成的代码有什么变化。

需要注意，打开 HomeworkExample.java 文件后，我们会发现并没有生成有关 content 域的查询条件的方法，其原因为在 homework 表中定义的 content 字段使用的 MySQL 数据类型是 TEXT，而 TEXT 等少量 MySQL 数据类型在 MyBatis Generator 逆向生成 Java 代码时会被特殊处理，导致在自动生成的 JavaBean 中，该域无法使用。因此，我们需要在 generatorConfig.xml 文件中为 tableName="homework" 的 <table> 节点增加一个子节点 <columnOverride>，该节点作用是明确地告诉 MyBatis Generator 在实施逆向工程时，要把数据库中某个字段的数据类型转换为特定类型，在这里我们把 homework 表中的 content 字段的数据类型转换为 VARCHAR 类型来处理。代码如下：

```xml
<table schema="lanqiaodb" tableName="homework">
    <columnOverride column="content" jdbcType="VARCHAR" />
</table>
```

提醒：在实施逆向工程时，对于无法正确转换的 MySQL 数据类型（如 TEXT 等数据类型），可在 MySQL 官网中查询它们和 JDBC 数据类型的对应关系。

修改后的完整 MyBatis Generator 配置文件的代码详见程序清单 6.3。

generatorConfig.xml：

```xml
<?xml version="1.0" encoding="UTF-8"?>
<!DOCTYPE generatorConfiguration PUBLIC
 "-//mybatis.org//DTD MyBatis Generator Configuration 1.0//EN"
 "http://mybatis.org/dtd/mybatis-generator-config_1_0***.dtd">
<generatorConfiguration>
    <context id="generatortest" targetRuntime="MyBatis3">
        <commentGenerator>
            <!--禁止注释中出现文件的创建时间-->
            <property name="suppressDate" value="true" />
            <!--将数据库表中各列的 comment 字段作为 JavaBean 中域的注释-->
            <property name="addRemarkComments" value="true" />
        </commentGenerator>

        <jdbcConnection
            connectionURL="jdbc:mysql://121.37.72.79:3306/lanqiaodb?useSSL=false"
```

```
            driverClass="com.mysql.jdbc.Driver" password="zhangQIANG@123"
            userId="root" />
        <javaModelGenerator
            targetPackage="org.lanqiao.entity" targetProject="generatortest/src">
        </javaModelGenerator>
        <sqlMapGenerator targetPackage="org.lanqiao.dao.xml"
            targetProject="generatortest/src">
        </sqlMapGenerator>
        <javaClientGenerator
            targetPackage="org.lanqiao.dao" targetProject="generatortest/src"
            type="XMLMAPPER">
        </javaClientGenerator>
        <table schema="lanqiaodb" tableName="homework">
            <columnOverride column="content" jdbcType="VARCHAR" />
        </table>
        <table schema="lanqiaodb" tableName="teacher"></table>
        <table schema="lanqiaodb" tableName="tea_class"></table>
    </context>
</generatorConfiguration>
```

程序清单 6.3

重新执行 MyBatis Generator，新生成的代码会覆盖旧代码。接着，我们需要创建一个 MyBatis 配置文件，测试这些生成的代码，MyBatis 配置文件的代码详见程序清单 6.4。

mybatis-config.xml：

```
<?xml version="1.0" encoding="UTF-8" ?>
<!DOCTYPE configuration
  PUBLIC "-//mybatis.org//DTD Config 3.0//EN"
  "http://mybatis.org/dtd/mybatis-3-config***.dtd">
<configuration>
    <settings>
        <!--输出 SQL 语句到控制台-->
        <setting name="logImpl" value="STDOUT_LOGGING" />
    </settings>
    <environments default="development">
        <environment id="development">
            <transactionManager type="JDBC" />
            <dataSource type="POOLED">
                <property name="driver" value="com.mysql.jdbc.Driver" />
                <property name="url"
value="jdbc:mysql://121.37.72.79:3306/lanqiaodb?useSSL=false&amp;characterEncoding=utf8" />
                <property name="username" value="root" />
                <property name="password" value="zhangQIANG@123" />
            </dataSource>
        </environment>
    </environments>
    <mappers
```

```xml
            <mapper resource="org/lanqiao/dao/xml/HomeworkMapper.xml" />
            <mapper resource="org/lanqiao/dao/xml/TeacherMapper.xml" />
            <mapper resource="org/lanqiao/dao/xml/TeaClassMapper.xml" />
    </mappers>
</configuration>
```

程序清单 6.4

我们先在 main()方法中对 Homework 类实施插入操作，代码详见程序清单 6.5。
LanqTest.java：

```java
package org.lanqiao.test;

import java.io.IOException;
    …
public class LanqTest {
    public static void main(String[] args) {
        String resource = "./mybatis-config.xml";
        try(InputStream inputStream = Resources.getResourceAsStream(resource);) {
            SqlSessionFactory sqlSessionFactory =
                    new SqlSessionFactoryBuilder().build(inputStream);
            SqlSession session = sqlSessionFactory.openSession();
            HomeworkMapper homeworkMapper = session.getMapper(HomeworkMapper.class);
//          插入 homework 记录
            Homework    homework = new Homework();
            homework.setContent("熟悉 kotlin 语法新规则.");
            homeworkMapper.insert(homework);
            Homework    homework1 = new Homework();
            homework1.setContent("列举 kotlin 所有基础数据类型.");
            homeworkMapper.insert(homework1);
            Homework    homework2 = new Homework();
            homework2.setContent("熟悉 Python 语法新规则.");
            homeworkMapper.insert(homework2);
            Homework    homework3 = new Homework();
            homework3.setContent("列举 Python 所有基础数据类型.");
            homeworkMapper.insert(homework3);
            session.commit();
            session.close();
        } catch (IOException e) {
            e.printStackTrace();
        }
    }
}
```

程序清单 6.5

接下来，我们使用逆向生成的 Example 类进行条件查询。在下面的查询代码中，我们使用 HomeworkExample 类的内部类 Criteria 添加查询条件，每个 Example 类都有一个 Criteria 内部类，该类会为 JavaBean 中的每个域生成多种添加查询条件的方法。例如，我们要对

Homework 类的 content 进行模糊查询，只需调用 Criteria 内部类中的 andContentLike()方法，就可以生成需要的查询条件了。代码详见程序清单 6.6。

LanqTest.java：

```java
package org.lanqiao.test;

import java.io.IOException;
…
import org.lanqiao.entity.HomeworkExample.Criteria;

public class LanqTest {
    public static void main(String[] args) {
        String resource = "./mybatis-config.xml";
        try(InputStream inputStream = Resources.getResourceAsStream(resource);) {
            List<Homework> homeworks ;
            SqlSessionFactory sqlSessionFactory =
                    new SqlSessionFactoryBuilder().build(inputStream);
            SqlSession sqlSession = sqlSessionFactory.openSession();
            HomeworkMapper homeworkMapper = sqlSession.getMapper(HomeworkMapper.class);
            HomeworkExample homeworkExample = new HomeworkExample();
            Criteria criteria = homeworkExample.createCriteria();
            criteria.andContentLike("%kotlin%");
            homeworks = homeworkMapper.selectByExample(homeworkExample);
            sqlSession.close();
            for (Homework homework : homeworks)
                System.out.println("作业内容是："+homework.getContent());
        } catch (IOException e) {
            //TODO Auto-generated catch block
            e.printStackTrace();
        }
    }
}
```

程序清单 6.6

我们可以在控制台中看到 MyBatis 生成的 SQL 语句和执行结果，如图 6.9 所示。

图 6.9　MyBatis 生成的 SQL 语句和执行结果

6.1.3 MyBatis 批量操作

MyBatis 批量操作有两种比较高效的操作方式：方式一，使用动态 SQL 的特性，即利用 <foreach> 标签对一个集合进行遍历，动态组装高效的 SQL 语句，并将其交给数据库执行；方式二，使用 MyBatis 的 BatchExecutor 执行批量的增、删、改操作。但是，使用方式一时应注意，MySQL 数据库默认提交的 SQL 语句的大小不能超过 1MB，而使用 BatchExecutor 就不必担心该问题，其原因为 BatchExecutor 是对 SQL 语句进行一次预编译后再重复使用的。

1. 使用 BatchExecutor 执行批量操作

BatchExecutor 是用来执行批量增、删、改操作的执行器。要想使用 BatchExecutor 执行批量增、删、改操作，需要在调用 SqlSessionFactory 的 openSession()方法生成 SqlSession 实例时传入参数"ExecutorType.BATCH"，代码如下：

```
SqlSession sqlsession = sqlSessionFactory.openSession(ExecutorType.BATCH);
```

我们以 6.1.2 节的程序清单 6.5 中的插入操作为例，当我们在生成 SqlSession 实例时，指定执行器为 BatchExecutor，然后执行插入操作，最后通过控制台查看输出日志。代码修改如下：

```
public class LanqTest {
    public static void main(String[] args) {
        ...
        SqlSession sqlSession = sqlSessionFactory.openSession(ExecutorType.BATCH);
        ...
    }
}
```

执行上面的代码后，在控制台中查看 MyBatis 的输出日志，如图 6.10 所示。

图 6.10　在控制台中查看 MyBatis 的输出日志（执行批量插入操作）

图 6.10 显示了 BatchExecutor 执行批量插入操作后 MyBatis 的输出日志，我们从该日志中可以看到，当在 openSession()方法中传入参数"ExecutorType.BATCH"后，MyBatis 对 SQL 语句只进行了一次预处理操作，剩下的操作只是对 SQL 语句中的参数重新赋值。

现在我们使用无参的 openSession()方法生成 SqlSession 的实例，重新执行上面的代码，在控制台中查看 MyBatis 的输出日志，如图 6.11 所示。

图 6.11 显示了 MyBatis 对每个插入操作都进行了一次预处理。也就是说，如果使用无参的 openSession()方法生成 SqlSession 的实例，MyBatis 就不会将相关的增、删、改操作当作一次批量操作来执行。

Java 开源框架企业级应用

```
Console ⊠
<terminated> LanqTest [Java Application] C:\Program Files\Java\jdk-15.0.1\bin\javaw.exe  (2021年5月6日 上午12:24:11 – 上午
Opening JDBC Connection
Created connection 501187768.
Setting autocommit to false on JDBC Connection [com.mysql.jdbc.JDBC4Connection@1ddf84b8]
==>  Preparing: insert into homework (work_no, content, start_date ) values (?, ?, ? )
==> Parameters: null, 熟悉kotlin语法新规则.(String), null
<==    Updates: 1
==>  Preparing: insert into homework (work_no, content, start_date ) values (?, ?, ? )
==> Parameters: null, 列举kotlin所有基础数据类型.(String), null
<==    Updates: 1
==>  Preparing: insert into homework (work_no, content, start_date ) values (?, ?, ? )
==> Parameters: null, 熟悉Python语法新规则.(String), null
<==    Updates: 1
==>  Preparing: insert into homework (work_no, content, start_date ) values (?, ?, ? )
==> Parameters: null, 列举Python所有基础数据类型.(String), null
<==    Updates: 1
Committing JDBC Connection [com.mysql.jdbc.JDBC4Connection@1ddf84b8]
Resetting autocommit to true on JDBC Connection [com.mysql.jdbc.JDBC4Connection@1ddf84b8]
Closing JDBC Connection [com.mysql.jdbc.JDBC4Connection@1ddf84b8]
Returned connection 501187768 to pool.
```

图 6.11　在控制台中查看 MyBatis 的输出日志（不执行批量插入操作）

2．使用动态 SQL 执行批量操作

MyBatis 的动态 SQL 元素 foreach 的功能非常强大，可以对集合进行遍历。我们可以将 List、Set、Map 或数组对象作为集合参数传递给 foreach。

使用动态 SQL 执行批量操作是效率最高的批量处理方式。接下来，我们使用动态 SQL 执行批量更新操作。首先，在 HomeworkMapper.xml 文件中添加一个 id 为 "updateBatch" 的动态 SQL 代码块，代码详见程序清单 6.7。

说明：程序清单 6.7 所展示的动态 SQL 代码，是生产环境下最常用的执行批量更新操作的写法之一。

HomeWorkMapper.xml：

```xml
<?xml version="1.0" encoding="UTF-8"?>
<!DOCTYPE mapper PUBLIC "-//mybatis.org//DTD Mapper 3.0//EN"
 "http://mybatis.org/dtd/mybatis-3-mapper***.dtd">
<mapper namespace="org.lanqiao.dao.HomeworkMapper">
...
<update id="updateBatch" parameterType="list">
        update homework
        <trim prefix="set" suffixOverrides=",">
            <trim prefix="content =case" suffix="end,">
                <foreach collection="list" item="item" index="index">
                    <if test="item.workNo!=null">
                        when work_no=#{item.workNo}
                            then #{item.content}
                    </if>
                </foreach>
            </trim>
        </trim>
        where work_no in
        <foreach collection="list" item="item" index="index" separator="," open="(" close=")">
            #{item.workNo}
        </foreach>
```

```
    </update>
</mapper>
```

程序清单 6.7

接下来,添加接口声明,代码详见程序清单 6.8。
HomeworkMapper.java:

```
package org.lanqiao.dao;
import java.util.List;
...
public interface HomeworkMapper {
...
    int updateBatch(List<Homework> list);
}
```

程序清单 6.8

在 main()方法中,我们调用 HomeworkMapper 的 updateBatch()方法测试批量更新操作。测试代码的逻辑为通过一个数组指定四个整数作为 Homework 对象 workNo 值,在数据库表"homework"中查询记录,如果查询成功,则替换 Homework 对象的 content 域中的部分字符串,最后调用 updateBatch 接口执行批量更新操作。测试代码详见程序清单 6.9。
LanqTest.java:

```
package org.lanqiao.test;
import java.io.IOException;
...
public class LanqTest {
    public static void main(String[] args) {
        String resource = "./mybatis-config.xml";
        try (InputStream inputStream = Resources.getResourceAsStream(resource);) {
            SqlSessionFactory sqlSessionFactory = new SqlSessionFactoryBuilder().build(inputStream);
            SqlSession sqlSession = sqlSessionFactory.openSession();
            HomeworkMapper homeworkMapper = sqlSession.getMapper(HomeworkMapper.class);
            List<Homework> hwlist = new ArrayList<Homework>();
            for (int workNo : new int[] { 1, 2, 3,12}) {
                Homework homework = homeworkMapper.selectByPrimaryKey(workNo);
                if (homework != null) {
                    String content="";
                    if (homework.getContent().contains("kotlin")) {
                        content = homework.getContent().replace("kotlin", "KOTLIN");
                    }else if(homework.getContent().contains("Python")) {
                        content = homework.getContent().replace("Python", "PYTHON");
                    }
                    if (!content.equals("")) {
                        homework.setContent(content);
                    }
                    hwlist.add(homework);
                }
```

```
                    }
                    int successes = homeworkMapper.updateBatch(hwlist);
                    System.out.println(successes);
                    sqlSession.commit();
                    sqlSession.close();
                } catch (IOException e) {
                    e.printStackTrace();
                }
            }
        }
```

程序清单 6.9

执行上面的代码后,在控制台中查看 MyBatis 的输出日志,如图 6.12 所示。

图 6.12　在控制台中查看 MyBatis 的输出日志(调用 updateBatch 接口)

从图 6.12 中我们可以看到 MyBatis 只向数据库提交了一条 SQL 语句,但是这条 SQL 语句包含了一次批量更新操作。同时,我们也能看到更新了两条记录。

在程序清单 6.7 中,我们使用了一个 MyBatis 的<trim>元素,<trim>元素一般用于去除 SQL 语句中多余的 "and" 关键字、逗号,或者在 SQL 语句前添加 "where"、"set" 及 "values(" 等前缀,或者在 SQL 语句后添加 ")" 等后缀,以便完成选择性插入、更新、删除或条件查询等操作。在程序清单 6.7 中,执行完动态 SQL 后,最终提交给 MySQL 数据库的 SQL 语句详见程序清单 6.10。

```
update homework
        set content =
            case
                when work_no=1
                    then '熟悉 KOTLIN 语法新规则.'
                when work_no=12
                    then '列举 PYTHON 所有基础数据类型.'
            end
    where work_no in    ( 1,12)
```

程序清单 6.10

批量操作可以减少应用程序对数据库的访问次数,提高数据库的执行效率,极大地改善系统的整体性能。

6.1.4 PageHelper

PageHelper 是 MyBatis 的一款插件。在 MyBatis 配置文件中进行设置后就可以直接使用 PageHelper 了。

使用 PageHelper 时,需要先下载该插件的 jar 包,并将其导入项目中。由于 PageHelper 使用了 SQL 分析工具,所以我们还需要下载另外一个 jar 包 jsqlparser.jar。

PageHelper 有多种分页方法,我们主要介绍对业务代码入侵性最小的方法,即 PageHelper.startPage()静态方法。在需要进行分页的 MyBatis 查询方法前调用 PageHelper.startPage() 静态方法,紧跟在该方法后的第一个 MyBatis 查询方法将会被分页。

下面我们通过代码测试 PageHelper.startPage()静态方法。除修改 main()方法中的代码外, 其他代码无须改动。PageHelper.startPage()方法传入了两个参数,第一个参数是页码,第二个 参数是每页要查询的数据量。main()方法的代码详见程序清单 6.11。

LanqTest.java:

```
package org.lanqiao.test;

import java.io.IOException;
...
public class LanqTest {
    public static void main(String[] args) {
        String resource = "./mybatis-config.xml";
        try (InputStream inputStream = Resources.getResourceAsStream(resource);) {
            SqlSessionFactory sqlSessionFactory = new SqlSessionFactoryBuilder().build(inputStream);
            SqlSession sqlSession = sqlSessionFactory.openSession(ExecutorType.BATCH);
            HomeworkMapper homeworkMapper = sqlSession.getMapper(HomeworkMapper.class);
            PageHelper.startPage(2, 10);
            List<Homework> list = homeworkMapper.selectByExample(null);
            for (Homework homework : list) {
                System.out.println(homework.getWorkNo() +
                        "\t" + homework.getContent() +
                        "\t" + homework.getStartDate());
            }
            sqlSession.close();
        } catch (IOException e) {
            e.printStackTrace();
        }
    }
}
```

程序清单 6.11

程序清单 6.11 的作用是在 homework 表中查询第二页,并显示 10 行数据,结果如图 6.13 所示。

```
Console ⊠
<terminated> LanqTest [Java Application] C:\Program Files\Java\jdk-15.0.1\bin\javaw
15    熟悉PYTHON语法新规则.        Sun May 02 01:09:15 CST 2021
16    列举PYTHON所有基础数据类型.   Sun May 02 01:09:15 CST 2021
17    熟悉kotlin语法新规则.         Sun May 02 01:14:13 CST 2021
18    列举KOTLIN所有基础数据类型.   Sun May 02 01:14:13 CST 2021
19    熟悉Python语法新规则.        Sun May 02 01:14:13 CST 2021
20    列举PYTHON所有基础数据类型.   Sun May 02 01:14:15 CST 2021
21    熟悉kotlin语法新规则.         Sun May 02 01:15:26 CST 2021
22    列举kotlin所有基础数据类型.   Sun May 02 01:15:26 CST 2021
23    熟悉Python语法新规则.        Sun May 02 01:15:26 CST 2021
24    列举Python所有基础数据类型.   Sun May 02 01:15:26 CST 2021
Resetting autocommit to true on JDBC Connection
[com.mysql.jdbc.JDBC4Connection@4c178a76]
Closing JDBC Connection
[com.mysql.jdbc.JDBC4Connection@4c178a76]
Returned connection 1276611190 to pool.
```

图 6.13　分页查询结果

在实际工作中，分页查询不仅需要获取分页记录，而且会在页面中显示记录数量、总页数、当前页码等数据。为了获取这些数据，我们需要使用 PageHelper 的 PageInfo 对象包装查询结果，PageInfo 包含了在分页查询中需要的所有数据。修改后的代码详见程序清单 6.12。

```java
package org.lanqiao.test;
import java.io.IOException;
...
public class LanqTest {
    public static void main(String[] args) {
        ...
            PageHelper.startPage(2, 10);
            List<Homework> list = homeworkMapper.selectByExample(null);
            PageInfo<Homework> page = new PageInfo<Homework>(list);
            for (Homework homework : list) {
                System.out.println(homework.getWorkNo() +
                        "\t" + homework.getContent() +
                        "\t" + homework.getStartDate());
            }
            System.out.println("记录总数：" + page.getTotal() +
                    "\t 总页数：" + page.getPages() +
                    "\t 当前页码" + page.getPageNum());

            sqlSession.close();
        } catch (IOException e) {
            e.printStackTrace();
        }
    }
}
```

程序清单 6.12

修改后的代码将查询结果封装在了类型为 PageInfo 的 page 对象中，然后通过 page 对象的 page.getTotal()方法、page.getPages()方法和 page.getPageNum()方法分别获取表中的记录数量、总页数及当前页码，执行结果如图 6.14 所示。

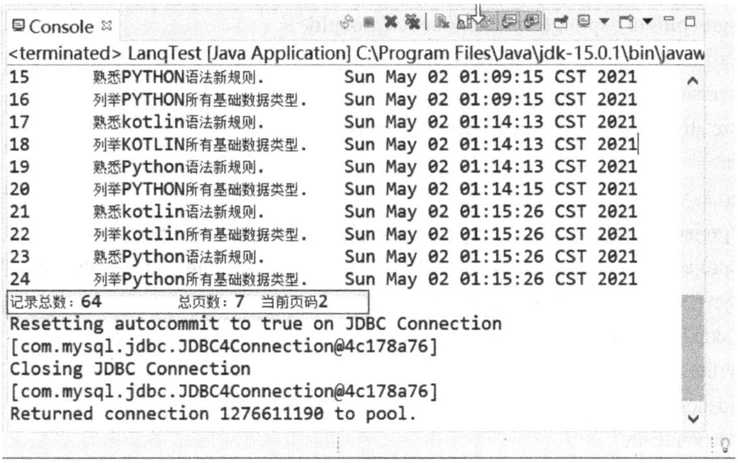

图 6.14　使用分页查询获取相关数据

PageHelper 是一款功能非常强大，同时对业务代码入侵性非常小的分页插件。它提供了多种分页方法和配置参数，此外，它也可以通过 com.github.pagehelper.Dialect 接口使用自己的分页逻辑。

6.2　MyBatis Plus

MyBatis Plus（MP）是一个添加了很多附加功能的 MyBatis 加强版本。

MyBatis Plus 拥有强大的 CRUD 操作能力，并内置了通用 Mapper 和通用 Service（自动生成的业务逻辑层代码，但是功能相对简单，需要在后期使用时按照实际需求修改），经过适当设置后即可实现单表的大部分 CRUD 操作。MyBatis Plus 提供了强大的条件构造器，可以满足各类使用需求。MyBatis Plus 支持 Lambda 形式调用、主键自动生成，以及 ActiveRecord 模式。此外，MyBatis Plus 还提供了支持多种数据库分页操作的内置分页插件、内置性能分析插件和全局拦截插件。

6.2.1　MyBatis Plus 映射关系

MyBatis Plus 在 MyBatis 的基础上对数据库表和实体类的映射关系进行了增强处理。

我们使用 MyBatis Plus 自带的逆向代码生成器重新对程序清单 6.1 中的数据表进行逆向处理，就能看到 MyBatis Plus 的映射关系有什么特点了。

在 Eclipse 下创建一个 maven 项目 mybatisplustest，然后将 pom 文件改写为如程序清单 6.13 所示的内容。

```
<project xmlns="http://maven.apache.org/POM/4.0.0***"
    xmlns:xsi="http://www.w3.org/2001/XMLSchema-instance***"
xsi:schemaLocation="http://maven.apache.org/POM/4.0.0*** https://maven.apache.org/xsd/maven-4.0.0***.xsd">
    <modelVersion>4.0.0</modelVersion>
    <groupId>org.lanqiao</groupId>
```

```xml
        <artifactId>mptest</artifactId>
        <version>0.0.1-SNAPSHOT</version>
        <parent>
            <groupId>org.springframework.boot</groupId>
            <artifactId>spring-boot-starter-parent</artifactId>
            <version>2.3.5.RELEASE</version>
            <relativePath /> <!-- lookup parent from repository -->
        </parent>
        <properties>
            <project.build.sourceEncoding>UTF-8</project.build.sourceEncoding>
            <project.reporting.outputEncoding>UTF-8</project.reporting.outputEncoding>
            <java.version>1.8</java.version>
            <skipTests>true</skipTests>
        </properties>
        <dependencies>
            <dependency>
                <groupId>org.springframework.boot</groupId>
                <artifactId>spring-boot-starter-jdbc</artifactId>
            </dependency>
            <dependency>
                <groupId>org.springframework.boot</groupId>
                <artifactId>spring-boot-starter-web</artifactId>
            </dependency>
            <dependency>
                <groupId>com.baomidou</groupId>
                <artifactId>mybatis-plus-generator</artifactId>
                <version>3.4.1</version>
            </dependency>
            <dependency>
                <groupId>org.springframework.boot</groupId>
                <artifactId>spring-boot-starter-freemarker</artifactId>
            </dependency>
            <dependency>
                <groupId>mysql</groupId>
                <artifactId>mysql-connector-java</artifactId>
            </dependency>
        </dependencies>
</project>
```

程序清单 6.13

在程序清单 6.13 中，我们使用了 Spring Boot 的依赖 jar 包。Spring Boot 是一种全新的框架，它整合了 Spring 的所有框架，并可以简化 Spring 应用的初始搭建及开发过程。在后续章节中，我们会对 Spring Boot 进行详细介绍。<parent>节点的作用是方便依赖 jar 包自动添加，<dependencies>节点中的内容是 MyBatis Plus Generator 必须依赖的 jar 包。添加了 mybatis-plus-generator 后，就无须添加 mybatis-plus 的依赖了。

值得注意的是，我们在依赖中添加了 freemarker 的依赖，代码如下：

```xml
<dependency>
    <groupId>org.springframework.boot</groupId>
    <artifactId>spring-boot-starter-freemarker</artifactId>
</dependency>
```

freemarker 是一款模板引擎，同时也是一种 java 类库，它基于模板与要改变的数据，并可以生成输出文本。在 MyBatis Plus 中，使用 freemarker 可以定义需要生成的 java 文件的模板。然后，在 org.lanqiao.test 包中创建一个有 main() 方法的 PlusgGenerator 类。代码详见程序清单 6.14。

PlusgGenerator.java：

```java
package org.lanqiao.test;

import java.util.ArrayList;
...
public class PlusgGenerator {

    public static String scanner(String tip) {
        Scanner scanner = new Scanner(System.in);
        StringBuilder help = new StringBuilder();
        help.append("请输入" + tip + "：");
        System.out.println(help.toString());
        if (scanner.hasNext()) {
            String ipt = scanner.next();
            if (StringUtils.isNotBlank(ipt)) {
                return ipt;
            }
        }
        throw new MybatisPlusException("请输入正确的" + tip + "！");
    }

    public static void main(String[] args) {
        //代码生成器
        AutoGenerator mpg = new AutoGenerator();

        //全局配置
        GlobalConfig gc = new GlobalConfig();
        String projectPath = System.getProperty("user.dir");
        gc.setOutputDir(projectPath + "/src/main/java");
        gc.setAuthor("zhangqiang");
        gc.setOpen(false);
//        gc.setSwagger2(true); //实体属性 Swagger2 注释
        mpg.setGlobalConfig(gc);

        //数据源配置
        DataSourceConfig dsc = new DataSourceConfig();
        dsc.setUrl("jdbc:mysql://121.36.72.79:3306/lanqiaodb?useUnicode=true&useSSL=
```

```java
false&characterEncoding=utf8");
//dsc.setSchemaName("public");
dsc.setDriverName("com.mysql.jdbc.Driver");
dsc.setUsername("root");
dsc.setPassword("zhangQIANG@123");
mpg.setDataSource(dsc);

//包配置
PackageConfig pc = new PackageConfig();
pc.setModuleName(scanner("模块名"));
pc.setParent("org.lanqiao");
mpg.setPackageInfo(pc);

//自定义配置
InjectionConfig cfg = new InjectionConfig() {
    @Override
    public void initMap() {
        //to do nothing
    }
};

//模板引擎是 freemarker
String templatePath = "/templates/mapper.xml.ftl";
//如果模板引擎是 velocity
//String templatePath = "/templates/mapper.xml.vm";

//自定义输出配置
List<FileOutConfig> focList = new ArrayList<>();
//自定义配置会被优先输出
focList.add(new FileOutConfig(templatePath) {
    @Override
    public String outputFile(TableInfo tableInfo) {
        //自定义输出文件名,如果 Entity 设置了前缀/后缀,则在此处要注意 xml 的名称会随之变化!
        return projectPath + "/src/main/resources/mapper/" + pc.getModuleName() + "/"
                + tableInfo.getEntityName() + "Mapper" + StringPool.DOT_XML;
    }
});

cfg.setFileOutConfigList(focList);
mpg.setCfg(cfg);
//配置模板
TemplateConfig templateConfig = new TemplateConfig();
templateConfig.setXml(null);
mpg.setTemplate(templateConfig);
//策略配置
StrategyConfig strategy = new StrategyConfig();
```

```
            strategy.setNaming(NamingStrategy.underline_to_camel);
            strategy.setColumnNaming(NamingStrategy.underline_to_camel);
            strategy.setRestControllerStyle(true);
            //写入父类中的公共字段
            strategy.setSuperEntityColumns("id");
            strategy.setInclude(scanner("表名用英文逗号分隔").split(","));
            strategy.setControllerMappingHyphenStyle(true);
            strategy.setTablePrefix(pc.getModuleName() + "_");
            mpg.setStrategy(strategy);
            mpg.setTemplateEngine(new FreemarkerTemplateEngine());
            mpg.execute();
        }
    }
```

程序清单 6.14

在 MyBatis Generator 中，我们使用 XML 文件设置了 Generator 生成代码的各项要求，而在 MyBatis Plus Generator 中，我们对生成代码的所有要求是在 main()方法的 java 类中用 java 代码定义的。代码的功能详见程序清单 6.14 中的注释。在 java 类上右击，在弹出的快捷菜单中选择 "Java application" 选项执行 main()方法，控制台会提示 "请输入模块名："，这时我们应该在控制台中输入一个子包名称，如 "mptest"，那么所有代码都会在 "org.lanqiao.mptest" 下面的子包中生成。模块名输入完成后按 Enter 键，控制台会提示 "请输入表名，多个英文逗号分隔："，这时我们输入需要逆向生成代码的数据库表的名称，如图 6.15 所示，按 Enter 键后生成代码。

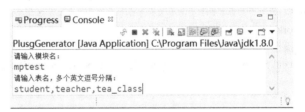

图 6.15　输入需要逆向生成代码的数据库表的名称

PlusgGenerator.java 执行完成后，XML 映射文件被存放在 "src/main/resources" 目录下，所有的 java 代码被存放在 "src/main/java" 目录下，如图 6.16 所示。

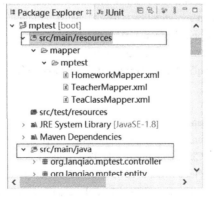

图 6.16　XML 映射文件和 java 代码的存放位置

Java 开源框架企业级应用

当我们打开任意一个 XML 格式的 Mapper 文件后，我们可以看到文件内只有文件头，而没有其他内容。这是因为所有对单表的增、删、改、查操作是在 MyBatis Plus 内实现的，我们无须在 Mapper 文件中添加额外的 SQL 映射。根据业务需求，我们可能会借助该 Mapper 文件添加复杂的数据库操作。

打开"src/main/java"目录，我们可以看到 MyBatis Plus 生成的代码不仅生成了映射接口文件，还生成了 service 文件，以及 controller 文件。但是，当我们打开任意一个 xxxMapper.java 接口文件后，可以看到在该接口文件中没有定义任何方法，而它继承了父接口 BaseMapper。该接口文件在对单表进行操作时也无须额外添加代码，只有当我们在 XML 映射文件中加入复杂的 SQL 操作后（如多表的级联查询），才需要在该接口文件中定义对应的方法。

现在我们进行测试操作，在 org.lanqiao.test 包中创建一个 Test.java 类，然后在该类中编写一个 main()方法，代码详见程序清单 6.15。

Test.java：

```java
package org.lanqiao.test;
import javax.sql.DataSource;
...
public class Test {
    private static SqlSessionFactory sqlSessionFactory = initSqlSessionFactory();
    public static void main(String[] args) {
        try (SqlSession session = sqlSessionFactory.openSession(true)) {
            HomeworkMapper mapper = session.getMapper(HomeworkMapper.class);
            Homework homework = new Homework();
            homework.setContent("Kotlin 的类和方法的使用");
            //插入操作
mapper.insert(homework);
            //查询操作
            System.out.println("结果: " + mapper.selectById(homework.getWorkNo()));
        }
    }
    //创建 sqlSessionFactory
    public static SqlSessionFactory initSqlSessionFactory() {
        DataSource dataSource = dataSource();
        TransactionFactory transactionFactory = new JdbcTransactionFactory();
        Environment environment = new Environment("Production", transactionFactory, dataSource);
        MybatisConfiguration configuration = new MybatisConfiguration(environment);
        configuration.addMapper(HomeworkMapper.class);
        configuration.setLogImpl(StdOutImpl.class);
        return new MybatisSqlSessionFactoryBuilder().build(configuration);
    }
    //用于连接数据源
    public static DataSource dataSource() {
        SimpleDriverDataSource dataSource = new SimpleDriverDataSource();
        dataSource.setDriverClass(com.mysql.jdbc.Driver.class);
        dataSource.setUrl("jdbc:mysql://121.36.72.79:3306/lanqiaodb?"
            +"useUnicode=true&useSSL=false&characterEncoding=utf8");
```

```
        dataSource.setUsername("root");
        dataSource.setPassword("zhangQIANG@123");
        return dataSource;
    }
}
```

程序清单 6.15

使用 MyBatis 时，需要通过配置文件定义 MyBatis 的使用环境。在程序清单 6.15 中，我们使用了 java 代码代替 MyBatis 所需的 XML 映射文件。在 main()方法中，我们对 homework 表执行了插入和查询操作。从程序清单 6.15 的 main()方法中，我们可以看到执行插入和查询操作时均调用了 BaseMapper 父接口中所定义的方法，我们并没有对自动生成的 xxxMapper.xml 文件和 xxxMapper.java 文件进行任何修改。

6.2.2 使用 MyBatis Plus 实现 CRUD

MyBatis Plus Generator 自动生成的 xxxMapper.xml 和 xxxMapper.java 都是空文件，那么我们应如何执行增、删、改、查操作呢？其实很简单，我们调用在映射接口文件的父接口中定义的方法即可。MyBatis Plus 在映射接口文件的父接口 BaseMapper 中的定义过程如下。

执行插入操作，代码如下：

```
//插入一条记录
int insert(T entity);
```

执行删除操作，代码如下：

```
//根据 entity 条件，删除记录
int delete(@Param(Constants.WRAPPER) Wrapper<T> wrapper);
//删除（根据 ID 批量删除）
int deleteBatchIds(@Param(Constants.COLLECTION) Collection<? extends Serializable> idList);
//根据 ID 删除
int deleteById(Serializable id);
//根据 columnMap 条件，删除记录
int deleteByMap(@Param(Constants.COLUMN_MAP) Map<String,
修改操作：
//根据 whereWrapper 条件，更新记录
int update(@Param(Constants.ENTITY) T updateEntity,
          @Param(Constants.WRAPPER) Wrapper<T> whereWrapper);
//根据 ID 修改
int updateById(@Param(Constants.ENTITY) T entity);
```

执行修改操作，代码如下：

```
//根据 whereWrapper 条件，更新记录
int update(@Param(Constants.ENTITY) T updateEntity,
          @Param(Constants.WRAPPER) Wrapper<T> whereWrapper);
//根据 ID 修改
int updateById(@Param(Constants.ENTITY) T entity);
```

执行查询操作，代码如下：

```
//根据 ID 查询
T selectById(Serializable id);
//根据 entity 条件，查询一条记录
T selectOne(@Param(Constants.WRAPPER) Wrapper<T> QueryWrapper);

//查询（根据 ID 批量查询）
List<T> selectBatchIds(@Param(Constants.COLLECTION) Collection<? extends Serializable> idList);
//根据 entity 条件，查询全部记录
List<T> selectList(@Param(Constants.WRAPPER) Wrapper<T> QueryWrapper);
//查询（根据 columnMap 条件）
List<T> selectByMap(@Param(Constants.COLUMN_MAP) Map<String, Object> columnMap);
//根据 Wrapper 条件，查询全部记录
List<Map<String, Object>> selectMaps(@Param(Constants.WRAPPER) Wrapper<T> QueryWrapper);
//根据 Wrapper 条件，查询全部记录。注意：只返回第一个字段的值
List<Object> selectObjs(@Param(Constants.WRAPPER) Wrapper<T> QueryWrapper);

//根据 entity 条件，查询全部记录（并翻页）
IPage<T> selectPage(IPage<T> page, @Param(Constants.WRAPPER) Wrapper<T> QueryWrapper);
//根据 Wrapper 条件，查询全部记录（并翻页）
IPage<Map<String, Object>> selectMapsPage(IPage<T> page, @Param(Constants.WRAPPER) Wrapper<T> QueryWrapper);
//根据 Wrapper 条件，查询记录总数
Integer selectCount(@Param(Constants.WRAPPER) Wrapper<T> QueryWrapper);
```

从上述定义过程中可以看出，MyBatis Plus 对数据库表和 java 代码的映射又做了进一步的提升，不仅定义了简单的增、删、改、查操作，还定义了很多功能强大的批处理操作，以及分页所需的操作。

从上面介绍的增、删、改、查操作中我们可以看出，这些方法只要涉及条件查询，就需要参数 Wrapper<T> QueryWrapper。Wrapper 是一个定义封装查询条件的接口，QueryWrapper 类是 Wrapper 的实现类，也就是说我们封装查询条件只需实例化 QueryWrapper。

下面我们对程序清单 6.15 进行修改，完成条件查询，其他任何文件都不做修改，代码详见程序清单 6.16。在本例中我们使用了 QueryWrapper 的对象进行条件查询。

Test.java：

```java
package org.lanqiao.test;
import java.util.List;
...
public class Test {
    private static SqlSessionFactory sqlSessionFactory = initSqlSessionFactory();
    public static void main(String[] args) {
        try (SqlSession session = sqlSessionFactory.openSession(true)) {
            HomeworkMapper mapper = session.getMapper(HomeworkMapper.class);
            //实例化一个查询条件封装器
            QueryWrapper<Homework> qWrapper = new QueryWrapper<Homework>();
            //第一个参数是数据库表的列名称，第二个参数是查询条件，相当于 "%kotlin%"
            qWrapper.like("content", "kotlin");
            List<Homework> list = mapper.selectList(qWrapper);
            for (Homework homework : list) {
```

```
                System.out.println(homework);
            }
        }
    }
    //创建 sqlSessionFactory
    public static SqlSessionFactory initSqlSessionFactory() {
        ...
    }
    //用于连接数据源
    public static DataSource dataSource() {
        ...
    }
}
```

程序清单 6.16

6.2.3 条件构造器与 AR 编程

条件构造器是 Mapper 提供的，用来生成 SQL 语句中的 where 子句的对象。常用的条件构造器有 QueryWrapper 类和 UpdateWrapper 类，QueryWrapper 类用于封装查询 SQL 语句中的 where 子句，而 UpdateWrapper 类用于封装更新 SQL 语句中的 set 片段和 where 子句。

这两个类都继承了 AbstractWrapper 类，QueryWrapper 类实现了 Mapper 定义的 Query 接口，而 UpdateWrapper 类实现了 Mapper 定义的 Update 接口。正因如此，UpdateWrapper 类多了拼装 SQL 语句中的 set 片段的能力。

在程序清单 6.16 中，我们已经用到了 QueryWrappe 类，具体为 QueryWrapper 类的 like() 方法，我们给该方法传入的第一个参数是列名称，第二个参数是查询所使用的值。在很多情况下，若想添加查询条件，则应当满足某个条件才能实现。这时，我们需要给 QueryWrapper 类的 like() 方法传入三个参数，第一个参数是一个布尔值或布尔表达式，用于判断是否要添加查询条件；第二个参数是列名称；第三个参数是该列的值。

在程序清单 6.16 的基础上，我们对代码进行修改。例如，如果 homework 表中的记录总数大于 90，则添加 like 查询条件，即在 like() 方法中增加布尔表达式 "count>90"，代码如下：

```
int count = mapper.selectCount(null);
//第一个参数是过滤条件，第二个参数是数据库表的列名称，第三个参数是查询条件，相当于"%kotlin%"
qWrapper.like (count>90,"content", "kotlin");
```

修改代码后，执行结果如图 6.17 所示。

图 6.17 在 like() 方法中增加布尔表达式 "count>90" 后的执行结果

从图 6.17 中可以看到，homework 表中的记录总数是 80，所以 qWrapper.like(count>90,"content", "kotlin")方法中的第一个参数为 false，也就是说查询的时候不添加 like 条件。控制台显示的预编译 SQL 语句是一个不带 where 子句的查询语句。

Mapper 的条件构造器提供了封装 SQL 语句中所有查询条件的方法，每种方法又有多种参数可供选择，我们可以在使用过程中逐步熟悉并掌握其用法。

通用 Mapper 还提供了另外一种对数据的操作方式——AR 编程，这种操作方式直接通过实体对象对数据库进行增、删、改、查操作，而没有使用 xxxMapper 对象。

Mapper 提供的 AR 编程可以满足比较简单的需求，AR 编程是通过对象修改数据库表的。AR 编程和 MyBatis 提供的通用操作的区别如下。

（1）和数据库表对应的实体类必须继承 com.baomidou.mybatisplus.extension.activerecord.Model 类。

（2）无须 xxxMapper.xml 文件和 xxxMapper.java 文件。

下面通过实例来介绍 AR 编程的特点。

在 mybatisplustest 项目中，我们删除 HomeworkMapper.xml 文件和 HomeworkMapper.java 文件，同时在 Homework.java 文件中继承 com.baomidou.mybatisplus.extension.activerecord.Model 类。

接下来，我们修改程序清单 6.15 中的 main()方法，修改后的代码详见程序清单 6.17。

```java
package org.lanqiao.test;
...
public class Test {
    private static SqlSessionFactory sqlSessionFactory = initSqlSessionFactory();

    public static void main(String[] args) {
        try (SqlSession session = sqlSessionFactory.openSession(true)) {
            Homework homework = new Homework();
            homework.setContent("Kotlin 的类和方法的使用");
            //插入操作
            homework.insert();
            //查询操作
            System.out.println("结果: " + homework.selectById(90));
        }
    }
...
}
```

程序清单 6.17

从程序清单 6.17 中可以看到，在代码中没有使用 HomeworkMapper 类，插入操作和查询操作是通过在 homework 对象上直接调用 insert()方法和 selectById()方法实现的。

操作数据时，AR 编程无须映射文件，但 AR 编程通常应用于简单的使用场景中。

6.3 通用 Mapper

通用 Mapper 能够针对单表提供非常方便的增、删、改、查操作。通用 Mapper 是一个辅

第 6 章 MyBatis 高级开发

助 MyBatis 对单表进行开发的组件。它的存在不是为了替代 MyBatis，而是为了让 MyBatis 的开发变得更方便。

6.3.1 Mapper 概述

通用 Mapper 提供了常规的增、删、改、查操作，以及使用 Example 封装查询条件的复杂操作。通用 Mapper 可以处理在使用 MyBatis 时需要的绝大多数基本操作。通用 Mapper 使用起来非常方便，并且可以节省大量的开发时间。

使用通用 Mapper 时，需要依赖 MyBatis 的 jar 包。本书使用的通用 Mapper 的版本是 4.1.5。

我们可以使用通用 Mapper 提供的代码生成器逆向生成代码，该代码生成器无须单独下载，mapper-4.1.5.jar 中就已经包含了该代码生成器。但是，通用 Mapper 提供的代码生成器是作为 MyBatis Generator 的一个插件来使用的，所以我们还需要 mybatis-generator-core-1.3.7.jar。在这里，我们不能直接使用已安装好的 Eclipse 的 MyBatis Generator 插件（在 6.1 节中已介绍过），因为 Eclipse 插件的版本是 1.4.0。我们只能通过 java 代码调用 MyBatis Generator，否则自动生成的映射接口文件无法使用，还需要我们手动修改自动生成的代码。

现在我们新建一个名为 tk-mappertest 的 Java Project，将 mybatis-3.5.3.jar、mapper-4.1.5.jar、mybatis-generator-core-1.4.0.jar、mysql-connector-java-5.1.47.jar、javax.persistence-api-2.2.jar 全部导入项目。然后使用程序清单 6.2 中的代码在 source 文件夹中创建 Generator 配置文件 generatorConfig.xml。对程序清单 6.2 做如下改动，将 context 节点的 targetRuntime 属性改为 MyBatis3Simple，增加属性 defaultModelType="flat"，在 <commentGenerator> 节点前面添加一个 <plugin> 节点，修改后的代码详见程序清单 6.18。

generatorConfig.xml：

```xml
<!DOCTYPE generatorConfiguration
        PUBLIC "-//mybatis.org//DTD MyBatis Generator Configuration 1.0//EN"
        "http://mybatis.org/dtd/mybatis-generator-config_1_0***.dtd">

<!--suppress MybatisGenerateCustomPluginInspection -->
<generatorConfiguration>
    <context id="Mysql" targetRuntime="MyBatis3Simple" defaultModelType="flat">
        <!-- 通用 Mapper 代码生成器 -->
        <plugin type="tk.mybatis.mapper.generator.MapperPlugin">
            <property name="mappers" value="tk.mybatis.mapper.common.Mapper"/>
            <property name="caseSensitive" value="true"/>
            <property name="forceAnnotation" value="true"/>
            <property name="beginningDelimiter" value="`"/>
            <property name="endingDelimiter" value="`"/>
        </plugin>
        <commentGenerator>
            ...
        </commentGenerator>
        <!--下面所有代码不做修改 -->
        ...
    </context>
</generatorConfiguration>
```

程序清单 6.18

接下来，在 org.lanqiao.test 下创建 Generator.java 类，代码详见程序清单 6.19。

```java
package org.lanqiao.test;
import java.io.IOException;
...
public class Generator {
    public static void main(String[] args)
            throws XMLParserException, IOException, InvalidConfigurationException,
            SQLException, InterruptedException {
        List<String> warnings = new ArrayList<String>();
        boolean overwrite = true;
        ConfigurationParser cp = new ConfigurationParser(warnings);
        Configuration config = cp.parseConfiguration(
                Resources.getResourceAsStream("generatorConfig.xml"));
        DefaultShellCallback callback = new DefaultShellCallback(overwrite);
        MyBatisGenerator myBatisGenerator = new MyBatisGenerator(config, callback, warnings);
        myBatisGenerator.generate(null);
        for (String warning : warnings) {
            System.out.println(warning);
        }
    }
}
```

程序清单 6.19

程序清单 6.19 的主要作用是使用 ConfigurationParser 读取配置文件 generatorConfig.xml，实例化 MyBatisGenerator 类，并且调用 MyBatisGenerator 类的 generate()方法生成代码，DefaultShellCallback 的作用是通过初始化时传入的参数决定是否重写已生成的代码。

生成的代码结构没有发生变化，文件内容却发生了很大的变化。除<resultMap>节点外，XML 映射文件就没有其他内容了，所有的 xxxMapper.java 文件都继承接口 tk.mybatis.mapper.common.Mapper，并且在接口中没有定义任何方法。当使用 xxxMapper.java 文件时，调用的是在父接口 Mapper 中定义的方法。在实体类中增加了@Table、@Id、@Column 等注释。实体类中的这三个注释和 xxxMapper.xml 文件中的<resultMap>节点的作用是一样的。

注释@Table、@Id、@Column 是 Java Persistence API 定义的注释，可以将常规的普通 Java 对象映射到数据库中。下面简单介绍这三个注释的作用。

@Table：当实体类与其映射的数据库表名不同名时，需要使用@Table 注释说明。

@Id：用于指定表的主键。

@Column：定义了将成员属性映射到关系表中的哪一列，以及定义该列的结构信息。

现在，创建一个有 main()方法的测试类来测试通用 Mapper 生成的代码。在 source 文件夹中创建 mybatis-config.xml 文件，然后将程序清单 6.4 的内容复制到该文件中。在 org.lanqiao.test 包中创建 MapperTest.java 类，在该类中使用程序清单 6.5 中的代码执行插入和查询操作。代码复制好后，还需要在程序清单 6.5 的基础上做一些改动，以便配置通用 Mapper，代码详见程序清单 6.20。我们将使用通用 Mapper 提供的 MapperHelper 配置通用 Mapper。

MapperTest.java：

第6章 MyBatis高级开发

```
package org.lanqiao.test;
import java.io.IOException;
...
public class MapperTest {
    public static void main(String[] args) {
        String resource = "./mybatis-config.xml";
        try (InputStream inputStream = Resources.getResourceAsStream(resource);) {
            SqlSessionFactory sqlSessionFactory = new SqlSessionFactoryBuilder().build(inputStream);
            SqlSession session = sqlSessionFactory.openSession();
            //创建一个 MapperHelper
            MapperHelper mapperHelper = new MapperHelper();
            //截获属于通用 Mapper 的方法进行处理
            mapperHelper.processConfiguration(session.getConfiguration());
            HomeworkMapper homeworkMapper = session.getMapper(HomeworkMapper.class);
            //插入 homework 记录
            Homework homework = new Homework();
            //下面的代码和程序清单 6.5 一样，没有改动
        } catch (IOException e) {
            e.printStackTrace();
        }
    }
}
```

程序清单 6.20

当我们在程序清单 6.19 中实例化 MapperHelper 类后，可以调用 mapperHelper.processConfiguration(session.getConfiguration())方法拦截 MyBatis 提供的所有方法，然后按照通用 Mapper 的方式执行。执行该 main()方法后，可以看到控制台输出的结果和如图 6.11 所示的结果完全相同。

6.3.2　Mapper 中的 Selective 问题

Mapper 提供的以 Selective 结尾的映射接口方法执行的是选择性操作。简而言之，就是只对实体对象中不为空的属性进行相应的操作。Mapper 提供了三个以 Selective 结尾的方法，即 insertSelective()、updateByPrimaryKeySelective()和 updateByExampleSelective()。

下面先介绍 insert()方法和 insertSelective()方法之间的区别。在程序清单 6.20 中，我们同时执行 insert()方法和 insertSelective()方法，代码详见程序清单 6.21。

LanqiaoTest.java：

```
package org.lanqiao.test;
...
public class LanqTest {
    public static void main(String[] args) {
        String resource = "./mybatis-config.xml";
        try (InputStream inputStream = Resources.getResourceAsStream(resource);) {
            ...
            //使用 insertSelective()方法插入 homework 记录
```

```java
                Homework homework = new Homework();
                homework.setContent("熟悉 kotlin,python 语法新规则.");
                homeworkMapper.insertSelective(homework);
                //使用 insert()方法插入数据
                Homework homework1 = new Homework();
                homework1.setContent("列举 kotlin 所有基础数据类型.");
                homeworkMapper.insert(homework1);
                session.commit();
                session.close();
        } catch (IOException e) {
                e.printStackTrace();
        }
    }
}
```

程序清单 6.21

执行代码后,控制台输出的结果如图 6.18 所示。

图 6.18　执行 insertSelective()方法和 insert()方法后的结果

从图 6.18 中可以看到,通用 Mapper 在执行 insertSelective()方法后向数据库提交的 SQL 语句只针对不为空的字段进行了操作,自动过滤了空字段的插入。而执行 insert()方法后,Mapper 向数据库提交的 SQL 语句包含了所有字段,并且不区分字段是否为空。

使用 updateByPrimaryKeySelective()方法和 updateByExampleSelective()方法进行更新操作时,只要知道查询的条件,就可以为需要更新的字段赋值,并且不用处理无须更新的字段。因为在这两个方法中,没有赋值的字段是不会被提交到数据库的。下面,我们通过程序清单 6.22 来验证它们的使用方法。

LanqiaoTest.java:

```java
package org.lanqiao.test;
...
public class LanqTest {
    public static void main(String[] args) throws ParseException {
        String resource = "./mybatis-config.xml";
        try (InputStream inputStream = Resources.getResourceAsStream(resource);) {
            ...
            //使用 updateByExampleSelective()方法更新数据
```

```
            SimpleDateFormat sdf = new SimpleDateFormat("yyyy-MM-dd");
            Example example = new Example(Homework.class);
            Criteria criteria = example.createCriteria();
            criteria.andEqualTo("content", "测试 updateByExampleSelective");
            Homework homework = new Homework();
            homework.setStartDate(sdf.parse("2024-01-01"));
            homeworkMapper.updateByExampleSelective(homework, example);
            //使用 updateByPrimaryKeySelective()方法更新数据
            Homework homework1 = new Homework();
            //设置主键
            homework1.setWorkNo(90);
            homework1.setStartDate(sdf.parse("2023-01-01"));
            homeworkMapper.updateByPrimaryKeySelective(homework1);
            session.commit();
            session.close();
        } catch (IOException e) {
            e.printStackTrace();
        }
    }
}
```

程序清单 6.22

执行结果如图 6.19 所示，从控制台显示的 SQL 语句中可以看出，两个方法均对更新操作进行了优化。

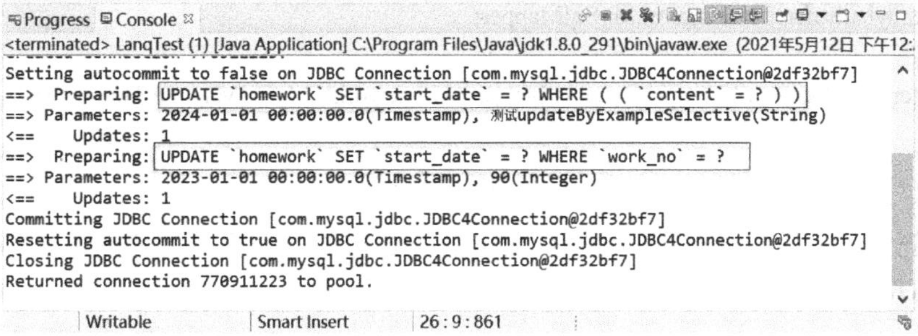

图 6.19　执行结果（对更新操作进行了优化）

6.3.3　自定义 Mapper 组合

通用 Mapper 提供的便利方法主要是通过映射接口继承父接口获得的，父接口预定义了大量的增、删、改、查方法。

映射接口的父接口也是通过多重继承其他接口获得这些方法的，我们查看 tk.mybatis.mapper.common.Mapper 接口的源代码就可以看到该接口继承了哪些接口，代码详见程序清单 6.23。

Mapper.java：

```
package tk.mybatis.mapper.common;
@tk.mybatis.mapper.annotation.RegisterMapper
public interface Mapper<T> extends
        BaseMapper<T>,
        ExampleMapper<T>,
        RowBoundsMapper<T>,
        Marker {
}
```

程序清单 6.23

通用 Mapper 提供了多种父接口,我们可以让映射接口继承不同的 xxxMapper 接口获得不同的方法。

例如,在默认的 Mapper 接口中没有批量插入的方法,但是我们可以让映射接口继承通用 Mapper 提供的 MySqlMapper 接口获得批量插入的方法。现在我们修改 HomeworkMapper.java 的代码,为 HomeworkMapper 接口增加批量插入接口的方法。我们只要让 HomeworkMapper 接口同时继承 Mapper 接口和 MySqlMapper 接口,就能使 HomeworkMapper 接口不仅拥有默认的方法,而且拥有批量插入接口的 insertList()方法,代码详见程序清单 6.24。

HomeworkMapper.java:

```
package org.lanqiao.dao;

import org.lanqiao.entity.Homework;
import tk.mybatis.mapper.common.Mapper;
import tk.mybatis.mapper.common.MySqlMapper;

public interface HomeworkMapper extends Mapper<Homework>,MySqlMapper<Homework> {
}
```

程序清单 6.24

我们修改 main()方法的代码,并进行测试,修改后的代码详见程序清单 6.25。
LanqiaoTest.java:

```
package org.lanqiao.test;
...
public class LanqTest {
    public static void main(String[] args) throws ParseException {
        String resource = "./mybatis-config.xml";
        try (InputStream inputStream = Resources.getResourceAsStream(resource);) {
            ...
            List<Homework> list = new ArrayList<Homework>();
            Homework homework = new Homework();
            homework.setContent("测试批量插入数据 1! ");
            list.add(homework);
            Homework homework1 = new Homework();
            homework1.setContent("测试批量插入数据 2! ");
            list.add(homework1);
```

```
            homeworkMapper.insertList(list);
            session.commit();
            session.close();
        } catch (IOException e) {
            e.printStackTrace();
        }
    }
}
```

程序清单 6.25

批量插入的 SQL 语句和执行结果如图 6.20 所示。

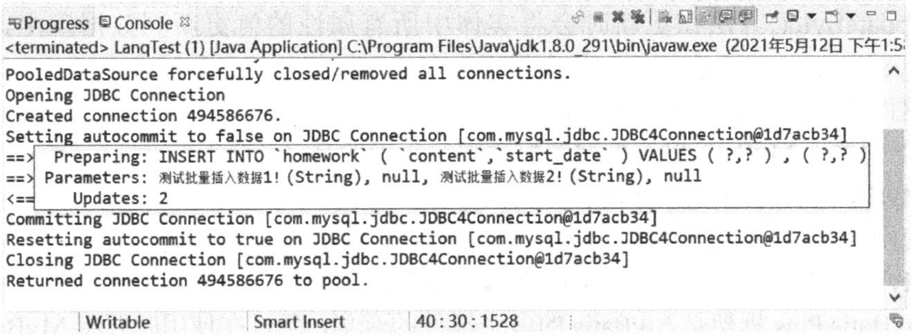

图 6.20 批量插入执行结果

我们也可以按照自己的实际需求自定义父映射接口，从而在更精细的层面控制父映射接口所需的方法。

6.4 本 章 小 结

（1）MyBatis Generator 是 MyBatis 官方提供的逆向生成工具。MyBatis Generator 可以帮助我们完成数据库到 java 代码的映射，并生成完整的 SQL 映射接口。Generator 有多种调用方式，我们可以根据项目的具体需求灵活选用。

（2）MyBatis 提供了功能强大的 BatchExecutor 执行器，该执行器可以按照批量操作的方式执行增、删、改操作。同时我们也可以在 XML 映射文件中使用<foreach>元素自定义更高效的批量操作。

（3）PageHelper 是一款 MyBatis 插件，该插件的功能十分强大，在不入侵业务代码的情况下可以轻松地实现分页功能。

（4）MyBatis Plus 是 MyBatis 框架的增强版本。MyBatis Plus 提供了功能强大的条件构造器，从而简化了复杂查询。MyBatis Plus 提供了支持多种数据库分页操作的内置分页插件、内置性能分析插件和全局拦截插件。这些插件基本满足了 ORM 层的业务需求。

（5）通用 Mapper 也是一款 MyBatis 插件，其主要功能为通过从数据库逆向生成 java 代码及对应的 SQL 映射来体现其完整且简易的 SQL 操作功能。在所有的逆向生成工具中，通用 Mapper 的最大优势就是它提供了 Selective 操作。

6.5 本章练习

一、单选题

（1）通用 Mapper 提供了两种更新方法，即 updateByPrimaryKeySelective()和 updateById()，两者的区别是什么？（　　）

A．所需参数的数量和类型均不同。

B．updateById()方法是根据实体的 id 进行更新的，updateByPrimaryKeySelective()方法是根据自定义的 PrimaryKey 进行更新的。

C．updateById()方法在更新时会将实体中所有属性的值更新到数据库中，updateByPrimaryKeySelective()方法在更新时只会将不为空的属性值更新到数据库中。

D．这两种方法的返回类型不同。

（2）下列关于 MyBatis Plus 框架的描述中，正确的是（　　）。

A．MyBatis Plus 框架是 MyBatis 的一个插件。

B．使用 MyBatis Plus 框架时必须先为项目添加 MyBatis 的 jar 包。

C．MyBatis Plus 框架是在 MyBatis 框架的基础上进行扩展后的框架。

D．MyBatis Plus 框架是 MyBatis 的多个插件的合集，所以在使用时要将 MyBatis Plus 框架当作 MyBatis 插件使用。

二、多选题

（1）可以执行 MyBatis Generator 的方法包括（　　）。

A．使用 java 命令启动 MyBatis Generator 的 jar 包。

B．通过编程的方式使用 java 命令执行 MyBatis Generator。

C．使用 IDE 插件执行 MyBatis Generator。

D．只要把 MyBatis Generator 的 jar 包导入项目，等配置文件配置完成后，就可以通过配置文件执行 MyBatis Generator 了。

（2）使用 PageHelper 插件进行分页处理时，通过 PageInfo 对象能获得哪些数据？（　　）

A．当前页码　　　　　　　　　　　　B．总页数

C．是否为最后一页　　　　　　　　　D．上一页数据列表

（3）AR 编程的特点包括（　　）。

A．AR 编程需要 MyBatis 映射文件的支持。

B．AR 编程不仅需要映射文件的支持，而且需要实体类继承 Model 类。

C．AR 编程无须映射文件的支持，用户可以直接在继承了 Model 类的实体类上进行增、删、改、查操作。

D．AR 编程不适合在数据模型复杂的应用环境中使用。

第 7 章

Spring 框架

本章简介

从本章起，我们将介绍一款非常流行的 Java 开源框架——Spring 框架。Spring 框架经过多年的发展，已经成为 Java 开发人员必须掌握的框架之一。Spring 框架提供了使用 Java 语言开发企业应用程序时所需的大多数功能，Java 开发人员可以根据应用程序的需求灵活地创建多种架构，通过 Spring 框架创建 Java 企业应用程序已成为一种重要的开发途径。

在本章中，我们将会向读者介绍如何搭建 Spring 开发环境，以及如何开发第一个 Spring 程序。

7.1 Spring 框架概述

Spring 框架是 2003 年兴起的一款轻量级的 Java 开源框架，由 Rod Johnson 在其 2002 年出版的著作 *Expert One-On-One J2EE Development and Design* 中阐述的部分理念和原型衍生而来。Spring 框架是为解决企业应用开发的复杂性问题而被创建的。从简单性、可测试性和松耦合性的角度来看，任何 Java 应用程序都可以从 Spring 框架中受益。

自诞生之日起，Spring 框架已经从单一的 IoC 与 AOP 框架发展为一站式、多项目的基础平台系统。从 Spring Framework、Spring Data、Spring Social 到 Spring Boot、Spring Cloud 等，Spring 框架提供了面向全领域的一体化解决方案。从 Spring Framework 5.1 开始，Spring 框架需要 JDK 8+（Java SE 8+）的支持。这里建议读者使用 Java SE 8 update 60 或更高版本。

本书作为基础教材，主要讲解 Spring 框架的两个核心内容：控制反转（IoC）和面向切面程序设计（AOP）。

7.1.1 主流框架介绍

Spring 框架还可以和其他框架进行整合，从而实现多个框架的协同开发，常见的框架组合有 S2SH 和 SSM 等。

1. S2SH 与 SSM 的区别

S2SH 指 Spring+Struts2+Hibernate，而 SSM 指 Spring+Spring MVC+MyBatis。因此，两

种组合的区别主要是 Struts2 与 Spring MVC，以及 Hibernate 与 MyBatis 的区别。

2．Struts2 与 Spring MVC 的区别

（1）Struts2 的入口是 Filter，而 Spring MVC 的入口是 Servlet。

（2）Struts2 基于类设计，发送的每个请求都对应一个 Action；而 Spring MVC 基于方法。因此 Spring MVC 的执行速度比 Struts2 稍快一些。

（3）在页面开发方面，Struts2 中的 OGNL 比 Spring MVC 的开发效率高；但 Spring MVC 支持 JSR303、Spring 表单标签等功能，处理起来更加方便。

3．Hibernate 与 MyBatis 的区别

（1）Hibernate 的功能更加强大，但有一定的学习难度；MyBatis 小巧灵活，学习门槛低。

（2）Hibernate 的 DAO 层的开发工作比 MyBatis 简单；MyBatis 需要维护 SQL 命令和结果映射。

（3）Hibernate 便于数据库的移植；而使用 MyBatis 时，要对不同的数据库编写不同的 SQL 命令。

（4）在 SQL 优化方面，使用 MyBatis 更方便。

本书主要讲解目前比较流行的 SSM 框架组合。

7.1.2 搭建 Spring 框架的开发环境

1．获取资源文件

读者可以在官网中下载 Spring 框架的完整资源包（本书所用的资源包为 spring-5.3.0-dist.zip）。将资源包解压后，可以看到其中的 libs 文件夹存放了 Spring 框架所依赖的 jar 文件，如表 7.1 所示。

表 7.1 Spring 框架依赖的 jar 文件

文件名	简介
spring-aop-5.xx.RELEASE.jar	使用 Spring 框架的 AOP 特性时所需的类库
spring-beans-5.xx.RELEASE.jar	包含访问配置文件、创建和管理 bean，以及进行 IoC/DI 操作相关的所有类
spring-context-5.xx.RELEASE.jar	为 Spring 框架核心提供了大量的扩展功能。例如，可以找到使用 Spring ApplicationContext 特性时所需的全部类，JDNI 所需的全部类，以及校验 Validation 等相关类
spring-core-5.xx.RELEASE.jar	Spring 框架的核心类库，Spring 框架的各组件都会用到这个包里的类
spring-expression-5.xx.RELEASE.jar	Spring 框架的表达式语言需要的类库

此外，为了支持 Spring 框架处理日志，还会用到 commons-logging-1.2.jar。

以上六个文件，就是使用 Spring 框架时需要导入的 jar 包。

2．搭建 Spring 框架的项目结构

（1）为了更方便地使用 Eclipse 开发 Spring 框架，需要为 Eclipse 安装 Spring Tool Suite 3.0，安装方法如下。

在 Eclipse 中，执行菜单命令"help"→"Eclipse Marketplace"，如图 7.1 所示。

第 7 章 Spring 框架

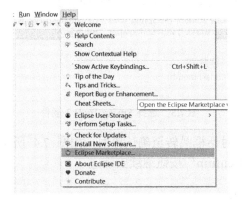

图 7.1　执行菜单命令"help"→"Eclipse Marcketplace"

弹出的"Eclipse Marketplace"对话框，在"Find"搜索框中输入"spring tools"，按 Enter 键，搜索结果如图 7.2 所示。

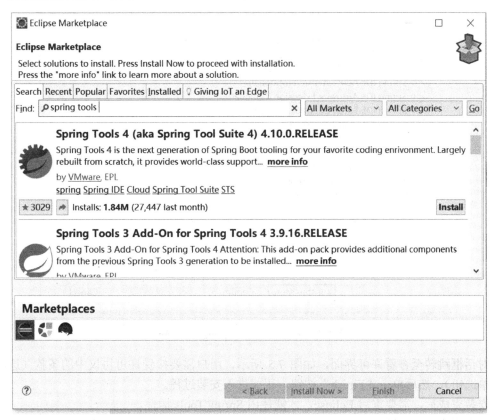

图 7.2　显示搜索结果

在"Eclipse Marketplace"对话框中部的列表内选择名为 Spring Tools 3 的插件，如图 7.3 所示，该插件是基于 XML 配置的 Sping 插件。

图 7.3　选择 Spring Tools 3 插件

单击"Install"按钮，对话框跳转至确认界面，如图 7.4 所示，用户需要确认所选择的 Spring 框架特征，单击"Confirm"按钮继续安装。

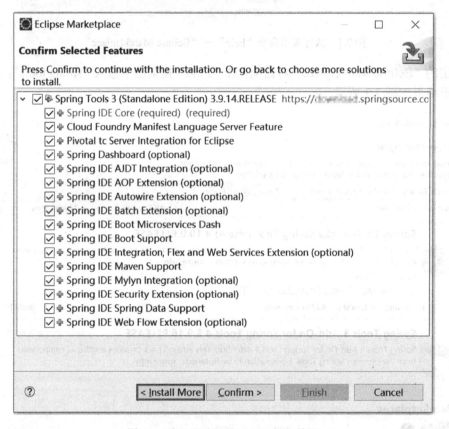

图 7.4　确认所选择的 Spring 框架特征

对话框跳转至查看许可界面，如图 7.5 所示，用户需要接受许可协议中的条款（选中对应的单选钮），然后单击"Finish"按钮，正式进入安装过程。

安装完成后，需要重启 Eclipse，才能使用 Spring Tools 插件。

如果用户已经安装了 Spring Tools 4 插件，则没有必要卸载该插件，可以继续安装 Spring Tools 3 add-on for Spring Tools 4 插件。

（2）创建一个 Java 项目（项目名称为 SpringDemo）；在该项目中，新建一个 libs 文件夹，并在其中放入六个 jar 文件，再为 jar 文件构建路径，如图 7.6 所示。

第 7 章　Spring 框架

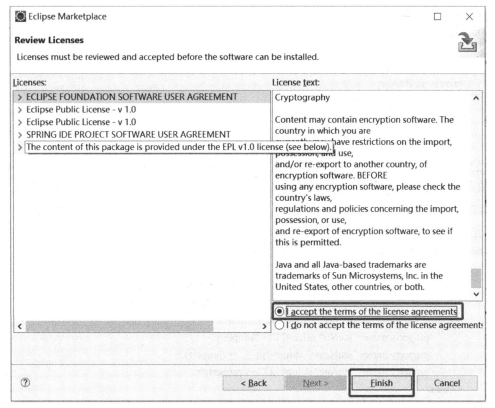

图 7.5　接受该插件所遵守的协议

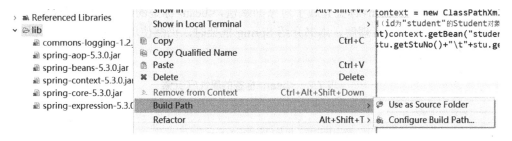

图 7.6　为 jar 文件构建路径

（3）在 src 文件夹中创建 Spring 框架的配置文件。右击 src 文件夹，在弹出的快捷菜单中选择"New"→"Other"→"Spring Bean Configuration File"选项，将文件命名为 applicationContext.xml，单击"Finish"按钮。

7.1.3　开发第一个 Spring IoC 程序

Spring 框架的一个核心机制就是控制反转（IoC），接下来，我们开发一个基于 Spring IoC 的入门程序。

（1）创建一个学生实体类。代码详见程序清单 7.1。

Student.java：

Java 开源框架企业级应用

```
package org.lanqiao.entity;
public class Student{
    private int stuNo ;
    private String stuName ;
    private int stuAge;
    //省略 setter、getter
}
```

程序清单 7.1

（2）通过 Spring 配置文件（applicationContext.xml）为实体类对象的属性赋值，并将该对象放入 Spring IoC 容器中，代码详见程序清单 7.2。

applicationContext.xml：

```
<?xml version="1.0" encoding="UTF-8"?>
<beans xmlns="http://www.springframework***.org/schema/beans"
    xmlns:xsi="http://www.w3.org/2001***/XMLSchema-instance"
    xsi:schemaLocation="http://www.springframework***.org/schema/beans
                http://www.springframework***.org/schema/beans/spring-beans.xsd">
    <bean id="student" class="org.lanqiao.entity.Student">
        <property name="stuNo" value="1"></property>
        <property name="stuName" value="张三"></property>
        <property name="stuAge" value="23"></property>
    </bean>
</beans>
```

程序清单 7.2

可以发现，通过<bean>标签完成了对象的赋值，<bean>标签的属性/子元素如表 7.2 所示。

说明：为了便于读者理解，本书介绍 Spring 框架时，仍然使用"简单类型"代指"基本数据类型和 String 类型"。

表 7.2 <bean>标签的属性/子元素

属性/子元素	简　介
id	唯一标识符，用来代表唯一的 bean
class	对象的类型（包名＋类名）
property	对象的一个属性
property 中的 name	属性名
property 中的 value	属性值（用于给"简单类型"赋值；不能给自定义类型的对象赋值。例如，如果 Student 类中包含一个 Teacher 类型的对象属性，则不能再通过 value 赋值，而要使用 ref）

在 applicationContext.xml 的配置参数中，将一个 Student 对象的 stuNo 属性赋值为"1"，将 stuName 属性赋值为"张三"，将 stuAge 属性赋值为"23"，并将该<bean>的 id 标识为 student（用于区分其他对象）。赋值完成后，该对象就会被自动加入 Spring 框架的 IoC 容器中（IoC 容器会在后面讲解）。

（3）从 Spring 框架的 IoC 容器中获取对象，并在测试类中使用，代码详见程序清单 7.3。

TestStudent.java：

```java
package org.lanqiao.test;
import org.lanqiao.entity.Student;
import org.springframework.context.ApplicationContext;
import org.springframework.context.support.ClassPathXmlApplicationContext;
public class TestStudent{
    public static void main(String[] args){
        //创建 Spring 框架的 IoC 容器对象
        ApplicationContext context = new ClassPathXmlApplicationContext("applicationContext.xml");
        //从 IoC 容器中获取 Bean 实例（id 为"student"的 Student 对象）
        Student stu =(Student)context.getBean("student");
        System.out.println(stu.getStuNo()+"\t"+stu.getStuName()+"\t"+stu.getStuAge());
    }
}
```

程序清单 7.3

运行结果如图 7.7 所示。

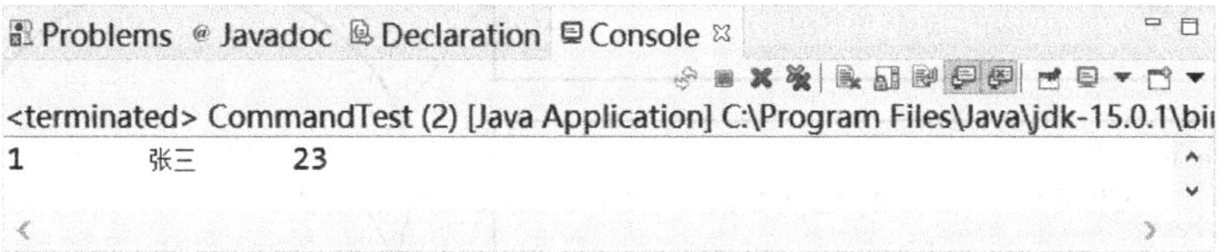

图 7.7　运行结果

我们可以总结出以下两点规律。

①我们无须使用 new() 方法创建 Student 对象，而可以通过 getBean() 方法直接从 Spring IoC 容器中获取对象。

②对象的赋值也是 Spring IoC 容器完成的。

7.1.4　Bean 的作用域

IoC 容器通过 XML 配置文件定义 Bean，即描述如何在 IoC 容器中创建一个对象实例。Bean 是 IoC 容器中的对象，在定义 Bean 时可以指定 Bean 的作用域。

Spring 框架默认支持六种 Bean 的作用域，如表 7.3 所示。

表 7.3　Bean 的作用域

作用域（scope）	简　介
singleton	使用该作用域定义 Bean 时，IoC 容器仅创建一个 Bean 实例，IoC 容器每次返回的是同一个 Bean 实例。Singleton 也是 Spring 框架生成的默认 Bean 作用域
prototype	使用该作用域定义 Bean 时，IoC 容器可以创建多个 Bean 实例，每次返回的是一个新的实例
request	该作用域仅对 HTTP 请求产生作用，使用该作用域定义 Bean 时，HTTP 请求每次都会创建一个新的 Bean，适用于 WebApplicationContext 环境

作用域（scope）	简介
session	该作用域仅适用于 HTTP Session，同一个 Session 共享一个 Bean 实例。不同的 Session 使用不同的实例
application	将单个 Bean 的作用域限定为 ServletContext 的生命周期，该作用域仅在 Web 环境中有效。我们可以认为该作用域是全局的、唯一的
websocket	将单个 Bean 的作用域限定为 websocket 的生命周期，该作用域仅在 Web 环境中有效

接下来重点介绍 singleton 作用域和 prototype 作用域。

（1）singleton 作用域。

当把 Bean 定义为 singleton 作用域时，Spring IoC 容器只会创建该 Bean 的唯一实例。singleton 作用域是 Spring 框架默认的作用域。

如图 7.8 所示，在 IoC 容器中只会存在一个共享的 Bean 实例 accountDao。所有对 Bean 的请求，只要 id 与该 Bean 匹配，都只会返回该 Bean 的同一实例。

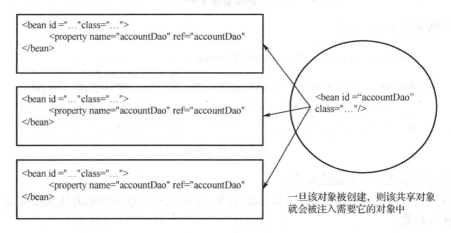

图 7.8　singleton 作用域

Spring 对 Bean 的 singleton 作用域的定义方式如下：

```
<bean id="student" class="org.lanqiao.entity.Student" scope="singleton">
<bean id="student" class="org.lanqiao.entity.Student">
```

（2）Prototype 作用域。

被定义为 prototype 作用域的 Bean，会在每次对该 Bean 请求（将其注入另一个 Bean 中，或者以程序的方式调用容器的 getBean()方法）时创建一个新的 Bean 实例。根据经验，对于有状态的 Bean，应将其定义为 prototype 作用域，而对于无状态的 Bean，应将其定义为 singleton 作用域。prototype 作用域如图 7.9 所示。

图 7.9 描述了定义为 prototype 作用域的 Bean 的特点。不过，请读者不要被图例所误导，一般情况下，DAO 对象不会被定义为 prototype 作用域，因为 DAO 对象通常不会持有任何会话状态，所以它应该被定义为 singleton 作用域。若想在 XML 配置文件中将 Bean 定义为 prototype 作用域，那么可以按如下方式进行操作：

```
<bean id="student" class="org.lanqiao.entity.Student" scope="prototype"/>
```

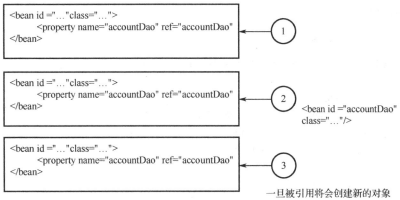

图 7.9 prototype 作用域

或者使用注解的方式定义 Bean 的使用域，代码如下：

```
package org.lanqiao.entity;
@Scope("prototype")
public class Student{
...
}
```

（3）singleton Bean 依赖 prototype Bean。

当一个作用域为 singleton 的 Bean 需要依赖一个作用域为 prototype 的 Bean 时，如果我们处理不好就会出现事与愿违的情况。

现在我们通过实例来了解一下到底会出现什么问题。有两个类，分别为 CommandManager 类（代码详见程序清单 7.4）和 Command 类（代码详见程序清单 7.5）。

CommandManager.java：

```
package com.lanqiao.entity;

public abstract class CommandManager {
    private Command command;
    public void process(String... commandsentence) {
        command.addCommand(commandsentence);
        command.execute();
    }
    public void setCommand(Command command) {
        this.command = command;
    }
}
```

程序清单 7.4

Command.java：

package com.lanqiao.entity;

import java.util.ArrayList;

```java
import java.util.List;

public class Command {
    private List<String> commandList = new ArrayList<String>();

    public void execute() {
        System.out.print("当前命令集合为：");
        for(String command:commandList) {
            System.out.print(command);
        }
        System.out.println();
    }

    public void addCommand(String... commands) {
        for(String command:commands)
            commandList.add(command);
    }
}
```

程序清单 7.5

从上述代码中可以看出，CommandManager 类的 process()方法需要依赖 Command 的实例，我们的设计意图是希望每次调用 CommandManager 类的 process()方法时，Command 的实例都是全新的，反映在数据上就是 Command 中的 List 对象 commandList 在调用的初始阶段都是空的，然后将 process()方法的参数，即我们模拟的命令插入 commandList 中，接着按顺序执行。

在 CommandManager 类的代码中，可以看到 setCommand(Command command)方法，因此我们可以在 applicationContext.xml 中配置 Command 的实例,并将其注入 CommandManager 类的实例中。同时，为 myCommand 增加属性 scope="prototype"，并且定义 Bean myCommand 的作用域为 prototpye。代码如下：

```xml
<bean id="myCommandManager" class="com.lanqiao.entity.CommandManager" >
    <property name="command" ref="myCommand"></property>
</bean>
<bean id="myCommand" class="com.lanqiao.entity.Command" scope="prototype" />
```

接下来，我们执行 main()方法查看执行结果是否符合我们的设计初衷，测试代码详见程序清单 7.6。

```java
package com.lanqiao.test;

import org.springframework.context.ApplicationContext;
import org.springframework.context.support.ClassPathXmlApplicationContext;
import com.lanqiao.entity.CommandManager;

public class CommandTest1 {
    public static void main(String[] args){
        //创建 Spring 框架的 IoC 容器对象
```

```
        ApplicationContext context =
                new ClassPathXmlApplicationContext("application.xml");
        //从 IoC 容器中获取 Bean 实例（id 为"myCommandManager"的 CommandManager 对象）
        CommandManager myCommandManager =
                (CommandManager)context.getBean("myCommandManager");
        myCommandManager.process(
                "执行初始化操作！",
                "执行数据库备份！",
                "执行数据完整性检查！");
        myCommandManager.process("执行数据恢复操作！");
    }
}
```

程序清单 7.6

执行结果如图 7.10 所示。

图 7.10 执行结果（一）

从执行结果来看，当我们第一次调用 process()方法时传入的是三个字符串，打印出来的也是三个字符串，这个结果是对的，但是，当我们第二次调用 process()方法时，只有一个参数。代码如下：

```
myCommandManager.process("执行数据恢复操作！");
```

我们希望 Command 只执行这一条指令，应该只输入一个字符串"执行数据恢复操作！"，但执行结果是 Command 对象连同上一次调用时传入的字符串也一起打印出来了。

产生这样的输出结果，其原因是 id 为 myCommandManager 的作用域是 singleton，它被 Spring IoC 容器的 new()方法构造出来时所依赖的全部 Bean 会在这个时候被构造出来，之后就不会出现 myCommandManager 的初始化和实例化过程了。这意味着所有通过 set()方法注入的依赖的 Bean 不会被重新实例化了。

但是在实际的需求中，有很多场景都需要作用域为 singleton 的 Bean 依赖作用域为 prototype 的 Bean，最典型的应用场景就是多线程应用，我们每启动一个线程都需要一个全新的实例。

为了解决上述问题，即通过 set()方法将作用域为 prototype 的 Bean 注入作用域为 singleton 的 Bean 中没有生效的问题，我们引入一种新的注入方式，即 LookUp 方法注入。

使用 LookUp 方法注入时，最关键的一点是在作用域为 singleton 的 Bean 中必须有一个返回类型是作用域为 prototype 的 Bean 的抽象方法，这个抽象方法不用我们实现，而是留给 Spring IoC 容器实现的。

我们对上面的示例进行修改，即使用 LookUp 方法注入的方式将 Command 的 Bean 注入 CommandManager 类的实例中。首先，在 CommandManager 类中增加一个抽象方法，该抽象方法的返回类型为 Command，而代码中原先声明的 Command 类型的 command 对象及 setCommand()方法可以被删除。按照 LookUp 方法注入的要求修改 CommandManager.java，代码详见程序清单 7.7。

```
package com.lanqiao.entity;

public abstract class CommandManager {

    public void process(String... commandsentence) {
        Command command = createCommand();
        command.addCommand(commandsentence);
        command.execute();
    }
    // 这里定义了一个抽象方法，但不实现，这个抽象方法是由 Spring IoC 容器实现的。
    protected abstract Command createCommand();
}
```

程序清单 7.7

例如，CommandManager 类的功能为通过调用 process(String…commandsentence) 方法获取一个全新的 command 对象执行 process()方法传入的一条或多条指令。在这个需求中，CommandManager 类的作用域为 singleton，但具体执行指令的 command 对象的实例是 prototype，否则 process()方法每次均会执行同一组指令。

为了实现这个需求，在 CommandManager 类中定义了一个抽象方法 createCommand()，该方法的返回类型为 Command，也就是说这个方法就是用来生产 command 对象的，但这个方法不用我们实现，而是留给 Spring IoC 容器实现的。

修改配置文件，将 CommandManager 类的 Bean 作用域配置为 singleton，将 Command 对象的 Bean 作用域配置为 prototype，在 CommandManager 类的 Bean 中使用<lookup-method/>标签注入 Command 对象的 Bean。配置文件的代码详见程序清单 7.8。

```xml
<?xml version="1.0" encoding="UTF-8"?>
<beans xmlns="http://www.springframework***.org/schema/beans"
    xmlns:xsi="http://www.w3.org/2001***/XMLSchema-instance"
    xsi:schemaLocation="http://www.springframework***.org/schema/beans
                        http://www.springframework***.org/schema/beans/spring-beans.xsd">

    <bean id="myCommandManager" class="com.lanqiao.entity.CommandManager" >
        <lookup-method name="createCommand" bean="myCommand"/>
    </bean>
    <bean id="myCommand" class="com.lanqiao.entity.Command" scope="prototype"/>
</beans>
```

程序清单 7.8

<lookup-method/>标签有两个属性（name 属性和 bean 属性），name 属性指向抽象方法的名称，bean 属性指向作用域被定义为 prototype 的 Bean 的 id。

重新执行程序清单 7.6 的测试代码，执行结果如图 7.11 所示，这次的执行结果与预期相符。

图 7.11　执行结果（二）

使用 LookUp 方法注入时，必须注意被依赖的 Bean 的作用域的属性 scope="prototype" 不能漏掉。

7.2　Spring IoC

IoC 是 Inversion of Control（控制反转）的简称，它是程序设计中一种非常重要的思想。我们以往会使用 new() 方法创建对象，并通过 setter() 方法设置对象与对象之间的依赖关系（例如，有一个学生对象 student 和一个老师对象 teacher，可以通过 student.setTeacher(teacher) 方法绑定老师对象和学生对象之间的关系），但这样做就会使对象和类（或接口）、对象和对象之间产生强烈的耦合关系。而 IoC 就很好地解决了该问题，它将对象的创建及赋值都放到外部的 IoC 容器中实施，并通过 IoC 容器管理各种对象之间的依赖关系。如果在程序中要使用某个对象，则可以直接从 IoC 容器中索取。从上述过程中可以发现，IoC 的本质就是把对象的创建、赋值都放到了 IoC 容器中实施，并在 IoC 容器中进行对象之间依赖关系的绑定（注入），因此 Spring 框架中的 IoC 又被称为"依赖注入（DI）"

org.springframework.beans 和 org.springframework.context 包中的 API 是 Spring IoC 的基础。

7.2.1　Spring IoC 的发展

Spring IoC 的发展，本质就是"解耦和"方式的发展。

关于对象和类（或接口）之间的耦合关系，经历了以下三种方式。

①通过 new() 方法创建。
②通过工厂模式获取不同的实例对象（需要编写工厂模式的代码）。
③通过 Spring IoC 容器获取不同的实例对象（只需配置）。

下面分别通过示例来解析。

首先定义一个接口（课程）和两个实现类（Java 课程和 Oracle 课程），代码详见程序清单 7.9～程序清单 7.10。

ICourse.java：

```
package org.lanqiao.newinstance;
public interface ICourse{
    public abstract void learn();
}
```

程序清单 7.9

JavaCourse.java：

```
package org.lanqiao.newinstance;
public class JavaCourse implements ICourse{
    @Override
    public void learn(){
        System.out.println("学习 Java 课程");
    }
}
```

程序清单 7.10

OracleCourse.java：

```
package org.lanqiao.newinstance;
public class OracleCourse implements ICourse{
    @Override
    public void learn(){
        System.out.println("学习 Oracle 课程");
    }
}
```

程序清单 7.11

7.2.2 通过 new()方法创建对象

如果学生（Student）想学习 Java 课程，则需要定义一个学习 Java 课程的方法。在该方法中创建 JavaCourse 对象，用于方法的自行调用，代码详见程序清单 7.12。

Student.java：

```
package org.lanqiao.newinstance;
public class Student{
    //学习 Java 课程
    public void learnJavaCourse(){
        //自己创建 JavaCourse 对象
        ICourse course = new JavaCourse();
        course.learn();
    }
}
```

程序清单 7.12

试想，如果学生（Student）想学习 Oracle 课程，那么必须重写一个学习 Oracle 课程的方法，并在该方法中创建 OracleCourse 对象，用于方法的自调用。代码详见程序清单 7.13。

Student.java：

```
package org.lanqiao.newinstance;
public class Student{
    …
    //学习 Oracle 课程
    public void learnOracleCourse(){
        ICourse course = new OracleCourse();
        course.learn();
```

        }
    }
}

程序清单 7.13

可以发现，这种通过 new()方法创建对象的方式存在显著的缺陷，即创建的对象和类强烈地耦合在一起。如果需要 Java 课程对象，就必须执行 ICourse course = new JavaCourse()；而如果需要 Oracle 课程对象，就必须执行 ICourse course = new OracleCourse()。并且，这样做会使创建的对象到处分散，给后期维护造成很大的困难。

如图 7.12 所示，在 Student 类的方法中，通过 new()方法分别创建 JavaCourse 和 OracleCourse 两个对象，并负责这两个对象的整个生命周期。

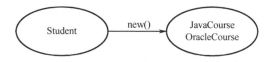

图 7.12　通过 new()方法创建对象

7.2.3　通过工厂模式获取对象

为了避免创建的对象到处分散，也为了避免对象和类强烈地耦合在一起，以及为了避免每次使用新对象前都要先进行实例化操作，我们可以将"创建对象"的过程提取出来，即由一个工厂 Factory 统一创建，如果需要新对象，就可以直接从工厂中获取，代码详见程序清单 7.14。

CourseFactory.java：

```java
public class CourseFactory{
    public static ICourse getCourse(String courseName){
        if (courseName.equals("java"))
            return new JavaCourse();
        else
            return new OracleCourse();
    }
}
```

程序清单 7.14

有了课程工厂 CourseFactory 后，学生如果想学习 Java 课程，只要给工厂的 getCourse()方法传入"java"参数，就会得到一个 JavaCourse 对象；同理，学生如果想学习 Oracle 课程，只要给工厂的 getCourse()方法传入"oracle"参数，就会得到一个 OracleCourse 对象，代码详见程序清单 7.15。

Student.java：

```java
package org.lanqiao.factoryinstance;
public class Student{
    //学习 Java 或 Oracle 课程
    public void learnCourse(){
        ICourse course = CourseFactory.getCourse("java");
        course.learn();
```

            }
    }

程序清单 7.15

即学生无论是需要 JavaCourse 对象还是需要 OracleCourse 对象，都可以从课程工厂 CourseFactory 这个中间仓库中获取。例如，上面代码中的 course 代表一个 JavaCourse 对象；如果想把 course 变为 Oracle 对象，只需将 getCourse(String courseName)方法的参数值改为"oracle"即可。通过工厂创建对象的原理图如图 7.13 所示。

图 7.13　通过工厂创建对象的原理图

通过工厂模式获取对象在一定程度上降低了对象（course）与类（JavaCourse 或 OracleCourse）之间的耦合度，并且将对象的创建操作进行了集中管理，便于以后维护。但是，对象的产生仍然依赖工厂（把实例化的过程统一放在了工厂中实施），并且中间又多了一道工序。

7.2.4　通过 Spring IoC 容器获取对象

"通过 new()方法创建对象"依赖具体的类，"通过工厂模式获取对象"依赖工厂，两者都存在着一定的依赖性。为了彻底解决依赖性问题，我们不用 new()方法也不用工厂模式，而是把对象的创建放到 Spring 配置文件（applicationContext.xml）中进行。如果需要使用对象，只需先在 Spring 框架中配置此对象（Spring IoC 容器会帮助我们自动创建对象），然后直接从 Spring IoC 容器中获取即可。

例如，通过 applicationContext.xml 配置了两个课程对象（Java 课程对象和 Oracle 课程对象），并通过 id 值进行区分，代码详见 applicationContext.xml。

applicationContext.xml：

```xml
<?xml version="1.0" encoding="UTF-8"?>
<beans ...>
    ...
    <bean id="javaCourse" class="org.lanqiao.iocinstance.JavaCourse">
    </bean>

    <bean id="oracleCourse" class="org.lanqiao.iocinstance.OracleCourse">
    </bean>
</beans>
```

配置完成后，Spring IoC 容器就会替我们自动创建这两个对象（根据 class 值所代表的类型创建相应的对象，并用 id 标识该对象）。以后要使用这两个对象时，就可以通过 ApplicationContext 对象的 getBean()方法，根据标识符 id，直接从 Spring IoC 容器中获取，代码详见程序清单 7.16。

Student.java：

```
package org.lanqiao.iocinstance;
//省略 import
```

```
public class Student{
    //通过参数给 getBean()方法传入不同的 id 值，来获取不同的课程对象
    public void learnCourse(){
        ApplicationContext context = new ClassPathXmlApplicationContext("applicationContext.xml");
        ICourse course =(ICourse)context.getBean("oracleCourse");
        course.learn();
    }
}
```

程序清单 7.16

如果需要 Oracle 课程对象，只需为 getBean()方法传入 Oracle 课程的 id 值 oracleCourse，即可从 Spring IoC 容器中获取 Oracle 课程的对象。

可以发现，所谓的 Spring IoC 容器底层是一个非常大的工厂，只是这个工厂不用自己维护，而是交给 Spring 框架进行管理。开发者要做的事情只是在 Spring 配置文件中进行对象的配置，然后就可以直接通过 getBean()方法从 Spring IoC 容器中获取对象。

读者可以从中体会到控制反转的思想：Student 类不再依靠自身的代码创建具体的课程对象，而把这一工作交给了 Spring IoC 容器，从而避免了课程对象和课程类之间的耦合关系。即在"如何获取课程对象"这件事上，"控制权"发生了反转——从 Student 类转移到了 Spring IoC 容器，这就是所谓的控制反转。

7.3 依 赖 注 入

DI（Dependency Injection）即"依赖注入"，Spring IoC 的重点工作之一是在运行时动态地将某个对象需要的其他对象提供出来。这一点是通过 DI 实现的。

7.3.1 依赖注入简介

Spring 框架中的 IoC 也被称为 DI。DI 是指将 Spring IoC 容器中的资源注入某些对象之中。下面举例说明。

①有一个 Teacher 类（老师），有两个属性 name（姓名）和 age（年龄），代码详见程序清单 7.17。

②有一个 Course 类（课程），有三个属性 courseName（课程名）、courseHours（课时）、teacher（授课老师），有一个介绍课程的 showInfo()方法，代码详见程序清单 7.18。

③有一个测试类 Test，代码详见程序清单 7.19。

Teacher.java：

```
package org.lanqiao.iocinstance;
public class Teacher{
    private String name ;
    private int age ;
    //省略 setter、getter
}
```

程序清单 7.17

Course.java：

```java
package org.lanqiao.diinstance;
public class Course{
    private String courseName; //课程名
    private int courseHours; //课时
    private Teacher teacher; //授课老师
    //省略 setter、getter
    public void showInfo(){
        System.out.println("课程名："+courseName+"\t 课时："
            +courseHours+"\t\t 授课老师："+teacher.getName());
    }
}
```

程序清单 7.18

Teacher 类和 Course 类创建好以后，通过 Spring 配置文件，在 Spring IoC 容器中创建 id 为 teacher 和 course 的两个对象并赋值，代码如下：

applicationContext.xml：

```xml
<?xml version="1.0" encoding="UTF-8"?>
<beans ...>
    <bean id="teacher" class="org.lanqiao.diinstance.Teacher">
        <property name="name" value="颜群"></property>
        <property name="age" value="28"></property>
    </bean>
    <bean id="course" class="org.lanqiao.diinstance.Course">
        <property name="courseName" value="Java"></property>
        <property name="courseHours" value="100"></property>
        <property name="teacher" ref="teacher"></property>
    </bean>
</beans>
```

其中，<property>元素的 value 和 ref 属性如表 7.4 所示。

表 7.4　value 与 ref 属性

属　　性	简　　介
value	给 name 所表示的"简单类型"的属性赋值（如 String、int）
ref	给 name 所表示的"自定义类型"的对象属性赋值（如 Teacher 类的属性）。ref 的值是另一个<bean>的 id 值，从而实现多个<bean>之间相互引用、相互依赖的关系

通过以上配置文件可以发现，对于 Course 对象来说，Spring IoC 容器不仅通过<property>的 value 属性给 String courseName、int courseHours 这些"简单类型"的属性赋了值，还可以通过<property>的 ref 属性给 Teacher teacher 这种对象类型赋值。也就是说，对象的值都是通过 Spring IoC 容器注入的，因此这个过程也被称为"依赖注入"。换句话说，对象与对象之间的依赖关系（如 Course 对象和 Teacher 对象）、对象和类之间的依赖关系（如 id 为 course 的 Course 对象和 Course 类）都是通过 Spring IoC 容器注入的。

通过以上配置，Spring IoC 容器就创建好了 Teacher 类的对象和 Course 类的对象，并赋了值。接下来，只需从 Spring IoC 容器中获取这些赋了值的对象，直接使用即可。

测试类 Test.java：

```java
package org.lanqiao.diinstance;
//import...
public class Test{
    public static void main(String[] args){
        ApplicationContext context = new ClassPathXmlApplicationContext("applicationContext.xml");
        //直接从 Spring IoC 容器中，根据 id 值获取属性值已经赋值完毕的对象
        Course course =(Course)context.getBean("course");
        course.showInfo();
    }
}
```

程序清单 7.19

执行 Test.java，运行结果如图 7.14 所示。

图 7.14 Test.java 的运行结果

7.3.2 依赖注入的三种方式

Spring 框架提供了多种依赖注入的方式，常见的方式有三种：setter 设值注入、构造器注入、p 命名空间注入。

1．setter 设值注入

在前几节中，我们是通过以下方式给对象的属性赋值的，代码如下。

```xml
<property name="属性名" value="属性值"></property>
```

或

```xml
<property name="属性名" ref="引用对象的 id 值"></property>
```

这种方式被称为 setter 设值注入，其本质是通过反射机制，调用了对象的 setter() 方法，对属性进行赋值操作，代码如下。

```xml
<bean id="course" class="org.lanqiao.diinstance.Course">
    <property name="courseName" value="Java"></property>
    <property name="teacher" ref="teacher"></property>
    …
</bean>
```

给 Course 对象的属性赋值的过程：在 Course 对象中寻找 setCourseName() 方法，如果存在该方法，则将<property>中 value 的值 Java 传入参数中，即调用了对象的 setter() 方法进行赋值。如果手动将 Course 对象中的 setCourseName() 方法改为 setCourseName2()，Spring 框架就会产生异常，代码如下。

Course.java:

```
…
public class Course{
    …
    public void setCourseName2(String courseName){
        this.courseName = courseName;
    }
}
```

执行测试类 Test.java，会抛出以下异常提示。

Caused by: org.springframework.beans.NotWritablePropertyException: Invalid property 'courseName' of bean class [org.lanqiao.diinstance.Course]: Bean property 'courseName' is not writable or has an invalid setter method. Did you mean 'courseName2'?

从修改后的 Course.java 和异常提示中可以看出，Spring 框架根据以下代码中的 name 值 courseName 在 org.lanqiao.diinstance.Course 类里面寻找 setCourseName()方法，但是没有找到，所以抛出了异常提示。代码如下。

```xml
<bean id="course" class="org.lanqiao.diinstance.Course">
    <property name="courseName" value="Java"></property>
    <property name="courseHours" value="100"></property>
    <property name="teacher" ref="teacher"></property>
</bean>
```

这也告诉我们，如果为使用 setter 设值注入方式给属性 value（或 ref）赋值，就一定得有相应的 setter()方法。

2. 构造器注入

我们还可以使用构造器（构造方法）给对象的属性赋值。

顾名思义，构造器注入是指通过对象的构造方法给属性赋值，因此在使用构造器注入之前，必须先在类中创建相应的构造方法，即分别在 Teacher 类和 Course 类中创建含参和无参的构造方法，代码详见程序清单 7.20 和程序清单 7.21。

说明：编写了含参构造方法后，Java 虚拟机就不再提供默认的无参构造方法了。因此，我们编写一个无参构造方法，供以后使用。

Teacher.java：

```java
package org.lanqiao.diinstance;
public class Teacher{
    private String name;
    private int age;
    public Teacher(){
    }
    public Teacher(String name, int age){
        this.name = name;
        this.age = age;
    }
}
```

```
        //省略 setter、getter
    }
```

程序清单 7.20

Course.java：

```
package org.lanqiao.diinstance;
public class Course{
    private String courseName;
    private int courseHours;
    private Teacher teacher;
    public Course(){
    }
    public Course(String courseName, int courseHours, Teacher teacher){
        this.courseName = courseName;
        this.courseHours = courseHours;
        this.teacher = teacher;
    }
    //省略 setter、getter 及 showInfo()方法
}
```

程序清单 7.21

注意，在 Teacher 类的含参构造方法中，第 0 个参数是 name 属性，第 1 个参数是 age 属性，因此，可以通过构造器注入，按参数顺序依次给 name 属性和 age 属性赋值，代码如下。
applicationContext.xml：

```xml
<bean id="teacher" class="org.lanqiao.diinstance.Teacher">
    <!--给构造方法的第 0 个参数赋值-->
    <constructor-arg value="颜群"></constructor-arg>
    <!--给构造方法的第 1 个参数赋值-->
    <constructor-arg value="28"></constructor-arg>
</bean>
```

在上述代码中，只要保证<constructor-arg>的顺序和构造方法中参数的顺序一致，就能确保第 1 个<constructor-arg>的 value 属性的值赋给构造方法的第 1 个参数，第 2 个<constructor-arg>的 value 属性的值赋给构造方法的第 2 个参数。

如果不能保证<constructor-arg>的顺序和构造方法中参数的顺序一致，则可以使用 index 属性或 name 属性指定，方法如下。

使用 index 属性指定参数的位置索引。
applicationContext.xml：

```xml
<bean id="teacher" class="org.lanqiao.diinstance.Teacher">
    <!--通过 index 属性，指定给构造方法的第 1 个参数赋值-->
    <constructor-arg value="28" index="1"></constructor-arg>
    <!--通过 index 属性，指定给构造方法的第 0 个参数赋值-->
    <constructor-arg value="颜群" index="0"></constructor-arg>
</bean>
```

使用 name 属性指定参数的属性名。
applicationContext.xml：

```xml
<bean id="teacher" class="org.lanqiao.diinstance.Teacher">
    <!--通过 name 属性,指定给构造方法的 age 参数赋值-->
    <constructor-arg value="28" name="age"></constructor-arg>
    <!--通过 name 属性,指定给构造方法的 name 参数赋值-->
    <constructor-arg value="颜群" name="name"></constructor-arg>
</bean>
```

现在,思考如下问题：如果 A 类有 String str 和 int num 两个属性,并且只有 public A(String str){…}和 public A(int num) {…}两个构造方法,该如何通过构造方法赋值呢？

如果将代码写成如下形式：

```xml
<bean id="a" class="A">
    <constructor-arg value="123" >
    </constructor-arg>
</bean>
```

那么 Spring 框架将无法知道上述代码中的"123"是 String 类型还是 int 类型（因为 Spring 框架会将所有"简单类型"的变量值都写在 value 属性的双引号中）。为了解决这个问题,可以使用<constructor-arg>标签的 name 属性或 type 属性解决,方法如下。

使用 name 属性指定参数的属性名,与上一个示例的使用方法相同。
使用 type 属性指定参数值的类型,代码如下。

```xml
<bean id="a" class="A">
    <constructor-arg  value="123"   type="java.lang.String">
    </constructor-arg>
</bean>
```

在上述代码中,type="java.lang.String"表示调用了 public A(String str){…}构造方法；而如果改为 type="int",则就表示调用了 public A(int num) {…}构造方法。

因此,通过构造器注入给 Teacher 对象的属性赋值的完整代码如下。
applicationContext.xml：

```xml
<bean id="teacher" class="org.lanqiao.diinstance.Teacher">
    <constructor-arg name="name"   value="颜群"   index="0" type="java.lang.String" >
    </constructor-arg>

    <constructor-arg  name="age"  value="28"   index="1" type="int">
    </constructor-arg>
</bean>
```

除给"简单类型"的属性赋值外,构造器注入还可以通过 ref 属性给对象类型的属性赋值。给对象类型的属性赋值时,只需把 value 换成 ref,代码如下。
applicationContext.xml：

```xml
<bean id="course" class="org.lanqiao.diinstance.Course">
    <constructor-arg value="JAVA"></constructor-arg>
```

```
        <constructor-arg value="680"></constructor-arg>
        <constructor-arg  ref="teacher"></constructor-arg>
</bean>
```

再次强调，使用构造器注入之前，必须保证在类中提供相应的构造方法。

3．p 命名空间注入

使用 p 命名空间注入之前，必须先在 Spring 配置文件 applicationContext.xml 中引入 p 命名空间，即 xmlns:p="http://www.springframework***.org/schema/p"，代码如下。

applicationContext.xml：

```
<beans xmlns="http://www.springframework***.org/schema/beans"
    xmlns:xsi="http://www.w3.org/2001***/XMLSchema-instance"
    xmlns:p="http://www.springframework***.org/schema/p"
    xsi:schemaLocation="http://www.springframework***.org/schema/beans
http://www.springframework***.org/schema/beans/spring-beans.xsd">
    <bean id="…" …>
</beans>
```

如果使用的 Eclipse 安装了 Spring Tool Suite，就可以直接在 Namespaces 标签中选中 p 命名空间前面的复选框，如图 7.15 所示。

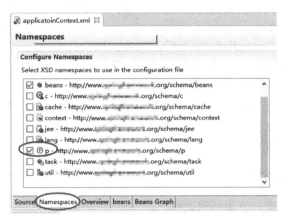

图 7.15　选中 p 命名空间前面的复选框

使用 p 命名空间注入时，可以直接使用 p 命名空间给对象的属性赋值（而不再使用 name、value、type 等属性），从而简化了配置代码，代码如下。

applicationContext.xml：

```
<bean id="teacher" class="org.lanqiao.diinstance.Teacher" p:name="颜群" p:age="28">
</bean>

<bean id="course" class="org.lanqiao.diinstance.Course"
        p:courseName="JAVA"
        p:courseHours="680" p:teacher-ref="teacher">
</bean>
```

我们可以进一步总结出规律，即通过代码"p:属性名"可以给简单类型的属性赋值，通过代码"p:属性名-ref"可以给对象类型的属性赋值。

7.4 自动装配

使用了 IoC/DI 之后，对象与对象之间的关系便通过配置文件（ref 属性）组织在一起，而不再通过硬编码的方式耦合在一起。但这样做也有一定的弊端，即需要额外编写大量的配置文件代码。为了简化配置，可以借用在 MyBatis 中讲过的"约定优于配置"原则，即如果对象（<bean>）的配置符合一定的"约定"，则可以省去相应的配置，也就是本节要讲的自动装配。

需要注意的是，自动装配只适用于对象类型（引用类型）的属性（通过 ref 属性注入的<bean>与<bean>之间的关系），而不适用于简单类型（基本类型和 String 类型）。

下面举例说明。通过 setter 设值注入方式，为课程 Course 对象注入属性值。
applicationContext.xml：

```
<bean id="teacher" class="org.lanqiao.diinstance.Teacher" >
    ...
</bean>

<bean id="course" class="org.lanqiao.diinstance.Course">
    ...
    <property name="courseHours" value="680"></property>
    <property name="teacher" ref="teacher"></property>
</bean>
```

在上述代码中，通过 value 属性为简单类型赋值，通过 ref 属性为对象类型赋值。但是，如果事先遵循一定的"约定"，就可以省略在 id 为 course 的<bean>中使用<property>为对象类型（Teacher 对象）赋值的过程。

7.4.1 根据属性名自动装配

根据属性名自动装配，下面举例说明。
applicationContext.xml：

```
<bean id="teacher" class="org.lanqiao.diinstance.Teacher" >
    ...
</bean>

<bean id="course" class="org.lanqiao.diinstance.Course" autowire="byName" />
```

在 id="course"的<bean>中，设置 autowire="byName"，其目的是告诉 Spring 框架，该<bean>符合一定的"约定"，可以自动为对象类型的属性（teacher）赋值。之后，Spring 框架就会自动在其他<bean>中，寻找 id 值与属性名 teacher 一致的<bean>。如果找到这样的<bean>，就会将该<bean>注入 teacher 属性中，以上就是根据属性名自动装配的约定。

除根据属性名自动装配的约定外，还有其他几种自动装配方式（见表7.5），这些方式是通过 autowire 属性的值指定具体方式的。

表 7.5 自动装配方式

autowire 属性的值	自动装配方式
no	不使用自动装配。必须通过\<property\>的 ref 属性指定对象之间的依赖关系
byName	根据属性名自动装配。如果某个\<bean\>的 id 值与当前\<bean\>的某个属性名相同，则自动注入；如果没有找到，则什么也不做（本质是寻找属性名的 setter()方法）
byType	根据属性类型自动装配。如果某个\<bean\>的类型恰好与当前\<bean\>的某个属性的类型相同，则主动注入；如果有多个\<bean\>的类型都与当前\<bean\>的某个属性的类型相同，则 Spring 框架将无法决定注入哪个\<bean\>，便会抛出一个异常；如果没有找到，则什么也不做
constructor	根据构造器自动装配。与 byType 类似，区别是它需要使用构造方法。如果 Spring 框架没有找到与构造方法参数列表一致的\<bean\>，则会抛出异常

7.4.2 根据属性类型自动装配

根据属性类型自动装配，下面举例说明。

applicationContext.xml：

```
<bean id="teacher" class="org.lanqiao.diinstance.Teacher" >
    …
</bean>

<bean id="course" class="org.lanqiao.diinstance.Course" autowire="byType" />
```

将 autowire 设置为 byType 后，Spring 框架就会在其他所有\<bean\>中，寻找与 Course 中的 teacher 属性类型相同的\<bean\>（寻找 Teacher 类型的\<bean\>），找到\<bean\>之后就会将其自动注入 teacher 属性。如果在配置文件中存在多个 Teacher 类型的\<bean\>，系统就会抛出一个 RuntimeException，为了避免发生这样的异常现象，我们可以在其中一个 Teacher 类型的\<bean\>后面添加 primary 属性，并将其属性值设置为 true，代码如下。

```
<bean id="teacherOne" class="org.lanqiao.diinstance.Teacher" primary="true" >
<bean id="teacherTwo" class="org.lanqiao.diinstance.Teacher" >
    …
</bean>

<bean id="course" class="org.lanqiao.diinstance.Course" autowire="byType" />
```

7.4.3 根据构造器自动装配

根据构造器自动装配，下面举例说明。

applicationContext.xml：

```
<bean id="teacher" class="org.lanqiao.diinstance.Teacher" >
    …
</bean>

<bean id="course" class="org.lanqiao.diinstance.Course" autowire="constructor" />
```

使用构造器自动装配，必须先在 Course 类中提供相应的构造方法。例如，在本例中，想通过构造方法给 Course 类中的 teacher 属性赋值，则必须在 Course 类中提供以下构造方法。

Course.java：

```
...
public class Course{
    ...
    private Teacher teacher;
    public Course(Teacher teacher){
        this.teacher = teacher;
    }
    ...
}
```

说明：如果配置文件中的所有<bean>都要使用自动装配，则除在每个<bean>中设置 autowire 属性外，还可以设置一个全局的 default-autowire，用于给所有<bean>注册一个默认的自动装配类型。设置方法是在配置文件的<beans>中加入 default-autowire 属性，代码如下。

```
<beans xmlns="..."
    xmlns:xsi="..."
    xmlns:p="..."
    xsi:schemaLocation="..."
    default-autowire="byName">
    <bean ...> ...</bean>
    ...
</beans>
```

上述代码表示给所有<bean>设置了"根据属性名自动装配"。当然，设置全局的 default-autowire 后，还可以在单独的<bean>中再次设置自己的 autowire 来覆盖全局设置。

需要注意的是，虽然可以通过自动装配减少 Spring 框架的配置编码，但是过多的自动装配会降低程序的可读性。因此，对于大型项目来说，并不鼓励使用自动装配。

三种自动装配的可读性排序为 byName>byType>constructor。

7.5 基于注解方式的 IoC 配置

前面介绍的所有 Spring IoC 配置都是基于 XML 方式的。此外，Spring 框架还提供了基于注解方式的 Spring IoC 实现方式，本节将重点介绍。

7.5.1 使用注解定义 Bean

使用注解@Component 定义 Bean，代码详见程序清单 7.22。

StudentDaoImpl.java：

```
import org.springframework.stereotype.Component;
@Component("studentDao")
public class StudentDaoImpl implements IStudentDao{
```

第 7 章 Spring 框架

```
    @Override
    public void addStudent(Student student){
        System.out.println("模拟增加学生操作...");
    }
}
```

程序清单 7.22

在上述代码中，通过@Component 定义了一个名为 studentDao 的 Bean，@Component("studentDao")的作用等价于 XML 方式的<bean id="studentDao" class="org.lanqiao.dao.StudentDaoImpl" />。

@Component 可以作用在 DAO 层、Service 层、Controller 层等任意层的类中，应用范围较广。此外，还可以使用如表 7.6 所示的三个细化的注解。

表 7.6 细化注解

注 解	范 围
@Repository	用于标注 DAO 层的类
@Service	用于标注 Service 层的类
@Controller	用于标注 Controller 层的类（如某个具体的 Servlet）

为了使各类的用途更加清晰，层次更加分明，一般推荐使用细化的注解标识具体的类。

7.5.2 使用注解实现自动装配

我们可以使用@Autowired 注解实现多个 Bean 之间的自动装配，代码详见程序清单 7.23。StudentServiceImpl.java：

```
@Service("studentService")
public class StudentServiceImpl implements IStudentService{
    //@Autowired 标识的属性，默认会按属性类型自动装配
    @Autowired
    private IStudentDao studentDao ;

    public void setStudentDao(IStudentDao studentDao) {
        this.studentDao = studentDao;
    }

    @Override
    public void addStudent(Student student) {
        studentDao.addStudent(student);
    }
}
```

程序清单 7.23

在上述代码中，通过@Service 标识了一个业务 Bean，并且使用@Autowired 设置 studentDao 属性自动装配。@Autowired 表示默认按属性类型自动装配，我们也可以使用

@Qualifier 设置 studentDao 属性按属性名自动装配，代码如下。

StudentServiceImpl.java：

```
@Service("studentService")
public class StudentServiceImpl implements IStudentService{
    //指定@Autowired 标识的属性，按属性名自动装配
    @Autowired
    @Qualifier("studentDao")
    private IStudentDao studentDao ;
    …
}
```

@Autowired 除可以对属性标识外，还可以对 setter()方法进行标识，其作用与对属性标识的作用是相同的，代码如下。

StudentServiceImpl.java：

```
@Service("studentService")
public class StudentServiceImpl implements IStudentService{
    private IStudentDao studentDao ;
    @Autowired
    public void setStudentDao(IStudentDao studentDao) {
        this.studentDao = studentDao;
    }
    …
}
```

7.5.3　扫描注解定义的 Bean

使用@Controller、@Service、@Repository、@Component 等注解标识完类（Bean）以后，还需要使用 component-scan 扫描这些类所在的包，之后才能将其加载到 Spring IoC 容器中，代码如下。

applicationContext.xml：

```
<beans…>
<context:component-scan base-package="org.lanqiao.dao,org.lanqiao.service">
</context:component-scan>
</beans>
```

在上述代码中，通过 base-package 属性指定需要扫描的基准包为 org.lanqiao.dao 和 org.lanqiao.service，之后 Spring 框架就会扫描这两个包中的所有类（包含子包中的类），将其中用@Service 等注解标识的类加入 Spring IoC 容器中。此处在定义扫描包时用到了 context，所以在使用前需要导入 context 命名空间，如图 7.16 所示。

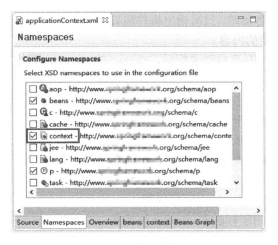

图 7.16 导入 context 命名空间

7.6 本 章 小 结

（1）Spring 框架是一款非常流行的 Java 开源框架，在 Spring 框架的帮助下，创建 Java 企业应用程序变得非常容易。Spring 框架提供了使用 Java 语言开发企业应用程序时所需的大多数功能。几乎所有的开源框架都提供了和 Spring 框架的集成方法，这就促使我们在开发企业应用程序时，可以灵活地采用多层次的、更健壮的、更能满足需求的应用架构。但从 Spring Framework 5.1 开始，Spring 框架需要 JDK 8+的支持。

（2）使用 Spring 框架时，我们应充分理解 Spring IoC 的相关概念和用法。使用 XML 方式配置 Bean 的依赖注入能够让我们更清晰地了解 Sping IoC 的工作原理，在此基础上，也便于我们更好地理解使用注解方式配置 Bean 的依赖注入。

（3）Spring 框架默认没有开启自动装配。要想使用自动装配，则需要修改 Spring 配置文件中的<bean>标签的 autowire 属性。自动装配可以显著地减少属性和构造器参数的指派，但可读性不高。

（4）Spring 框架提供了基于 XML 方式和基于注解方式的 IoC 配置。XML 方式的可读性强，注解方式可以减少 IoC 配置的代码量。

7.7 本 章 练 习

单选题

（1）在 Spring 框架中，单例意味着在每个（　　　）中仅有一个实例。
A．Context　　　　　B．JVM　　　　　　C．Thread　　　　　D．Web 容器

（2）下列关于 Spring IoC 的描述中，错误的是（　　　）。
A．IoC 是指程序之间的关系由程序代码直接操控。
B．所谓"控制反转"是指控制权由应用代码转到外部容器，即控制权的转移。
C．IoC 将控制创建的职责搬入框架中，即从应用代码中脱离。

D. 使用 Spring IoC 容器时，只需指出组件需要的对象即可，Spring IoC 容器会根据 XML 配置文件向组件提供必要的内容。

(3) 在 Spring 框架中开启自动装配后，<bean>的 autowire 属性的可选值是（   ）。
A. no
B. 全部选项
C. constructor
D. byname, byType

(4) Spring 框架的默认作用域是（   ）。
A. 全不正确
B. Singleton
C. Prototype
D. Session

(5) 当使用注解将某个类配置到 Spring IoC 容器时，下列说法中正确的是（   ）。
A. @Repository 用于标注 DAO 层的类。
B. @Repository 用于标注 Service 层的类。
C. @Component 只用于标注 Controller 层的类。
D. @Controller 可用于标注任何一层中的类。

第 8 章

Spring AOP

本章简介

除 Spring IoC 外，Spring 框架的另一个重要的基础部分就是 Spring AOP。使用 Spring AOP 可以帮助程序员将代码进一步模块化并增加代码的复用性。本章将从 AOP 的原理，以及 XML、注解、Schema 三种方式详细介绍 Spring AOP 的相关内容。

在本章的末尾，还会讲解 applicationContext.xml 的拆分方法。随着项目的逐步扩大，applicationContext.xml 中的内容也随之增多。为了帮助 applicationContext.xml "瘦身"，需要将 applicationContext.xml 进行拆分，即将其根据一定的规则拆分成多个 XML 文件。

8.1 AOP 的原理

AOP（Aspect-Oriented Programming，面向切面编程）是一种不同于 OOP（Object-Oriented Programming，面向对象编程）的编程模式，AOP 不是 OOP 的替代品，AOP 给我们提供了另一种思考程序结构的方式，它是对 OOP 的一种有益的补充。OOP 模块化的关键主体是类，而 AOP 关注的是一个"方面"，比如在大多数系统中会用到的事务处理，这里说的事务处理不是某种方法中的一个事务处理，而是整个系统中的事务处理。AOP 就是这样的一种设计方法，它从系统的一个大的"方面"出发来思考问题，一个"方面"可能会跨越多个类和对象。

在一个项目中，如果有多个业务包含了部分相同的代码，则可以使用 OOP，将这些"相同的代码"封装到一个方法（aMethod()）中，然后在不同的业务中调用该方法，如图 8.1 所示。

可以发现，在每个业务中，仍然保留着对该方法的调用，即 xx.aMethod()。如果业务代码发生改变，那么仍然需要维护 xx.aMethod()方法在业务中的调用位置。

而从 AOP 的角度来看，可以把 aMethod()方法看成一种横切逻辑，我们将其称为切面，即贯穿在每个业务中、渗透到系统各处的代码。使用 AOP 就不用在每个业务中显式地调用 xx.aMethod()方法了，而通过配置给每个业务标识一些切入点（Pointcut），比如可以将 add()方法标识为一个切入点。当以后某个业务执行到该切入点时，就会根据通知（Advice）类型自动执行 aMethod()方法这个切面，如图 8.2 所示。

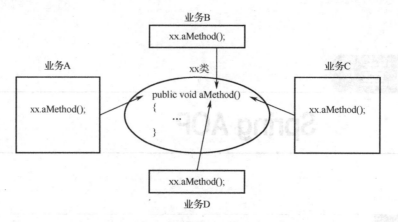

图 8.1 在不同的业务中调用同一个方法

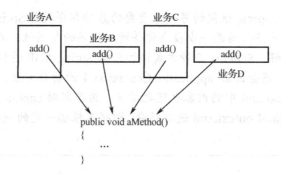

图 8.2 用 AOP 调用 aMethod()方法

如果通知类型是前置通知,就会在每次执行 add()方法前先执行 aMethod()方法。相当于将 add()方法增强了,如图 8.3 所示。

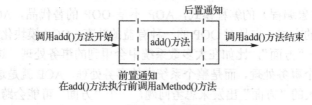

图 8.3 前置通知

可见,使用 AOP 可以在完全不修改业务代码的前提下,为业务增加新功能,即实现了业务逻辑和横切逻辑的彻底解耦。

与 AOP 相关的名词如表 8.1 所示。

表 8.1 与 AOP 相关的名词

名 词	简 介
切面(Aspect)	一个模块化的横切功能,该功能可能会横切多个对象(业务)。例如,aMethod()方法就是一个切面,它能横切到多个业务中

续表

名 词		简 介
切入点（Pointcut）		可以插入横切逻辑（如 aMethod()方法）的方法。例如，"调用 add()方法"就是一个切入点
通知（Advice）	前置通知（Before Advice）	在切入点 add()方法执行前插入的通知
	后置通知 （After Returning Advice）	在切入点 add()方法执行后插入的通知
	异常通知 （After Throwing Advice）	当切入点 add()方法抛出异常时插入的通知
	最终通知 （After Finally Advice）	当切入点 add()方法执行完毕时插入的通知（无论是正常返回还是异常退出）
	环绕通知（Around Advice）	可以贯穿切入点 add()方法执行的整个过程

接下来介绍两个 AOP 的核心概念。

目标对象（Target Object）：被一个或多个切面所通知的对象，也被称为被通知对象。

代理对象（Proxy Object）：AOP 框架创建的对象，和目标对象遵循同样的接口，使用代理对象的方式和使用目标对象的方式是一样的。不过，代理对象是目标对象的加强版，通知中的代码在执行时将会被代理对象的方法调用触发。在 Spring 框架中，AOP 代理可以是 JDK 动态代理或 CGLIB 代理。如图 8.4 所示为代理对象示意图。JDK 动态代理需要目标对象实现自己的接口，也就是说如果切入点是目标对象通过实现接口引入的，那么 Spring AOP 使用的便是 JDK 动态代理。如果目标对象没有实现任何接口，那么 Spring AOP 使用的便是 CGLIB 代理。

图 8.4 代理对象示意图

从图 8.4 中可以看出，目标对象是通过代理对象执行的，这样代理对象就可以在切点的合适位置执行已经定义过的"方面"的代码了。

8.2 AOP 的应用

8.2.1 基于 XML 配置文件

常见的通知类型如表 8.2 所示。

表 8.2 通知类型

通知类型	需要实现的接口	接口中的方法	执行时机
前置通知	org.springframework.aop.MethodBeforeAdvice	before()	目标方法执行前
后置通知	org.springframework.aop.AfterReturningAdvice	afterReturning()	目标方法执行后
异常通知	org.springframework.aop.ThrowsAdvice	无	目标方法发生异常时
环绕通知	org.aopalliance.intercept.MethodInterceptor	invoke()	拦截对目标方法的调用，即调用目标方法的整个过程

1．后置通知

现在以"使用 Spring AOP 实现日志输出"为例，采用后置通知类型，讲解应用 Spring AOP 的基本步骤。

（1）导入相关的 jar 文件。除在 7.2 节中使用的 jar 文件外，还要额外导入 aopalliance.jar 和 aspectjweaver.jar。

（2）编写除"日志输出"外的其他代码。编写业务逻辑层、数据访问层的代码，但将"日志输出"留给 Spring AOP 处理。下面，对学生信息进行增、删、改、查操作，代码详见程序清单 8.1。

业务逻辑层接口 IStudentService.java：

```java
public interface IStudentService{
    //增加学生
    boolean addStudent(Student student);
    //删除学生
    boolean deleteStudentByNo(int stuNO);
    …
}
```

程序清单 8.1

业务逻辑层实现类 StudentServiceImpl.java，代码详见程序清单 8.2。

```java
…
public class StudentServiceImpl implements IStudentService{
IStudentDao stuDao;
    //为 setter 方式的设置注入 setter 方法
    public void setStuDao(IStudentDao stuDao){
        this.stuDao = stuDao;
    }

    @Override
    public boolean addStudent(Student student){
        stuDao.addStudent(student);
        boolean true;
```

第 8 章 Spring AOP

```
    }
    @Override
    public boolean deleteStudentByNo(int stuNO){
        stuDao.deleteStudentByNo(stuNO);
        boolean true;
    }
}
```

程序清单 8.2

省略数据库访问层（DAO）的相关代码。

我们知道，业务逻辑层的作用就是将多个功能进行"组装"。现在就可以使用 Spring AOP 将"日志输出"作为一个功能织入（组装）业务逻辑层的 addStudent()方法和 deleteStudentByNo() 方法中。

（3）编写后置通知（After Returning Advice）的代码，用于实现"日志输出"功能。

后置通知会在目标方法执行后自动执行，后置通知写在 AfterReturningAdvice（接口）的实现类的 afterReturning()方法中。

现计划给业务逻辑层的增加方法、删除方法加入"后置通知"，用于实现"日志输出"，代码详见程序清单 8.3。

LoggerAfterReturning.java：

```
package org.lanqiao.aop;

import java.lang.reflect.Method;
import org.springframework.aop.AfterReturningAdvice;

public class LoggerAfterReturning implements AfterReturningAdvice{
    @Override
    public void afterReturning(Object returnValue, Method method, Object[] args, Object target)
    throws Throwable{
        System.out.println("调用了"+target
            +"的"+method.getName()+"()方法；返回值是："
            +returnValue+"；参数个数是"+args.length);
    }
}
```

程序清单 8.3

其中，afterReturning()方法的参数如表 8.3 所示。

表 8.3　afterReturning()方法的参数

参　数　名	简　介
method	被代理的目标方法（如 addStudent()方法和 deleteStudentByNo()方法）
returnValue	目标方法的返回值
args	目标方法的参数
target	被代理的目标对象

（4）配置 AOP，将"日志输出"等功能织入业务逻辑层中。在 applicationContext.xml 的 Namespaces 标签中增加 aop 命名空间，如图 8.5 所示。

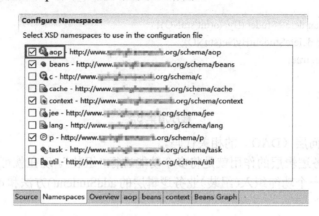

图 8.5　增加 aop 命名空间

然后通过配置文件将增加方法 addStudent()、删除方法 deleteStudentByNo()、后置通知方法 afterReturning()组装在一起，<aop:config>中的相关代码详见程序清单 8.4。

applicationContext.xml：

```xml
<?xml version="1.0" encoding="UTF-8"?>
<beans xmlns="…"
    xmlns:xsi="…"
    xmlns:p="…"
    xmlns:context="…"
    xmlns:aop="http://www.springframework***.org/schema/aop"
    xsi:schemaLocation=
"http://www.springframework***.org/schema/aop
http://www.springframework***.org/schema/aop/spring-aop-4.2.xsd
    …">
    <bean id="studentDao"
        class="org.lanqiao.dao.impl.StudentDaoImpl">
    </bean>
    <bean id="studentService"
        class="org.lanqiao.service.impl.StudentServiceImpl">
            <property  name="stuDao" ref="studentDao"></property>
    </bean>
    <bean id="loggerAfterReturning"
        class="org.lanqiao.aop.LoggerAfterReturning">
    </bean>

    <aop:config>
        <aop:pointcut id="pointcut"
expression="execution(public boolean
        addStudent(org.lanqiao.entity.Student))
        or execution
```

```
                (public boolean deleteStudentByNo(int))" />
        <aop:advisor pointcut-ref="pointcut" advice-ref="loggerAfterReturning" />
    </aop:config>
</beans>
```

程序清单 8.4

以上通过配置文件，将业务逻辑层、数据库访问层及后置通知的实现类，都以<bean>的形式加入了 Spring IoC 容器中，并且通过<aop:config>将后置通知织入了 addStudent()方法和 deleteStudentByNo()方法中。

<aop:config>标签的相关子元素/属性如表 8.4 所示。

表 8.4   <aop:config>标签的相关子元素/属性

子元素/属性	含 义
<aop:pointcut>	切入点。当执行到该切入点定义的方法（如 public boolean addStudent(Student stu){...}）时，就会自动执行"通知"
id	切入点的唯一标识符
expression	切入点表达式。只要是符合该表达式的方法，都会被当作"切入点"，即定义了什么样的方法是切入点
<aop:advisor>	通知
pointcut-ref	指定通知所关联的切入点
advice-ref	指定通知的具体实现类

表达式 expression 的常见示例如表 8.5 所示。

表 8.5   expression 的常见示例

举 例	含 义
public boolean addStudent(org.lanqiao.entity.Student))	所有返回类型为 boolean、参数类型为 org.lanqiao.entity.Student 的 addStudent()方法
public boolean org.lanqiao.service.IStudentService.addStudent(org.lanqiao.entity.Student)	org.lanqiao.service.IStudentService 类（或接口）中的 addStudent()方法，并且返回类型是 boolean，参数类型是 org.lanqiao.entity.Student
public * addStudent(org.lanqiao.entity.Student)	*代表任意返回类型
public void *(org.lanqiao.entity.Student)	*代表任意方法名
public void addStudent(..)	..代表任意参数列表
* org.lanqiao.service.*.*(..)	在 org.lanqiao.service 包中，包含的所有方法（不包含子包中的方法）
* org.lanqiao.service..*.*(..)	在 org.lanqiao.service 包中，包含的所有方法（包含子包中的方法）

表达式必须写在 execution()中，多个 execution()可以用 or 连接起来。例如，在配置文件中就将 addStudent()方法和 deleteStudentByNo()方法匹配为切入点,当程序执行这两个方法时，就会自动执行后置通知 loggerAfterReturning。

（5）编写测试类，测试类代码详见程序清单 8.5。

TestStudentDao.java：

```
public class TestStudentDao{
    public static void main(String[] args){
        ApplicationContext ctx = new
        ClassPathXmlApplicationContext("applicationContext.xml");
        IStudentService studentService
                = (IStudentService) ctx.getBean("studentService");

        Student student = new Student(7, "张三", 23);
        //增加
        studentService.addStudent(student);
        //删除
        studentService.deleteStudentByNo(7);
    }
}
```

程序清单 8.5

运行结果如图 8.6 所示。

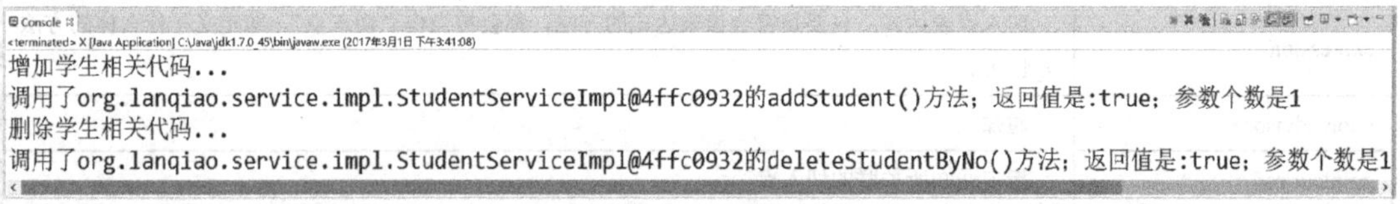

图 8.6 运行结果（一）

以上就是使用 Spring AOP 的基本步骤。

前置通知与后置通知的方法基本相同，这里不再赘述。

2．异常通知

异常通知是指在目标方法抛出异常时加入方法。

要使用异常通知，就必须实现 org.springframework.aop.ThrowsAdvice 接口，该接口的完整定义如下：

```
package org.springframework.aop;
public interface ThrowsAdvice extends AfterAdvice{
    //没有定义任何方法
}
```

可以发现，在该接口中没有定义任何方法，但特殊的要求是该接口的实现类必须遵循以下形式的方法签名：

```
void afterThrowing ( [Method method, Object[] arguments, Object target,] Throwable ex )
```

在上述代码中，我们可以发现：

①方法名必须是 afterThrowing；

②方法的最后一个参数必须存在，可以是 Throwable 或其子类的某种类型；

③方法的前三个参数，要么都存在，要么一个也不存在。

实现步骤及配置方法与"后置通知"相同，这里仅演示"异常通知"的实现类，代码详见程序清单 8.6。

第 8 章 Spring AOP

LoggerThrowsAdvice.java：

```java
package org.lanqiao.aop;
import java.lang.reflect.Method;
import org.springframework.aop.ThrowsAdvice;
public class LoggerThrowsAdvice implements ThrowsAdvice{
    public void afterThrowing(Method method, Object[] arguments, Object target, Throwable ex){
        System.out.println(target+"对象的"+method.getName()
                +"()方法发生了异常："+ex.getMessage()
                +"\n 方法参数的个数是:"+arguments.length);
    }
    /*
    或
    public void afterThrowing(Throwable ex){
        System.out.println("发生了异常："+ex.getMessage());
    }
    */
}
```

程序清单 8.6

3．环绕通知

环绕通知在目标方法的前后都可以织入方法，是功能最强大的通知。Spring 把目标方法的控制权全部交给了环绕通知。

在环绕通知中，可以获取或修改目标方法的参数、返回值，也可以对目标方法进行异常处理，甚至可以决定目标方法是否执行。

下面举例说明环绕通知的实现类，代码详见程序清单 8.7。

LoggerAround.java：

```java
package org.lanqiao.aop;

import java.lang.reflect.Method;
import java.util.Arrays;
import org.aopalliance.intercept.MethodInterceptor;
import org.aopalliance.intercept.MethodInvocation;

//通过 MethodInterceptor 接口实现环绕通知
public class LoggerAround implements MethodInterceptor{
    public Object invoke(MethodInvocation invoke){
        //获取被代理对象
        Object target = invoke.getThis();
        //获取被代理方法
        Method method = invoke.getMethod();
        //获取方法参数
        Object[] args = invoke.getArguments();
        System.out.println("调用 " + target + " 的 "
                + method.getName() + "()方法。方法的入参是: "
                + Arrays.toString(args));
```

155

```java
        Object result = null;
        try{
            //调用目标方法，获取目标方法返回值
            result = invoke.proceed();
            System.out.println("调用 " + target + " 的 "
                            + method.getName() + "()方法。方法的返回值是："
                            + result);
        }
        catch (Throwable e){
            System.out.println(method.getName() + " 方法发生异常：" + e);
        }
        return result;
    }
}
```

程序清单 8.7

环绕通知必须实现 MethodInterceptor 接口中的 invoke()方法，其参数 invoke 包含了目标方法及目标对象的所有内容，通过 invoke.proceed()方法可以调用目标方法，从而实现对目标方法的完全控制。

8.2.2 基于注解

除使用配置 XML 方式实现 AOP 外，Spring 框架还支持以注解的方式定义"通知"，从而实现 AOP。

1．使用注解实现前置/后置通知

下面使用注解的方式实现"基于 Spring AOP 的日志输出"，步骤如下。

（1）导入相关 jar 文件，该文件与 XML 方式需要的 jar 文件相同。

说明：若使用的 Spring 是 3.2 之前的版本，则在使用注解时还应导入 spring-asm-x.x.x.RELEASE.jar。

（2）使用注解定义通知。本例使用前置通知和后置通知进行演示，通知类的代码详见程序清单 8.8。

LoggerBeforeAndAfterReturning.java：

```java
package org.lanqiao.aop.annotation;

import org.aspectj.lang.annotation.AfterReturning;
import org.aspectj.lang.annotation.Aspect;
import org.aspectj.lang.annotation.Before;
@Aspect
public class LoggerBeforeAndAfterReturning{
    @Before("execution(public boolean
            org.lanqiao.service.IStudentService
            .addStudent(org.lanqiao.entity.Student)) ")
    public void before(){
        System.out.println("方法执行前...");
    }
```

```
@AfterReturning("execution(public boolean
                org.lanqiao.service.IStudentService
                .addStudent(org.lanqiao.entity.Student)) ")
public void afterReturning(){
    System.out.println("方法执行后...");
}
}
```

程序清单 8.8

从上述代码中可以看出，在类的定义前添加@Aspect，然后在方法前添加通知。通知的类型如表 8.6 所示。

表 8.6 通知类型

通 知 类 型	注　　解
前置通知	@Before
后置通知	@AfterReturning
最终通知	@After
异常通知	@AfterThrowing
环绕通知	@Around

其中，最终通知是在目标方法执行之后执行的通知，并且无论目标方法是否发生了异常，都会执行后置通知。

注解后面的小括号是表达式语言，用于指定织入的目标方法。表达式语言的书写规范和 XML 方式中的完全相同。

（3）编写 Spring 配置文件。应执行以下三个操作步骤。

①在配置文件的 Namespaces 标签中增加 aop 命名空间（详见 XML 方式）。

②启用对注解的支持。只须添加以下代码：

```
<aop:aspectj-autoproxy></aop:aspectj-autoproxy>
```

③将通知类加入 Spring IoC 容器中。

Spring 配置文件 applicationContext.xml 的代码详见程序清单 8.9。

applicationContext.xml：

```
<?xml version="1.0" encoding="UTF-8"?>
<beans xmlns="..."
    xmlns:xsi="..."
    xmlns:p="..."
    xmlns:context="..."
    xmlns:aop="http://www.springframework***.org/schema/aop"
    xsi:schemaLocation=
                "http://www.springframework***.org/schema/aop
                http://www.springframework***.org/schema/aop/spring-aop-4.2.xsd
    ...">
    ...
```

```xml
<!-- 启用对注解的支持 -->
<aop:aspectj-autoproxy></aop:aspectj-autoproxy>
<!-- 将通知类加入 Spring IoC 容器 -->
<bean class="org.lanqiao.aop.annotation.LoggerBeforeAndAfterReturning">
</bean>
</beans>
```

程序清单 8.9

目前，使用注解已实现了前置/后置通知，但通知的内容只是一句简单的输出语句，如 System.out.println("方法执行后...")。如果要像 XML 方式那样得到目标对象及方法的相关信息，就要使用 JoinPoint 类型的参数。

JoinPoint 被称为连接点，是一个接口。该接口包含的常用方法如表 8.7 所示。

表 8.7 JoinPoint 接口的常用方法

方 法 名	简 介
getTarget()	获取目标对象
getSignature()	获取目标方法的 Signature 对象，可以通过该对象的 getName()方法获取目标方法的名称
jp.getArgs()	获取目标方法的参数列表

此外，对于后置通知，可以用 pointcut 属性指定 execution 表达式；用 returning 属性指定存储目标方法返回值的变量，再将该变量放入后置通知方法的参数列表中，修改后的通知类代码详见程序清单 8.10。

LoggerBeforeAndAfterReturning.java：

```java
package org.lanqiao.aop.annotation;
…
import org.aspectj.lang.JoinPoint;
@Aspect
public class LoggerBeforeAndAfterReturning{
    …
    @AfterReturning( pointcut="execution(public boolean
                    org.lanqiao.service.IStudentService
                    .addStudent(org.lanqiao.entity.Student)) ,
                    returning="returningValue")
    public void afterReturning(JoinPoint jp,Object returningValue){
        System.out.println("对象:"+jp.getTarget()
                +",方法名: "+jp.getSignature().getName()
                +"()\n 参数列表： "+Arrays.toString(jp.getArgs())
                +",返回值： "+returningValue);
        System.out.println("方法执行后...");
    }
}
```

程序清单 8.10

执行符合 execution 表达式的 addStudent()方法，运行结果如图 8.7 所示。

```
方法执行前...
增加学生相关代码...
对象:org.lanqiao.service.impl.StudentServiceImpl@d918f6c,方法名：addStudent()
参数列表：[org.lanqiao.entity.Student@777af56e],返回值：true
方法执行后...
```

图 8.7 运行结果（二）

2. 使用注解实现异常通知

当目标方法发生异常时，自动执行的通知被称为异常通知。异常通知的示例代码详见程序清单 8.11。

LoggerWhenException.java：

```java
...
@Aspect
public class LoggerWhenException{
    @AfterThrowing( pointcut="execution(public boolean 
                    org.lanqiao.service.IStudentService
                    .addStudent(org.lanqiao.entity.Student)) ",
                    throwing = "e")
    public void afterThrowing(JoinPoint jp, NullPointerException e){
        System.out.println(jp.getSignature().getName() + " ()方法发生了异常：" + e);
    }
}
```

程序清单 8.11

异常通知的方法通过@AfterThrowing 注解标识，并通过 throwing 属性指定了异常变量名，再将该变量名放入异常通知方法的参数列表中。应注意，参数中指定异常的类型是 NullPointerException，就表明此异常通知只会在发生 NullPointerException 类型的异常时自动执行；如果目标方法产生了其他类型的异常，是不会触发此异常通知的。

再将此异常通知类加入 Spring IoC 容器中，代码如下。

applicationContext.xml：

```xml
<?xml version="1.0" encoding="UTF-8"?>
<beans ...>
    ...
    <aop:aspectj-autoproxy></aop:aspectj-autoproxy>
<bean class="org.lanqiao.aop.annotation.LoggerWhenException">
</bean>
</beans>
```

对 execution 表达式指定的 addStudent()方法进行修改，让该方法产生一个 NullPointerException 类型的异常，代码详见程序清单 8.12。

StudentServiceImpl.java：

```
package org.lanqiao.service.impl;
...
public class StudentServiceImpl implements IStudentService{
    private IStudentDao stuDao;
    ...
    @Override
    public boolean addStudent(Student student){
        //测试 NullPointerException 所增加的语句
        stuDao= null;
        stuDao.addNewStudent(student);
        return true;
    }
}
```

程序清单 8.12

再执行 addStudent()方法，运行结果如图 8.8 所示。

图 8.8　运行结果（三）

3．使用注解实现环绕通知

示例代码详见程序清单 8.13。

LoggerAround.java：

```
@Aspect
public class LoggerAround{
    @Around("execution(public boolean
            org.lanqiao.service.IStudentService
            .addStudent(org.lanqiao.entity.Student)) ")
    public Object aroundLogger(ProceedingJoinPoint jp)
    throws Throwable{
        try{
            Object result = jp.proceed();
            System.out.println("对象： " + jp.getTarget()
                            +",方法名 " + jp.getSignature().getName()
                            +"()，参数列表： "+ Arrays.toString(jp.getArgs())
                            +"()，返回值： " + result);
            return result;
        }
        catch (Throwable e){
            System.out.println(jp.getSignature().getName() + "方法发生异常： " + e);
            throw e;
```

```
        }
    }
}
```

程序清单 8.13

环绕通知的方法通过@Around 注解标识。ProceedingJoinPoint 是 JoinPoint 的子接口，它的 proceed()方法可以调用真正的目标方法。

4．使用注解实现最终通知

使用注解的方式还可以实现最终通知，即使用@After 标识。这种方法的特点是无论目标方法是否发生异常，都会执行最终通知，类似异常机制中 finally 的作用。

最终通知的示例代码详见程序清单 8.14。

LoggerAfter.java：

```
@Aspect
public class LoggerAfter{
    @After("execution(public boolean
            org.lanqiao.service.IStudentService
            .addStudent(org.lanqiao.entity.Student)) ")
    public void afterLogger(JoinPoint jp){
        System.out.println(jp.getSignature().getName()+ " 方法执行完毕");
    }
}
```

程序清单 8.14

8.2.3 基于 Schema 配置

1．使用 Schema 配置实现前置/后置通知

要想实现 Spring AOP，除了使用"基于 XML 配置文件"和"基于注解"两种方式，还可以使用"基于 Schema 配置"的方式。

此方式主要利用了 Spring 配置文件中的 aop 命名空间，代码如下。

applicationContext.xml：

```
<beans
    ...
    xmlns:aop="http://www.springframework***.org/schema/aop"
    xsi:schemaLocation="http://www.springframework***.org/schema/aop
      http://www.springframework***.org/schema/aop/spring-aop-4.3.xsd
    ...>
    ...
</beans>
```

"基于 Schema 配置"的方式可以将一个普通 JavaBean 中的方法标识为"通知方法"。例如，现在有一个普通的 JavaBean，代码详见程序清单 8.15。

LoggerBeforeAndAfterReturning.java：

```
package org.lanqiao.aop.schema;
...
```

```java
public class LoggerBeforeAndAfterReturning{
    public void before(){
        System.out.println("方法执行前...");
    }

    public void afterReturning(JoinPoint jp, Object returningValue){
        System.out.println("对象:" + jp.getTarget() + ",方法名："
                + jp.getSignature().getName() + "()\n 参数列表："
                + Arrays.toString(jp.getArgs()) + ",返回值："
                + returningValue);
        System.out.println("方法执行后...");
    }
}
```

程序清单 8.15

可以通过 aop 命名空间（xmlns）中的元素，将此 JavaBean 中的 before()方法定义为前置通知，将 afterReturning()方法定义为后置通知，并指定切入点，代码详见程序清单 8.16。
applicationContext.xml：

```xml
<?xml version="1.0" encoding="UTF-8"?>
<beans ...>
    ...
    <!-- 声明通知方法所在的 Bean -->
    <bean id="loggerBeforeAndAfterReturning"
            class="org.lanqiao.aop
            .schema.LoggerBeforeAndAfterReturning">
    </bean>
    <!-- 配置切面 -->
    <aop:config>
        <!-- 定义切入点 -->
        <aop:pointcut id="pointcut"
            expression="execution(public boolean org.lanqiao
            .service.IStudentService
            .addStudent(org.lanqiao.entity.Student))" />
        <!-- 引用包含通知方法的 Bean -->
        <aop:aspect ref="loggerBeforeAndAfterReturning">
            <!-- 将 before()方法定义为前置通知并引用 pointcut 切入点 -->
            <aop:before method="before" pointcut-ref="pointcut">
            </aop:before>
            <!--将 afterReturning()方法定义为后置通知并引用 pointcut 切入点 -->
            <!-- 通过 returning 属性指定为名为 result 的参数注入返回值 -->
            <aop:after-returning method="afterReturning"
                    pointcut-ref="pointcut" returning="returningValue"/>
        </aop:aspect>
    </aop:config>
</beans>
```

程序清单 8.16

将 LoggerBeforeAndAfterReturning 这个普通的 JavaBean 放入 Spring IoC 容器中,然后通过<aop:aspect>的 ref 属性将该 JavaBean 声明为通知,再通过<aop:before>标签将该 JavaBean 的 before()方法标识为前置通知,并织入 pointcut-ref 值所指向的切入点中。<aop:after>用来设置后置通知,其中的 returning 属性用来指定返回值的变量名,可以将该变量名作为方法的参数名来接收返回值。

2. 使用 Schema 配置实现异常通知

LoggerWhenException.java,代码详见程序清单 8.17。

```
public class LoggerWhenException{
    public void whenException(JoinPoint jp,NullPointerException e)    {
        System.out.println(jp.getSignature().getName()+"()方法发生了异常: "+e);
    }
}
```

程序清单 8.17

applicationContext.xml,代码详见程序清单 8.18。

```xml
<?xml version="1.0" encoding="UTF-8"?>
<beans ...>
    ...
    <!-- 声明通知方法所在的 Bean -->
    <bean id="loggerWhenException" class="org.lanqiao.aop.schema.LoggerWhenException">
    </bean>
    <!-- 配置切面 -->
    <aop:config>
        <!-- 定义切入点 -->
        <aop:pointcut id="pointcut"
                expression="execution(public boolean
                org.lanqiao.service.IStudentService
                .addStudent(org.lanqiao.entity.Student))"
        />
        <!-- 引用包含通知方法的 Bean -->
        <aop:aspect ref="loggerWhenException">
            <!-- 将 afterThrowing()方法定义为异常抛出通知,并引用 pointcut 切入点 -->
            <!-- 通过 throwing 属性指定保存异常的变量名,
            可以将该变量名作为方法的参数名来处理异常-->
            <aop:after-throwing method="afterThrowing" pointcut-ref="pointcut" throwing="e" />
        </aop:aspect>
    </aop:config>
</beans>
```

程序清单 8.18

3. 使用 Schema 配置实现环绕通知

LoggerAround.java,代码详见程序清单 8.19。

```
public class LoggerAround{
    public Object around(ProceedingJoinPoint jp) throws Throwable    {
        try{
```

```
                Object result = jp.proceed();
                System.out.println("对象名: " + jp.getTarget()
                            + ", 方法名: " + jp.getSignature().getName()
                            + "(), 参数列表: " + Arrays.toString(jp.getArgs())
                            + "返回值: " + result);
                return result;
            } catch (Throwable e) {
                System.out.println(jp.getSignature().getName() + " 方法发生异常: " + e);
                throw e;
            }
        }
    }
```

程序清单 8.19

applicationContext.xml,代码详见程序清单 8.20。

```xml
<?xml version="1.0" encoding="UTF-8"?>
<beans ...>
    ...
    <!-- 声明通知方法所在的 Bean -->
    <bean id="loggerAround" class="org.lanqiao.aop.schema.LoggerAround">
    </bean>
    <!-- 配置切面 -->
    <aop:config>
        <!-- 定义切入点 -->
        <aop:pointcut id="pointcut"
                expression="execution(public boolean
                org.lanqiao.service.IStudentService
                .addStudent(org.lanqiao.entity.Student))"
        />
        <!-- 引用包含通知方法的 Bean -->
        <aop:aspect ref="loggerAround">
            <!-- 将 aroundLogger()方法定义为环绕通知,并引用 pointcut 切入点 -->
            <aop:around method="around" pointcut-ref="pointcut"/>
        </aop:aspect>
    </aop:config>
</beans>
```

程序清单 8.20

4.使用 Schema 配置实现最终通知

LoggerAfter.java,代码详见程序清单 8.21。

```java
public class LoggerAfter{
    public void after (JoinPoint jp){
        System.out.println(jp.getSignature().getName() + " 方法执行完毕");
    }
}
```

程序清单 8.21

第8章 Spring AOP

applicationContext.xml，代码详见程序清单 8.22。

```xml
<?xml version="1.0" encoding="UTF-8"?>
<beans ...>
    ...
    <!-- 声明通知方法所在的 Bean -->
    <bean id="loggerAfter" class="org.lanqiao.aop.schema.LoggerAfter">
    </bean>
    <!-- 配置切面 -->
    <aop:config>
        <!-- 定义切入点 -->
        <aop:pointcut id="pointcut"
            expression="execution(public boolean
            org.lanqiao.service.IStudentService
            .addStudent(org.lanqiao.entity.Student))"
        />
        <!-- 引用包含通知方法的 Bean -->
        <aop:aspect ref="loggerAfter">
            <!-- 将 after()方法定义为最终通知，并引用 pointcut 切入点 -->
            <aop:after method="after" pointcut-ref="pointcut"/>
        </aop:aspect>
    </aop:config>
</beans>
```

程序清单 8.22

8.3 Spring 配置文件

Spring 配置文件是用来定义 Spring 容器实例化和初始化 Bean 的说明书。在传统的 Spring 框架开发中，Spring 配置文件主要以 XML 格式定义。

8.3.1 配置文件的拆分思路

在前面的小节中，我们将所有的配置内容都放在了 applicationContext.xml 中，这样会造成配置内容的可读性、可维护性变差。此外，如果多个开发人员同时使用同一个配置文件，则很容易引起并发性冲突。因此，通常要把 applicationContext.xml 分解成多个细粒度的配置文件，在每个配置文件中只配置某一个模块。

（1）通常使用以下两种分解思路。

①借用"三层架构"的分层模式。

②将 DAO、Service、controller（或 action、servlet）层，以及公用配置（如数据源、事务）分别写在单独的配置文件中。

（2）将每个模块的功能分别写在单独的配置文件中。

例如，将学生管理模块和部门管理模块分别写在单独的配置文件中，再将公用配置写在一个配置文件中。

8.3.2 配置文件的加载路径

在讲解配置文件的拆分方法之前，有必要先介绍一下 Spring 配置文件的路径。

我们通常使用 Spring 框架开发 Web 项目。在 Web 项目中，一般应在 Web 服务启动时，就自动启动 Spring 容器，然后让 Spring 容器为其他框架提供服务。但在 Web 项目中，无法像普通应用那样在 main() 方法里通过创建 ApplicationContext 对象启动 Spring 容器；而通过在 web.xml 中配置一个用于监听 Web 容器的监听器（Listener），从而使 Spring 容器在 Web 容器初始化时自动启动。

Spring 框架就提供了这样一个 Listener，即 org.springframework.web.context.ContextLoaderListener。

此 Listener 在 spring-web-x.x.x.RELEASE.jar 包下，因此使用 Spring 框架开发 Web 项目时，至少要在 WEB-INF 的 lib 目录里导入如表 8.8 所示的 6 个 jar 文件。

表 8.8 jar 文件

spring-aop-5.xx.RELEASE.jar	spring-context-5.xx.RELEASE.jar	spring-beans-5.xx.RELEASE.jar
spring-core-5.xx.RELEASE.jar	spring-expression-5.xx.RELEASE.jar	commons-logging-1.1.3.jar

Listener 的具体配置如下。

web.xml：

```
<!-- 指定 Spring 配置文件（如 applicationContext.xml）的位置 -->
<context-param>
    <param-name>contextConfigLocation</param-name>
    <param-value>
        classpath:applicationContext.xml
    </param-value>
</context-param>
<!-- 通过 ContextLoaderListener，初始化 Spring 容器 -->
<listener>
    <listener-class>
        org.springframework.web.context.ContextLoaderListener
    </listener-class>
</listener>
```

其中，参数名 contextConfigLocation 对应的参数值（<param-value>）用来指定 Spring 配置文件的路径。如果配置文件的路径是 /WEB-INF/applicationContext.xml，则可省略 <context-param> 的配置参数，即 /WEB-INF/applicationContext.xml 是 Spring 配置文件的默认约定路径；否则，就必须通过参数名 contextConfigLocation 指定具体路径。其中 classpath 代表资源路径（如项目的 src 目录）。

完成以上配置后，当启动服务器（如 Tomcat）时，就会自动初始化 Spring 容器了。

8.3.3 配置文件的整合

现在我们已经知道，可以在 web.xml 里通过 contextConfigLocation 的 <param-value> 指定 Spring 配置文件的路径。因此，如果将 Spring 配置文件拆分成多个文件，就可以通过以下方法将它们组装在一起：将拆分后的配置文件全部写在\<param-value\>中，并用英文逗号分隔开，代码详见程序清单 8.23。

web.xml：

```xml
<!-- 指定 Spring 配置文件（如 applicationContext.xml）的位置 -->
<context-param>
    <param-name>contextConfigLocation</param-name>
    <param-value>
            classpath:applicationContext.xml,
            classpath:applicationContext-controller.xml,
            classpath:applicationContext-service.xml,
            classpath:applicationContext-dao.xml,
    </param-value>
</context-param>
<!-- 通过 ContextLoaderListener 初始化 Spring 容器 -->
<listener>
    <listener-class>
            org.springframework.web.context.ContextLoaderListener
    </listener-class>
</listener>
```

程序清单 8.23

还可以使用*进行模糊匹配，代码详见程序清单 8.24。

web.xml：

```xml
<context-param>
    <param-name>contextConfigLocation</param-name>
    <param-value>
        classpath:applicationContext.xml,
        classpath:applicationContext-*.xml,
    </param-value>
</context-param>
...
```

程序清单 8.24

除此以外，还可以直接在 Spring 配置文件中通过 import 元素导入其他配置文件，从而将若干配置文件整合到一起，代码详见程序清单 8.25。

applicationContext.xml：

```xml
<?xml version="1.0" encoding="UTF-8"?>
<beans xmlns="..."
    xmlns:xsi="..."
    xmlns:p="..."
    xsi:schemaLocation="...">
    <import resource="applicationContext-controller.xml"/>
    <import resource="applicationContext-service.xml"/>
```

```
        <import resource="applicationContext-dao.xml"/>
        <bean.../>
        …
</beans>
```

程序清单 8.25

8.4 本章小结

（1）Spring 的关键组件之一是 AOP 框架。AOP 可以解决某些相同类型的问题，如日志处理、事务处理等。

（2）AOP 主要分为前置通知、后置通知、异常通知和环绕通知等。

（3）可以通过 XML 配置的方式使用 AOP。通知类要实现对应的接口，前置通知要实现接口 MethodBeforeAdvice，后置通知要实现接口 AfterReturningAdvice，异常通知要实现接口 ThrowsAdvice，环绕通知要实现接口 MethodInterceptor。

（4）Spring 也支持通过注解的方式使用 AOP，前置通知的注解是@Before，后置通知的注解是@AfterReturning，异常通知的注解是@AfterThrowing，环绕通知的注解是@Around，最终通知的注解是@After。

（5）Spring AOP 还提供了基于 Schema 的方式使用 AOP，这样的方式可以将普通类的普通方法配置为通知方法，通过标签<aop:before/>、<aop:after-returning/>、<aop:after-throwing/>、<aop:around/>，分别定义前置通知、后置通知、异常通知和环绕通知。

（6）基于 XML 方式的 Spring 配置文件会随着项目的扩展而不断增大，所以一般会按照数据访问层，业务逻辑层，控制层对 Spring 配置文件进行拆分，最后在 web.xml 文件中进行整合。

8.5 本章练习

一、单选题

（1）下列关于 AOP 核心概念的描述中，不正确的是（　　）。

A．切面（Aspect）是横切关注点的另一种表达方式。

B．在 Spring 框架中，连接点（Joinpoint）可以是方法，也可以是其他特定的点。

C．切入点（Pointcut）通常是一个表达式，有专门的语法，用于指明在哪里嵌入横切逻辑。

D．通知（Advice）是在切面的某个特定的连接点上执行的动作。

（2）下列关于切入点表达式 execution(* org.lanqiao.service..*.*(..))的描述中，正确的是（　　）。

A．选择在 org.lanqiao.service 包中定义的所有方法。

B．选择名字以 service 开始的所有方法。

C．选择在 org.lanqiao.service 包及其子包中定义的所有方法。

D．选择 service 接口定义的所有方法。

二、简答题

（1）什么是 AOP？AOP 对 OOP 做了哪些补充？

（2）基于 XML、注解、Schema 配置形式的 Spring AOP 的优、缺点各是什么？

（3）AOP 中的通知有哪些类型？请描述各种通知的区别。

（4）拆分配置文件的优点和原则是什么？

第 9 章

调度框架 Quartz

本章简介

本章将介绍应用广泛的 Quartz 框架，我们可以使用 Quartz 框架实现计划任务。

Quartz 框架本身不属于 Spring 框架体系内的知识，但在实际开发中，很多使用了 Spring 框架的项目都会用到 Quartz 框架。本章将先介绍 Quartz 框架的独立使用方法，再将 Quartz 框架集成到 Spring 框架中，并通过 Spring 框架调用 Quartz 框架。

9.1 Quartz 框架

如果希望程序执行一个计划任务（也被称为任务调度），就可以使用 Quartz 框架。例如，在将来的某个固定时间执行一段程序，或者在某个时间段内循环执行程序等。

Quartz 框架是一个开源的企业级任务调度服务，它可以单独使用，也可以整合在 Java 应用中。Spring 框架也专门为 Quartz 框架提供了相关的工具类，有助于开发人员便捷地配置计划任务。

9.1.1 Quartz 框架的基本概念

使用 Quartz 框架之前，需要先下载 Quartz 的相关 jar 文件。用户可以在其官方网站中下载 jar 文件。本书基于 Quartz 2.2.3 版本，下载的 Quartz 文件是 quartz-2.2.3-distribution.tar.gz。

要想实现任务调度，首先要明确以下几个概念：任务执行单元（Job）、任务（JobDetail）、触发器（Trigger）和调度器（Scheduler）。

1. 任务执行单元

任务执行单元是指在某个固定时间所要执行的工作内容。Quartz 框架提供了 Job 接口，从而帮助我们定义一个任务执行单元。该接口的代码详见程序清单 9.1。

Job.java：

```
package org.quartz;
public interface Job {
    public void execute(JobExecutionContext context)
            throws JobExecutionException;
}
```

程序清单 9.1

其中 execute()方法用于执行具体的任务内容，需要由 Job 的实现类来实现。JobExecutionContext 对象可以获取调度对象的上下文信息，如任务名称等。

2．任务

任务表示一个具体的可执行的调度程序，任务执行单元是这个可执行调度程序所要执行的内容。另外，任务还包含了这个任务调度的方案和策略。

3．触发器

任务会在什么时间执行呢？这需要触发器指定。Quartz 框架提供了 Trigger 接口，用于定义执行任务的时间规则，如每月的最后一天、每天早上 8 点、每周五下午 6 点……Trigger 接口有两个实现类：SimpleTrigger 和 CronTrigger。

4．调度器

有了任务和触发器（时间规则）后，还需要通过调度器将二者关联起来，从而实现"在规定的时间执行特定的任务"的目标。Quartz 框架提供了 Scheduler 类来实现调度器，可以将任务对象和触发器对象注册到调度器（Scheduler）中，由调度器决定任务和触发器的对应关系，即 Scheduler 可以将 Trigger 绑定到一个 Job 上。换句话说，调度器决定了哪个触发器在何时执行哪个任务。

9.1.2 Quartz 框架入门程序

下面介绍使用 Quartz 框架的基本步骤。

1．导入 Quartz 框架的 jar 文件

将之前下载的 quartz-2.2.3-distribution.tar.gz 解压，再把 lib 目录中的四个 jar 文件和 log4j.jar 导入项目，jar 文件如表 9.1 所示。

表 9.1　jar 文件

quartz-2.2.3.jar	quartz-jobs-2.2.3.jar	slf4j-api-1.7.7.jar
slf4j-log4j12-1.7.7.jar	log4j-1.2.17.jar	

2．创建业务

创建普通业务，本次采用一个模拟业务，代码详见程序清单 9.2。

RemindService.java：

```
public class RemindService{
    public void callClassMeeting(){
        System.out.println("需要被提醒的业务（如召开班会)");
    }
}
```

程序清单 9.2

3．创建计划任务

创建要执行的计划任务，以及要实现 Quartz 框架所提供的 Job 接口，代码详见程序清单 9.3。

PlanJob.java：

```
import org.lanqiao.quartz.service.RemindService;
import org.quartz.*;
public class PlanJob implements Job{
```

```java
    private RemindService remindService;
    @Override
    public void execute(JobExecutionContext jobContext)    throws JobExecutionException {
        remindService = new RemindService();
        remindService.callClassMeeting();
    }
}
```

程序清单 9.3

在接口定义的 execute()方法中，调用业务中的 callClassMeeting()方法。

4．通过任务、触发器和调度器实现计划任务

使用 Quartz API 进行配置及调度操作，代码详见程序清单 9.4。
TestJob.java:

```java
package org.lanqiao.quartz.test;
import org.lanqiao.quartz.job.PlanJob;
import org.quartz.*;
import org.quartz.impl.StdSchedulerFactory;

public class TestJob{
    public void doRemind()
        throws SchedulerException, InterruptedException{
        //创建一个任务
        JobDetail job = JobBuilder.newJob(PlanJob.class).withIdentity("RemindJob", "group1").build();
        //创建一个 TriggerBuilder 对象，为创建触发器 Trigger 对象做准备
        TriggerBuilder<Trigger> triggerBuilder = TriggerBuilder.newTrigger();
        //为 triggerBuilder 创建唯一标识符：设置该对象的名字为 trigger1，所在的组名是 group1
        triggerBuilder = triggerBuilder.withIdentity("trigger1", "group1");
        //设置触发器的开始执行时间：立即执行
        triggerBuilder.startNow();

        //创建一个 SimpleScheduleBuilder 对象，为创建触发器 Trigger 对象做准备
        SimpleScheduleBuilder scheduleBuilder = SimpleScheduleBuilder.simpleSchedule();
        //设置重复执行的时间间隔为 1 秒
        scheduleBuilder = scheduleBuilder.withIntervalInMilliseconds(1000);
        //设置额外重复执行的次数。例如，设置为 5，表示一共要执行 6 次（正常执行 1 次+额外重复执行 5 次）
        scheduleBuilder.withRepeatCount(5);

        //根据 TriggerBuilder 对象和 SimpleScheduleBuilder 对象创建一个简单触发器 SimpleTrigger 对象
        SimpleTrigger simpleTrigger = triggerBuilder.withSchedule(scheduleBuilder).build();

        //创建调度器工厂
        SchedulerFactory sfc = new StdSchedulerFactory();
        //创建一个调度器
        Scheduler sched = sfc.getScheduler();
        //在调度器中，注册任务和触发器
```

```
            sched.scheduleJob(job, simpleTrigger);

            //执行调度
            sched.start();
            //关闭调度
            //sched.shutdown();
        }

    public static void main(String[] args) {
        //省略异常处理
        TestJob testJob = new TestJob();
        testJob.doRemind();
    }
}
```

程序清单 9.4

运行结果如图 9.1 所示。

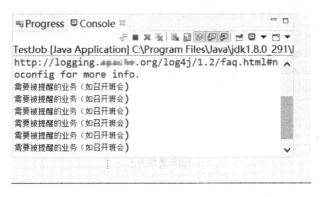

图 9.1 运行结果（一）

首先，通过 JobBuilder 创建 Job 对象，并指定任务是 PlanJob 类中的 execute()方法，任务名称为 PlanJob，任务组名为 group1；其次，通过 TriggerBuilder 对象设置触发器对象的名字、所在的组，以及触发器的开始执行时间；再次，使用 SimpleScheduleBuilder 对象设置调度的配置信息：重复执行的时间间隔、额外重复执行的次数，根据触发器 Builder 和调度 Builder 创建一个简单触发器 SimpleTrigger 对象；最后，通过调度器工厂获取一个调度器 sched，用调度器 sched 的 scheduleJob()方法将 Job 和 SimpleTrigger 绑定在一起，使用调度器 sched 的 start()方法执行调度（计划任务），并通过 shutdown()方法关闭调度。

shutdown()方法具有两个重载方法，如表 9.2 所示。

表 9.2 shutdown()重载方法

方 法		简　介
void shutdown()		立即无条件结束调度
void shutdown(boolean)	shutdown(false)	等价于 shutdown();
	shutdown(true)	当前正在执行或正在等待的任务完成后再结束

请注意，调度器 sched 的 start()方法，本质上并不会立刻执行调度，而会参照触发器 Builder 定义的执行时间。例如，本例中触发器定义的开始执行时间是 triggerBuilder.startNow()，表示立即执行。除 startNow()外，还可以使用 startAt()方法定义触发器的开始执行时间，使用 endAt()方法定义触发器的结束执行时间。其中 startAt()方法和 endAt()方法的参数是 Date 类型，代码详见程序清单 9.5。

TestJob.java：

```
...
public class TestJob{
    public void doRemind() throws SchedulerException, InterruptedException, ParseException{
        ...
        //triggerBuilder.startNow();
        SimpleDateFormat sdf = new SimpleDateFormat("yyyy-MM-dd HH:mm:ss");
        /*设置触发器的开始执行时间为 2017-04-04 09:14:22*/
        Date startDate = new Date();
        startDate = sdf.parse("2017-04-04 09:24:12");
        triggerBuilder.startAt(startDate);

        /*设置触发器的结束执行时间为 2017-04-04 09:24:15*/
        Date endDate = new Date();
        endDate = sdf.parse("2017-04-04 09:24:15");
        triggerBuilder.endAt(endDate);
        ...
    }
}
```

程序清单 9.5

9.1.3 JobExecutionContext

我们可以通过 Job 接口的 execute()方法中的 JobExecutionContext 对象获取调度需要的各种信息，代码详见程序清单 9.6。

PlanJob.java：

```
...
public class PlanJob implements Job{
    ...
    @Override
    public void execute(JobExecutionContext jobContext)throws JobExecutionException{
        System.out.println("触发器的 key 值（触发器组名+触发器名）："
                + jobContext.getTrigger().getKey()
                + "\t 任务的 key 值（任务组名+任务名）："
                + jobContext.getJobDetail().getKey());
        ...
    }
}
```

程序清单 9.6

通过 JobExecutionContext 对象获取触发器的名字、所在组名，以及任务的名字、所在组名。运行结果如图 9.2 所示。

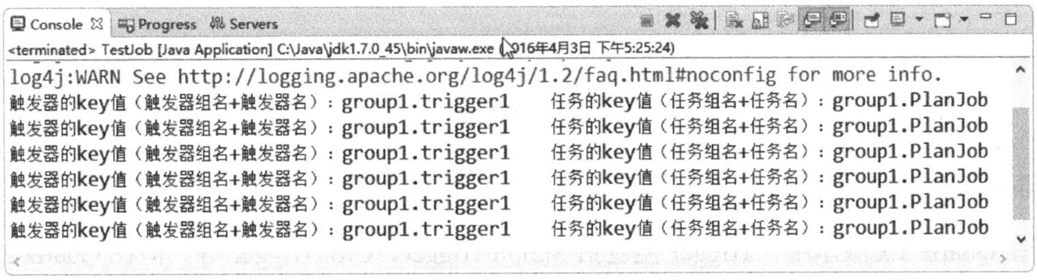

图 9.2 运行结果（二）

此外，还可以通过 getJobDetail 对象获取一个 JobDataMap 对象。JobDataMap 对象可以用来添加并获取数据。例如，使用 JobDataMap 对象传递学生的集合对象，过程如下。

先在测试类中为 JobDataMap 对象添加数据。代码详见程序清单 9.7。

TestJob.java：

```java
…
public class TestJob{
    public void doRemind()
            throws SchedulerException, InterruptedException{
        //创建一个任务
        JobDetail job = JobBuilder.newJob(PlanJob.class). withIdentity("PlanJob", "group1").build();

        JobDataMap dataMap = job.getJobDataMap();
        List<String> students = new ArrayList<String>();
        students.add("张三");
        students.add("李四");
        //将学生信息添加到 JobDataMap 对象中
        dataMap.put("students",students);
        …
    }
}
```

程序清单 9.7

再在任务类中，通过 JobDataMap 对象获取之前添加的数据。代码详见程序清单 9.8。

PlanJob.java：

```java
…
public class PlanJob implements Job{
    private RemindService remindService;
    @Override
    public void execute(JobExecutionContext jobContext)
            throws JobExecutionException{
        …
        JobDataMap dataMap = jobContext.getJobDetail(). getJobDataMap();
        //获取学生信息
```

```
        List students = (List)dataMap.get("students");
        System.out.println(students);
        …
    }
}
```

程序清单 9.8

9.1.4 ScheduleBuilder

在 Quartz 1.x 版本中，Trigger 类包括 SimpleTrigger、CronTrigger 等。但在 Quartz 2.x 版本中，这些 Trigger 类都被废弃了，取而代之的是另一种操作方式，即使用 TriggerBuilder 的 withSchedule()方法。用户需要为该方法传入一个 ScheduleBuilder 对象作为参数，通过该对象实现触发器的逻辑。本书使用的 Quartz 2.2 版本的 ScheduleBuilder 有三种类型，如表 10.3 所示。

表 9.3 ScheduleBuilder 类型

ScheduleBuilder 类型	简　介
SimpleScheduleBuilder	指定触发的间隔时间和执行次数
CronScheduleBuilder	通过一个 Cron 表达式，指定具体的触发规则，如"每周五18:00""每天6:00"等
CalendarIntervalScheduleBuilder	对 CronScheduleBuilder 的补充。能指定每隔一段时间触发一次

之前，我们已经使用了 ScheduleBuilder 指定间隔时间和执行次数。下面介绍 CronScheduleBuilder 的使用方法。

CronScheduleBuilder 需要通过 Cron 表达式定义准确的开始执行时间。例如，"0 0 14-18 ? * MON-FRI"就是一个 Cron 表达式，表示"每周一至周五的14:00～18:00"。

Cron 表达式由六个或七个时间元素组成（第七个时间元素可选），时间元素之间用空格分隔。从左往右排列，七个时间元素的含义如表 9.4 所示。

表 9.4 Cron 表达式时间元素的含义

位　置	元素含义	取值范围	可包含的特殊字符
第一个	秒	0～59	,　-　*　/
第二个	分钟	0～59	,　-　*　/
第三个	小时	0～23	,　-　*　/
第四个	月份中的第几天	1～31	,　-　*　/　?　L
第五个	月份	1～12 或 JAN～DEC	,　-　*　/
第六个	星期中的第几天 （星期几）	1～7 或 SUN～SAT （1代表星期天、2代表星期一、…、7代表星期六）	,　-　*　/　?　L　#
第七个	年份	1970～2099	,　-　*　/

其中，特殊字符的含义如表 9.5 所示。

表 9.5 特殊字符的含义

特殊字符	含义
,	表示列出枚举值。例如，在"分钟"元素中使用"5,20"，表示在第 5 分钟、第 20 分钟各触发一次
-	表示范围。例如，在"分钟"元素中使用"5-20"，表示从第 5 分钟到第 20 分钟，每分钟都触发一次
*	表示匹配该元素的所有值。例如，在"分钟"元素中使用"*"，表示每分钟都触发一次
/	例如，"A/B"表示从 A 时刻开始触发，然后每隔 B 时间触发一次。例如，在"分钟"元素中使用"5/20"，表示第 5 分钟触发一次，然后每隔 20 分钟（如第 25 分钟、第 45 分钟等）触发一次
?	只能用于"月份中的第几天"和"星期几"两个元素，表示不指定值。当这两个元素其中之一被指定了值之后，为了避免冲突，需要将另外一个元素的值设置为"?"
L	"Last"的简称，表示最后，只能用于"月份中的第几天"和"星期几"两个元素。需要注意的是，在西方国家，"星期"的最后一天是"星期六 SAT（或用数字 7 表示）"。例如，"0 0 8 ? * L"表示"每个月的星期六 8:00"。并且，当用于"星期几"时，"L"前面可以加一个数字（假定数字为 n），表示"月份中的最后一个星期 n"。例如，"0 0 0 ? * 1L"中"1L"表示"当月的最后一个星期天"（1 指星期天）
#	只能用于"星期几"一个元素，表示当月的第几个星期几。例如，"4#2"表示当月第 2 个星期三（4 指星期三，2 指第 2 个）

Cron 表达式示例如表 9.6 所示。

表 9.6 Cron 表达式示例

Cron 表达式	含义
0 0 10,14,16 * * ?	每天的 10 时、14 时、16 时
0 0/30 9-17 * * ?	朝九晚五之间的每半个小时
0 0 12 ? * WED	每个星期三的 12 时
0 0 12 * * ?	每天中午 12 时
0 15 10 ? * *	每天上午 10:15
0 15 10 * * ?	每天上午 10:15
0 15 10 * * ? *	每天上午 10:15
0 15 10 * * ? 2015	2015 年的每天 10:15
0 * 14 * * ?	每天 14:00 至 14:59 的每 1 分钟
0 0/5 14 * * ?	每天 14:00 至 14:55 的每 5 分钟
0 0/5 14,18 * * ?	每天 14:00 至 18:55，和 18:00 至 18:55 的每 5 分钟
0 0-5 14 * * ?	每天 14:00 至 14:05 的每 1 分钟
0 10,44 14 ? 3 WED	每年 3 月所有星期三的 14:10 和 14:44
0 15 10 ? * MON-FRI	周一至周五的 10:15
0 15 10 15 * ?	每月 15 日的 10:15
0 15 10 L * ?	每月最后一日的 10:15
0 15 10 ? * 6L	每月最后一个星期五的 10:15
0 15 10 ? * 6L 2002-2005	2002—2005 年，每月最后一个星期五的 10:15
0 15 10 ? * 6#3	每月第三个星期五的 10:15

使用 CronScheduleBuilder 实现计划任务的步骤与使用 SimpleScheduleBuilder 的方式基本相同。不同部分的代码详见程序清单 9.9。

TestJobWithCronExpression.java：

```
…
public class TestJobWithCronExpression{
    public void doRemind() throws SchedulerException, InterruptedException, ParseException{
        …
        triggerBuilder = triggerBuilder.withIdentity("trigger1", "group1");

        //创建一个 CronScheduleBuilder 对象，并通过 Cron 表达式指定开始执行时间：每分钟的第 5 秒
        CronScheduleBuilder scheduleBuilder = CronScheduleBuilder.cronSchedule("5 * * * * ?");

        //根据 TriggerBuilder 对象和 SimpleScheduleBuilder 对象，
        创建一个简单触发器 SimpleTrigger 对象
        CronTrigger cronTrigger= triggerBuilder.withSchedule(scheduleBuilder). build();

        //创建调度器工厂
        SchedulerFactory sfc = new StdSchedulerFactory();
        //创建一个调度器
        Scheduler sched = sfc.getScheduler();
        //执行调度
        sched.start();
        //注册任务和触发器
        sched.scheduleJob(job, cronTrigger);
        //关闭调度
        //sched.shutdown();
    }
    …
}
```

程序清单 9.9

通过 CronScheduleBuilder.cronSchedule("5 * * * * ?")创建一个 CronScheduleBuilder 对象，并将 Cron 表达式"5 * * * * ?"作为方法的参数，用来指定开始执行时间为"每分钟的第 5 秒"。最后将 CronScheduleBuilder 对象放入 TriggerBuilder 对象的 withSchedule()方法中。

9.2 在 Spring 中集成 Quartz

Spring 框架提供了对 Quartz 框架的支持，它对 Quartz 框架的核心类进行了封装，从而使开发人员更便捷地实现计划任务。

9.2.1 Spring 整合 Quartz 的原理

Spring 框架在整合 Quartz 框架时提供了两个类来简化任务的创建。这两个类是"org.springframework.scheduling.quartz.JobDetailFactoryBean" 类 和 "org.springframework.scheduling.quartz.MethodInvokingJobDetailFactoryBean"类。相应地，有两种生成 JobDetail 的方式。

JobDetailFactoryBean 类的作用是产生一个任务（JobDetail），并提供基于 XML 文件的配置属性。开发者可以很方便地在 Spring 框架的配置文件中通过配置的方式产生一个 JobDetail 实例。同时，Spring 框架提供了一个 org.quartz.Job 的子类（org.springframework.scheduling.quartz.QuartzJobBean）来定义执行单元（Job）。使用 QuartzJobBean 作为自定义 Job 的父类，可以将自定义 Job 的属性作为 jobDataAsMap 的值注入 JobDetail 中，然后在自定义 Job 中直接使用。

有时我们只想在定时任务中执行一个普通类的方法，不想创建一个单独的执行单元（Job），MethodInvokingJobDetailFactoryBean 类可以完成这种任务，使用该类可以把一个普通类的普通方法作为任务的执行单元。

9.2.2 通过实例演示 Spring 整合 Quartz

本节通过实例演示如何在 Spring 框架中整合（集成）Quartz 框架。首先，我们使用在 9.2.1 节中介绍的两种生成 JobDetail 的方式配置任务。最后，我们演示如何通过注解的方式在 Spring 框架中整合 Quartz 框架。

1. 使用 JobDetailFactoryBean 生成 JobDetail

（1）导入 jar 文件。除 quartz-2.2.3-distribution.tar.gz 中相关的 jar 文件外，还要导入以下两个 jar 文件：spring-context-support-5.3.0.jar 和 spring-tx-5.3.0.jar。

（2）在 Spring IoC 容器中注册调度工厂。

applicationContext.xml：

```xml
<beans ...>
    <!-- 注册调度工厂 -->
    <bean id="schedulerFactoryBean" class="org.springframework.scheduling.quartz.SchedulerFactoryBean" />
</beans>
```

（3）将任务的全部信息封装到一个实体类中。ScheduleJob 类是一个普通的 Bean，用来封装任务的属性，通过 IoC 容器实例化后注入具体的 Job 中。代码详见程序清单 9.10。

ScheduleJob.java：

```java
public class ScheduleJob{
    //任务编号
    private String jobId;
    //任务名称
    private String jobName;
    //任务分组
    private String jobGroup;
    //任务状态：0—禁用；1—启用；2—删除
    private String jobStatus;
    //任务运行时间表达式
    private String cronExpression;
    //任务描述
    private String desc;
    //setter、getter
}
```

程序清单 9.10

（4）创建计划任务。PlanJobForSpring 类定义了一个具体的 Job，该类继承了 Spring 框架提供的抽象类 QuartzJobBean，在代码中使用到的对象 remindService 和 scheduleJob 通过 jobDataAsMap 的方式注入 JobDetail 中（代码详见程序清单 9.13），然后在 PlanJobForSpring 类中可以直接使用这两个对象。代码详见程序清单 9.11。

PlanJobForSpring.java：

```java
//import…
public class PlanJobForSpring extends QuartzJobBean {
    private RemindService remindService;
    private ScheduleJob scheduleJob;
    @Override
    protected void executeInternal(JobExecutionContext arg0)
                throws JobExecutionException {
        System.out.println("任务成功运行");
        System.out.println("任务名称 = [" + scheduleJob.getJobName() + "]");
        remindService.callClassMeeting();
        System.out.println();
    }
    public void setRemindService(RemindService remindService) {
        this.remindService = remindService;
    }
    public void setScheduleJob(ScheduleJob scheduleJob) {
        this.scheduleJob = scheduleJob;
    }
}
```

程序清单 9.11

（5）创建业务。模拟业务 RemindService.java，代码详见程序清单 9.12。

```java
public class RemindService{
    public void callClassMeeting (){
        System.out.println("需要被提醒的业务（如召开班会）");
    }
}
```

程序清单 9.12

（6）在 Spring IoC 中配置任务信息、jobDetail、jobDataAsMap、触发器、调度工厂等。完整的配置文件 applicationContext.xml 的代码详见程序清单 9.13。

applicationContext.xml：

```xml
<?xml version="1.0" encoding="UTF-8"?>
<beans xmlns="http://www.springframework***.org/schema/beans"
    xmlns:xsi="http://www.w3.org/2001***/XMLSchema-instance"
    xmlns:p="http://www.springframework***.org/schema/p"
    xsi:schemaLocation="http://www.springframework***.org/schema/beans
                http://www.springframework***.org/schema/beans/spring-beans.xsd">
```

```xml
<!-- 配置任务的信息 -->
<bean id="scheduleJobEntity" class="org.lanqiao.spring.job.ScheduleJob">
        <property name="jobId" value="1001"></property>
        <property name="jobName" value="任务1"></property>
        <property name="jobGroup" value="任务组A"></property>
        <property name="jobStatus" value="1"></property>
        <property name="cronExpression" value="0/5 * * * * ?"> </property>
        <property name="desc" value="任务描述信息..."></property>
</bean>
<bean id="remindService" class="org.lanqiao.spring.service.RemindService">
</bean>
<!-- 配置 jobDetail -->
<bean id="jobDetail" class="org.springframework.scheduling.quartz.JobDetailFactoryBean">
        <!-- 配置计划任务 -->
            <property name="jobClass" value="org.lanqiao.quartz.spring.job.PlanJobForSpring">
            </property>
        <!-- 配置 jobDataAsMap -->
        <property name="jobDataAsMap">
            <map>
                <entry key="scheduleJob">
                    <ref bean="scheduleJobEntity"/>
                </entry>
                <entry key="remindService">
                    <ref bean="remindService"/>
                </entry>
            </map>
        </property>
</bean>
<!-- 配置 CronTrigger 类型的触发器 -->
 <bean id="cronTrigger"
    class="org.springframework.scheduling. quartz.CronTriggerFactoryBean">
        <property name="jobDetail" ref="jobDetail"/>
        <!-- 配置 Cron 表达式，表达式是在 id 为 scheduleJobEntity 的 cronExpression 属性中设置的-->
        <property name="cronExpression" value="#{scheduleJobEntity.cronExpression}"/>
</bean>

<!-- 配置调度工厂 -->
<bean id="schedulerFactoryBean"
    class="org.springframework.scheduling. quartz.SchedulerFactoryBean" >
        <!-- 配置触发器 -->
        <property name="triggers">
            <list>
                <ref bean="cronTrigger"/>
            </list>
        </property>
```

```
            </bean>
        </beans>
```

程序清单 9.13

（7）测试计划任务。TestJobWithSpring 是一个 main()方法所在的测试类，代码详见程序清单 9.14。

TestJobWithSpring.java：

```
//import…
public class TestJobWithSpring{
    public static void main(String[] args) throws Exception{
        ApplicationContext ctx = new ClassPathXmlApplicationContext("applicationContext.xml");
        Scheduler scheduler = (Scheduler) ctx.getBean("schedulerFactoryBean");
        //计划任务在 100 秒内有效
        scheduler.start();
        Thread.sleep(100000);
        scheduler.shutdown();
    }
}
```

程序清单 9.14

运行结果如图 9.3 所示。

图 9.3 运行结果（三）

以上是在 Spring 框架中使用了 CronTrigger 类型的触发器，如果要使用 SimpleTriggerBean 类型的触发器，则可以进行如下配置。Spring 配置文件的代码详见程序清单 9.15。

applicationContext.xml：

```
<beans …>
    …
    <!-- 定义 simpleTrigger 触发器 -->
    <bean id="simpleTrigger"
        class="org.springframework.scheduling. quartz.SimpleTriggerFactoryBean">
        <property name="jobDetail" ref="jobDetail"></property>
        <property name="repeatCount">
            <value>8</value>
        </property>
        <property name="repeatInterval">
```

第9章 调度框架 Quartz

```
            <value>1000</value>
        </property>
        <property name="startDelay">
            <value>4</value>
        </property>
    </bean>
    <!-- 配置调度工厂 -->
    <bean id="schedulerFactoryBean"
       class="org.springframework.scheduling. quartz.SchedulerFactoryBean" >
        <!-- 配置触发器 -->
        <property name="triggers">
            <list>
                <ref bean="simpleTrigger"/>
            </list>
        </property>
    </bean>
</beans>
```

程序清单 9.15

2. 使用 MethodInvokingJobDetailFactoryBean 生成 JobDetail

使用 MethodInvokingJobDetailFactoryBean 可以直接将一个普通的 Java 类的普通方法配置为一个定时任务。在这个例子中，我们直接使用 RemindService 类中的方法 callClassMeeting（代码详见程序清单 9.12）配置定时任务。将程序清单 9.13 中的 applicationContext.xml 配置文件按照程序清单 9.16 进行修改即可。

applicationContext.xml：

```
<?xml version="1.0" encoding="UTF-8"?>
<beans xmlns="http://www.springframework***.org/schema/beans"
    xmlns:xsi="http://www.w3.org/2001***/XMLSchema-instance"
    xmlns:p="http://www.springframework***.org/schema/p"
    xsi:schemaLocation="http://www.springframework***.org/schema/beans
                       http://www.springframework***.org/schema/beans/spring-beans.xsd">

<bean id="remindService" class="org.lanqiao.spring.service.RemindService">
</bean>
    <!-- 配置 jobDetail -->
<bean id="jobDetail" class=" org.springframework.scheduling.quartz.MethodInvokingJobDetailFactoryBean">
<property name="targetObject" ref=" remindService "/>
    <property name="targetMethod" value="callClassMeeting"/>
</bean>
    <!--触发器和调度器的配置不变 -->
    ...
</beans>
```

程序清单 9.16

再次执行程序清单 9.14 中的测试代码，执行结果如图 9.4 所示。

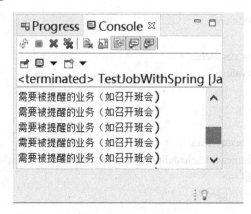

图9.4 执行结果

3. 基于注解的方式定时任务

Spring 框架还提供了注解的方式，将一个普通类的普通方法配置为定时任务。使用注解的方式配置定时任务时，必须在项目中导入 jar 包 spring-aop-5.3.0.jar。首先要修改配置文件 applicationContext.xml，代码详见程序清单 9.17。

applicationContext.xml：

```xml
<?xml version="1.0" encoding="UTF-8"?>
<beans xmlns="http://www.springframework***.org/schema/beans"
    xmlns:xsi="http://www.w3.org/2001***/XMLSchema-instance"
    xmlns:task="http://www.springframework***.org/schema/task"
    xmlns:context="http://www.springframework***.org/schema/context"
    xsi:schemaLocation="http://www.springframework***.org/schema/task
    http://www.springframework***.org/schema/task/spring-task-4.3.xsd
        http://www.springframework***.org/schema/beans
        http://www.springframework***.org/schema/beans/spring-beans.xsd
        http://www.springframework***.org/schema/context
         http://www.springframework***.org/schema/context/spring-context-4.3.xsd">
<context:annotation-config/>
 <!-- 自动扫描注解的 bean -->
    <context:component-scan base-package="org.lanqiao.quarztest"/>
 <!--开启这个配置，Spring 才能识别@Scheduled 注解-->
    <task:annotation-driven/>
     <!-- 自动扫描注解的 bean -->
    <context:component-scan base-package="org.lanqiao.quarztest"/>
</beans>
```

程序清单 9.17

修改程序清单 9.12 中的 RemindService 类，修改后的代码详见程序清单 9.18。在这里我们使用注解@Scheduled。在该注解中有多个 trigger 元数据的属性可以使用，如 fixedDelay、fixedRate、initialDelay、cron 等。fixedDelay 用来设置每次执行任务后的延迟时间，单位是毫秒。fixedRate 用来设置按固定周期执行任务的时间周期，单位是毫秒。initialDelay 用来设置第一次执行任务的延迟时间。corn 用来定义 Corn 表达式。

```
@Component
public class RemindService{
    @Scheduled(cron="*/5 * * * * MON-FRI")
    public void callClassMeeting() {
        System.out.println("需要被提醒的业务（如召开班会)");
    }
}
```

程序清单 9.18

修改程序清单 9.14 中的测试代码，修改后的代码详见程序清单 9.19。

```
//import…
public class TestJobWithSpring{
    public static void main(String[] args) throws Exception{
        ApplicationContext ctx = new ClassPathXmlApplicationContext("applicationContext.xml");
    }
}
```

程序清单 9.19

运行程序清单 9.19 中的代码，程序的执行结果和图 9.4 完全相同。

9.3 本章小结

（1）Quartz 框架的基本概念包括任务执行单元（Job）、任务（JobDetail）、触发器（Trigger）、调度器（Scheduler）。

（2）使用 Quartz 框架执行定时任务时，要创建执行单元，使用 JobDetail 封装 Job，创建 Trigger。使用 Scheduler 将 JobDetail 和 Trigger 组织在一起执行定时任务。

（3）JobExecutionContext 类的实例可以在执行定时任务时获取定时任务的所有信息。

（4）Cron 表达式用来定义准确的执行时间，Cron 表达式有七个时间元素，第七个元素是可选元素。

（5）Spring 框架在整合 Quartz 框架时提供了多个方便创建 JobDetail 实例的类。同时为 JoDetail、Trigger 和 Scheduler 提供了可以在 XML 文件中进行配置的元数据。

（6）在 Spring 框架中使用定时任务时，可以在 XML 配置文件中进行配置，也可以使用注解的方式。

9.4 本章练习

一、单选题

（1）Corn 表达式：cron="*/5 * * * * MON-FRI"，其具体含义为（　　）。
A．每月的第一个周五执行定时任务，每 5 秒执行一次。
B．每月的周一或周五执行定时任务，每 1/5 秒执行一次。
C．每月的第一个周五执行定时任务，每 1/5 秒执行一次。
D．每月的周一或周五执行定时任务，每 5 秒执行一次。

(2) 下列关于注解@Scheduled 属性的说法中，正确的是（ ）。
A．fixedDelay 用来设置每次执行任务后的延迟时间，单位是小时。
B．fixedRate 用来设置按固定周期执行任务的时间周期，单位是天。
C．initialDelay 用来设置第一次执行任务的延迟时间，单位是毫秒。
D．以上描述都不对。

二、简答题

（1）简述独立使用 Quartz 框架的基本步骤。
（2）简述 Spring 框架整合 Quartz 框架的基本步骤。
（3）如何使用 Cron 表达式表示"每年 9 月 19 日中午 12:25"。
（4）简述任务、触发器、调度器三者之间的关系。

第 10 章

Spring 整合 MyBatis

> **本章简介**
>
> 本章讲解 Spring 框架和 MyBatis 的整合（集成），Spring 框架整合 MyBatis 需要依赖 mybatis-spring.jar。mybatis-spring.jar 是 MyBatis-Spring 项目的构建结果。MyBatis-Spring 项目用于将 MyBatis 集成到 Spring 框架中。MyBatis-Spring 项目是 MyBatis 的子项目。只有使用 mybatis-spring.jar 2.0 以上版本才能支持 MyBatis 3.5 和 Spring 5.0+ 的集成。

10.1 Spring 整合 MyBatis 原理

在系统中单独集成 MyBatis 时，我们所开展的操作都是以 SqlSessionFactory 为核心进行的。因为所有的 ORM 操作，都是通过 SqlSessionFactory 打开的一个 SqlSession 完成的。

SqlSessionFactory 的实例可以通过 SqlSessionFactoryBuilder 获得。但是 Spring 框架整合 MyBatis 后，我们就可以使用 mybatis-spring.jar 提供的 org.mybatis.spring.SqlSessionFactoryBean 类创建 SqlSessionFactory 了。在整合了 MyBatis 后的 Spring 框架中，配置 SqlSessionFacoty 的 Bean 非常简单，仅需要一个 Bean 的配置项，代码如下：

```xml
<bean id="sqlSessionFactory" class="org.mybatis.spring.SqlSessionFactoryBean">
    <property name="dataSource" ref="dataSource" />
</bean>
```

要和 Spring 框架一起使用 MyBatis，应在 Spring 应用上下文中至少定义两项内容：一个 SqlSessionFactory，以及至少一个映射接口。接下来，我们在 Spring 配置文件中添加映射接口。假设定义了如下 Mapper 接口：

```java
public interface HomeworkMapper {
    List<Homework> selectByExample(HomeworkExample example);
}
```

这时，我们要依靠 mybatis-spring.jar 提供的 org.mybatis.spring.mapper.MapperFactoryBean 类定义 Mapper 接口，代码如下：

```xml
<bean id="homeworkMapper" class=" org.mybatis.spring.mapper.MapperFactoryBean ">
```

```
    <property name="mapperInterface" value=" org.lanqiao.ooptest.dao. HomeworkMapper " />
    <property name="sqlSessionFactory" ref="sqlSessionFactory" />
</bean>
```

完成上面的配置后就可以将 id 为 homeworkMapper 的 Bean 注入其他 Bean 了。在这些配置参数中，Bean 的 class 属性是 org.mybatis.spring.mapper.MapperFactoryBean 类，这个类负责创建对应的作用域，并将作用域作为方法范围内的 Mapper 实例。同时 MapperFactoryBean 类还负责 sqlSession 的打开和关闭操作，也就意味着在业务代码中，我们无须关心 sqlSession 的关闭问题了。

另外，使用 mybatis-spring.jar 整合 Spring 框架和 MyBatis 的一个重要原因是 mybatis-spring.jar 允许 MyBatis 参与 Spring 框架的事务管理，而不是给 MyBatis 创建一个新的专用事务管理器，mybatis-spring.jar 借助了 Spring 框架中的 DataSourceTransactionManager 实现事务管理。我们只要在 Spring 框架中配置好事务管理器后，mybatis-spring.jar 就会透明地管理事务。从使用者的角度看，我们认为当前还在使用 Spring 框架的事务管理功能，在配置和编码时无须任何改变。

若想开启 Spring 框架的事务处理功能，则应该在 Spring 配置文件中创建一个 DataSourceTransactionManager 对象，代码如下：

```
<bean                                                                     id="transactionManager"
class="org.springframework.jdbc.datasource.DataSourceTransactionManager">
    <constructor-arg ref="dataSource" />
</bean>
```

一旦配置好了 Spring 框架的事务管理器，我们就可以在 Spring 框架中按照常规操作方式来配置事务。在事务处理期间，一个单独的 SqlSession 对象将会被创建和使用。当事务完成后，该 SqlSession 对象会执行提交操作或执行回滚操作。

下面通过一个实例来详细讲解 Spring 框架和 MyBatis 的集成。

10.2 通过实例演示 Spring 整合 MyBatis

1．准备工作

（1）导入 Spring 框架整合 MyBatis 所需的 jar 文件，包括 MyBatis 相关的 jar 文件、Spring 相关的 jar 文件，以及数据库相关的 jar 文件，如表 11.1 所示。

表 11.1　jar 文件

mybatis-spring-2.0.6.jar	spring-tx-5.3.0.jar	spring-jdbc-5.3.0.jar.jar	spring-expression-5.3.0.jar.jar
spring-context-support-5.3.0.jar	spring-core-5.3.0.jar.jar	spring-context-5.3.0.jar.jar	spring-beans-5.3.0.jar.jar
spring-aop-5.3.0.jar.jar	commons-logging-1.2.jar	mysql-connector-java-5.1.47.jar	mybatis-3.5.3.jar
jsqlparser-3.2.jar	druid-1.2.6.jar	aspectjweaver-1.9.6.jar	aopalliance-1.0.jar

（2）准备实体类和数据表。

在数据库中创建 student 表，代码详见程序清单 10.1。

```
create table  student (
```

```
    stu_no int primary key auto_increment comment '学生编号-主键',
    stu_name varchar(10)    comment '学生姓名',
    stu_age int    comment '学生年龄',
    gra_name varchar(20) comment '年纪'
)engine=innodb default charset=utf8 ;
```

程序清单 10.1

我们按照 6.1 节"MyBatis 逆向工程"中所讲的内容,将数据库中的 student 表逆向生成实体 Bean,以及对应的映射文件和映射接口。使用 MyBatis Generator 逆向生成的代码结构如图 10.1 所示。

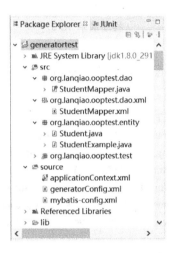

图 10.1 逆向生成的代码结构

修改 Student.java 文件,重写 toString()方法,修改后的代码详见程序清单 10.2。
Student.java:

```java
public class Student {
    private int stuNo;
    private String stuName;
    private int stuAge;
    private String graName;
    //getter、setter
    @Override
    public String toString(){
        return "学号:"+this.stuNo+"\t 姓名:"+this.stuName
            +"\t 年龄:"+this.stuAge+"\t 年级:"+this.graName;
    }
}
```

程序清单 10.2

2. 创建 MyBatis 配置文件

在如图 10.1 所示的 source 目录下创建 MyBatis 配置文件 mybatis-config.xml,MyBatis 配置文件的代码详见程序清单 10.3。

mybatis-config.xml：

```xml
<?xml version="1.0" encoding="UTF-8" ?>
<!DOCTYPE configuration    PUBLIC "-//mybatis.org//DTD Config 3.0//EN"
   "http://mybatis.org/dtd/mybatis-3-config***.dtd">
<configuration>
    <settings>
        <!--执行 SQL 语句输出到控制台   -->
        <setting name="logImpl" value="STDOUT_LOGGING" />
    </settings>
</configuration>
```

程序清单 10.3

3. 创建 Spring 配置文件

在 source 目录下创建 Spring 配置文件 applicationContext.xml，代码详见程序清单 10.4。
applicationContext.xml：

```xml
<?xml version="1.0" encoding="UTF-8"?>
<beans xmlns="http://www.springframework***.org/schema/beans"
    xmlns:xsi="http://www.w3.org/2001***/XMLSchema-instance"
    xmlns:p="http://www.springframework***.org/schema/p"
    xmlns:mybatis-spring="http://mybatis***.org/schema/mybatis-spring"
    xsi:schemaLocation="http://www.springframework***.org/schema/beans
                http://www.springframework***.org/schema/beans/spring-beans.xsd">

    <!-- 加载数据库属性文件 -->
    <bean id="config" class="org.springframework.beans.
          factory.config.PreferencesPlaceholderConfigurer">
        <property name="locations">
            <list>
                <value>classpath:db.properties</value>
            </list>
        </property>
    </bean>

    <!-- 配置数据库连接池（使用 Druid 接池）-->
    <bean id="dataSource"
        class="com.alibaba.druid.pool.DruidDataSource "
        destroy-method="close">
        <property name="driverClassName" value="${driver}"/>
        <property name="url" value="${url}"/>
        <property name="username" value="${username}"/>
        <property name="password" value="${password}"/>
        <property name="maxActive" value="10"/>
        <property name="maxIdle" value="5"/>
    </bean>
    <!—配置 MyBatis 需要的 sqlSessionFactory -->
```

```xml
<bean id="sqlSessionFactory" class="org.mybatis.spring.SqlSessionFactoryBean">
    <!--数据库连接池 -->
    <property name="dataSource" ref="dataSource"/>
    <!--配置 XML 映射文件的位置，如果 XML 文件和 xxxxMapper.java 文件在同一个目录中则不需要这个属性 -->
    <property name="mapperLocations" value="classpath*:org/lanqiao/ooptest/dao/xml/*.xml" />
    <!--加载 MyBatis 的全局配置文件 -->
    <property name="configLocation" value="classpath:mybatis-config.xml"/>
</bean>
</beans>
```

程序清单 10.4

在 Spring 配置文件中，配置了 Druid 连接池和 MyBatis 要使用的 SqlSessionFactory 对象。Spring 配置文件中的 db.properties，代码详见程序清单 10.5。

db.properties：

```
driver=com.mysql.jdbc.Driver
url=jdbc:mysql://127.0.0.1:3306/lanqiaodb?useSSL=false&amp;characterEncoding=utf8
username=root
password=zhangQiang@123
```

程序清单 10.5

4．注册或发现映射接口文件

接下来，在 Spring 配置文件中将 MyBatis 逆向生成的 StudentMapper.java 映射接口注册到 Spring IoC 中。

注册映射接口通常可以采用以下方式，即在 Spring 配置文件中配置 Bean，代码如下：

```xml
<bean id="studentMapper" class="org.mybatis.spring.mapper.MapperFactoryBean">
    <property name="mapperInterface" value="org.lanqiao.ooptest.dao.StudentMapper" />
    <property name="sqlSessionFactory" ref="sqlSessionFactory" />
</bean>
```

注意，id 为 studentMapper 的 Bean 的 class 是 org.mybatis.spring.mapper.MapperFactoryBean。这个 Bean 需要两个属性，其中，一个属性是 mapperInterface，用来指定通过工厂类 MapperFactoryBean 产生的是哪个映射接口；另一个属性则是 sqlSessionFactory。

但是，如果项目中有大量的接口映射文件，则一般采用组件扫描的方式让 Spring 框架主动查找映射接口。这种方式的本质就是在 Spring 配置文件中加入元素<mybatis-spring:scan/>，要想使用该元素，则应在 Spring 配置文件中添加 mybatis-spring 命名空间，如图 10.2 所示。

接下来，在 applicationContext.xml 文件中加入元素<mybatis-spring:scan/>，代码如下：

```xml
<mybatis-spring:scan base-package="org.lanqiao.ooptest.dao" />
```

在使用自动发现映射接口文件的配置标签时，只有一个必要的属性 base-package，该属性的值是映射接口所在的包名。在本节的实例中，我们采用自动发现映射接口的配置方法，完整的 applicationContext.xml 文件的代码详见程序清单 10.6。

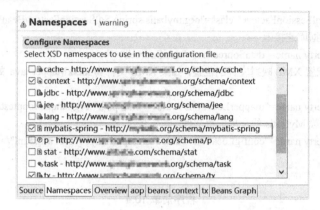

图 10.2 添加 mybatis-spring 命名空间

```xml
<?xml version="1.0" encoding="UTF-8"?>
<beans xmlns="http://www.springframework***.org/schema/beans"
    xmlns:xsi="http://www.w3.org/2001***/XMLSchema-instance"
    xmlns:p=http://www.springframework***.org/schema/p
    xmlns:mybatis-spring="http://mybatis***.org/schema/mybatis-spring"
    xsi:schemaLocation="http://www.springframework***.org/schema/beans
                        http://www.springframework***.org/schema/beans/spring-beans.xsd">

    <!-- 加载数据库属性文件 -->
    <bean id="config" class="org.springframework.beans.
            factory.config.PreferencesPlaceholderConfigurer">
        <property name="locations">
            <list>
                <value>classpath:db.properties</value>
            </list>
        </property>
    </bean>
    <!-- 配置数据库连接池（使用 Druid 连接池）-->
    <bean id="dataSource"
          class="com.alibaba.druid.pool.DruidDataSource "
          destroy-method="close">
        <property name="driverClassName" value="${driver}"/>
        <property name="url" value="${url}"/>
        <property name="username" value="${username}"/>
        <property name="password" value="${password}"/>
        <property name="maxActive" value="10"/>
        <property name="maxIdle" value="5"/>
    </bean>
    <!--配置 MyBatis 需要的 sqlSessionFactory -->
    <bean id="sqlSessionFactory" class="org.mybatis.spring.SqlSessionFactoryBean">
        <!--数据库连接池 -->
        <property name="dataSource" ref="dataSource"/>
        <!--配置 XML 映射文件的位置，如果 XML 文件和 xxxxMapper.java 文件在同一个目录中，
```

则不需要这个属性 -->
                <property name="mapperLocations" value="classpath*:org/lanqiao/ooptest/dao/xml/*.xml" />
                <!--加载 MyBatis 的全局配置文件 -->
                <property name="configLocation" value="classpath:mybatis-config.xml"/>
        </bean>
        <!-- 配置自动发现映射接口文件-->
        <mybatis-spring:scan base-package="org.lanqiao.ooptest.dao" />
</beans>

程序清单 10.6

至此，完成了 Spring 框架和 MyBatis 的整合，我们在测试类 Test.java 中通过 Spring 应用上下文 Context 获取 StudentMapper 实例时，使用的 Bean 的 id 必须是映射接口的类名首字母改成小写后的字符串。例如，在程序清单 10.7 中获取 StudentMapper 实例的代码。

Test.java：

```
//import...
public class Test{
    public static void main(String[] args){
        ApplicationContext context = new ClassPathXmlApplicationContext("applicationContext.xml");
        StudentMapper studentMapper = (StudentMapper) context.getBean("studentMapper");
        Student student = studentMapper.selectByPrimaryKey(31);
        System.out.println(student);
    }
}
```

程序清单 10.7

执行测试类，运行结果如图 10.3 所示。

图 10.3 运行结果（一）

10.3 Spring 整合 MyBatis 后的事务管理

事务管理是数据库操作的一个重点，将 MyBatis 整合到 Spring 框架中后，我们可以使用 Spring 框架的声明式事务管理功能，或者注解式事务管理功能。

1．声明式事务管理

在配置声明式事务管理之前，我们先在现有项目的 src 目录下创建一个存放服务代码接口的包和一个存放服务类的包。包名称、服务接口名称及服务类名称如图 10.4 所示。

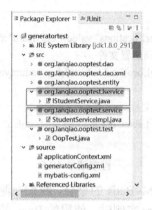

图 10.4 包名称、服务接口名称及服务类名称

接口 IStudentService.java 的代码详见程序清单 10.8。

```java
public interface IStudentService{
    //增加学生
    boolean addStudent(Student student);
    //删除学生
    boolean deleteStudentByNo(int stuNO);
}
```

程序清单 10.8

服务类 StudentService.java 的代码详见程序清单 10.9。

```java
public class StudentServiceImpl implements IStudentService {
    StudentMapper stuDao;
    @Override
    public boolean addStudent(Student student) {
        int count = stuDao.insert(student);
        return (count == 1);
    }
    @Override
    public boolean deleteStudentByNo(int stuNO) {
        int count = stuDao.deleteByPrimaryKey(stuNO);
        return (count == ? true:false);
    }
    // setter 方法
    public void setStuDao(StudentMapper stuDao) {
        this.stuDao = stuDao;
    }
}
```

程序清单 10.9

声明式事务管理是一种将事务管理和 Spring AOP 相结合的处理方法,即将事务处理的固定模式作为一个切面进行方法模块化处理,进而借助 Spring AOP 框架将这个切面应用到需要的切入点中。

使用 Spring 框架的声明式事务管理功能之前，应在 Spring 配置文件中对事务处理器进行配置，代码如下：

```xml
<bean id="transactionManager" class="org.springframework.jdbc.datasource.DataSourceTransactionManager">
    <constructor-arg ref="dataSource" />
</bean>
```

接下来，配置声明式事务处理，即配置事务通知，代码如下：

```xml
<!-- 配置基于 XML 的声明式事务，必须先引入 tx 命名空间 -->
    <tx:advice id="testTx" transaction-manager="txManager">
        <tx:attributes>
            <!-- 设置具体方法的事务属性 -->
            <tx:method name="get*" read-only="true"/>
            <tx:method name="add*"
                isolation="READ_COMMITTED"
                propagation="REQUIRES_NEW"
                rollback-for="Exception"
                read-only="false"
                timeout="10"/>
        </tx:attributes>
    </tx:advice>
```

最后，配置事务切面，同时将事务通知织入切面中，即通过配置<aop:pointcut/>来确定需要在哪些类的哪些方法上执行事务管理。例如，对 org.lanqiao.ooptest.service 包下面的所有类的所有方法配置事务切面，代码如下：

```xml
    <!-- 配置事务切面 -->
    <aop:config>
        <aop:pointcut  id="txPointCut"
            expression="execution(* org.lanqiao.ooptest.service.*.*(..))"
            />
        <!-- 将切入点表达式和事务属性配置关联到一起 -->
        <aop:advisor advice-ref="testTx" pointcut-ref="txPointCut"/>
    </aop:config>
```

添加了声明式事务管理之后的 applicationContext.xml 文件，代码详见程序清单 10.10。
applicationContext.xml：

```xml
<beans xmlns="http://www.springframework***.org/schema/beans"
    xmlns:xsi="http://www.w3.org/2001***/XMLSchema-instance"
    xmlns:aop="http://www.springframework***.org/schema/aop"
    xmlns:context="http://www.springframework***.org/schema/context"
    xmlns:tx="http://www.springframework***.org/schema/tx"
    xmlns:mybatis-spring="http://mybatis***.org/schema/mybatis-spring"
    xsi:schemaLocation="http://mybatis***.org/schema/mybatis-spring
    http://mybatis***.org/schema/mybatis-spring-1.2.xsd
        http://www.springframework***.org/schema/beans
        http://www.springframework***.org/schema/beans/spring-beans.xsd
```

```
                http://www.springframework***.org/schema/context
                http://www.springframework***.org/schema/context/spring-context-4.3.xsd
                http://www.springframework***.org/schema/aop
                http://www.springframework***.org/schema/aop/spring-aop-4.3.xsd
                http://www.springframework***.org/schema/tx
                http://www.springframework***.org/schema/tx/spring-tx-4.3.xsd">
    <!--dataSource、sqlSessionFactory 和映射接口自动发现配置都不变-->
    ...
    <bean id="studentService"
        class="org.lanqiao.ooptest.service.StudentServiceImpl">
        <property name="stuDao" ref="studentMapper"></property>
    </bean>

    <!-- 配置事务管理类 -->
    <bean id="txManager"
        class="org.springframework.jdbc.datasource.DataSourceTransactionManager">
        <property name="dataSource" ref="dataSource" />
    </bean>

    <!-- 配置事务切面 -->
    <aop:config>
        <aop:pointcut id="txPointCut"
            expression="execution(* org.lanqiao.ooptest.service.*.*(..))" />
        <!-- 将切入点表达式和事务属性配置关联到一起 -->
        <aop:advisor advice-ref="testTx" pointcut-ref="txPointCut" />
    </aop:config>

    <!-- 配置基于 XML 的声明式事务,必须先引入 tx 命名空间 -->
    <tx:advice id="testTx" transaction-manager="txManager">
        <tx:attributes>
            <!-- 设置具体方法的事务属性 -->
            <!-- <tx:method name="add*"/> -->
            <tx:method name="get*" read-only="true" />
            <tx:method name="*" isolation="READ_COMMITTED"
                propagation="REQUIRES_NEW" rollback-for="Exception"
                read-only="false" timeout="10" />
        </tx:attributes>
    </tx:advice>
</beans>
```

程序清单 10.10

修改测试类代码,详见程序清单 10.11。

```
public class Test {
    public static void main(String[] args) {
        ApplicationContext context =new    ClassPathXmlApplicationContext("applicationContext.xml");
        IStudentService stuService = (IStudentService) context.getBean("studentService");
```

第 10 章　Spring 整合 MyBatis

```
        Student student = new Student();
        student.setStuAge(20);
        student.setStuName("小明");
        stuService.addStudent(student);
    }
}
```

程序清单 10.11

执行测试类，运行结果如图 10.5 所示。在控制台的输入日志中，我们可以看到事务执行了提交操作。

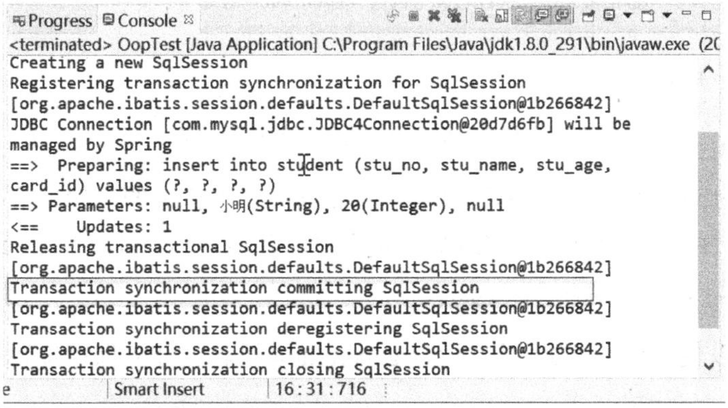

图 10.5　运行结果（二）

接下来，测试事务的回滚操作，我们要人为地让测试代码产生一个异常，所以我们将一个字符长度大于 10 的字符串赋值给程序清单 10.11 中的学生姓名，其原因是在程序清单 10.1 的数据库建表语句中，我们为 stu_name 字段设定的字符长度为 10。学生姓名赋值代码如下：

```
student.setStuName("小明小明小明小明小明小明");
```

修改测试类代码后重新运行程序，我们可以看到控制台的输出日志如图 10.6 所示。

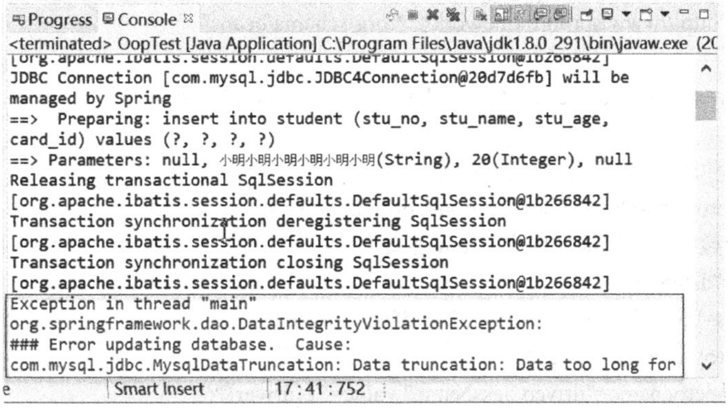

图 10.6　控制台的输出日志

从图 10.6 中可以看到，由于字符串超过数据库表定义的字符长度，事务没有执行提交操作，同时程序抛出异常。打开 MySQL 数据库的执行日志，可以看到程序代码向数据库提交

197

了 rollback 操作。MySQL 数据库的执行日志如图 10.7 所示。

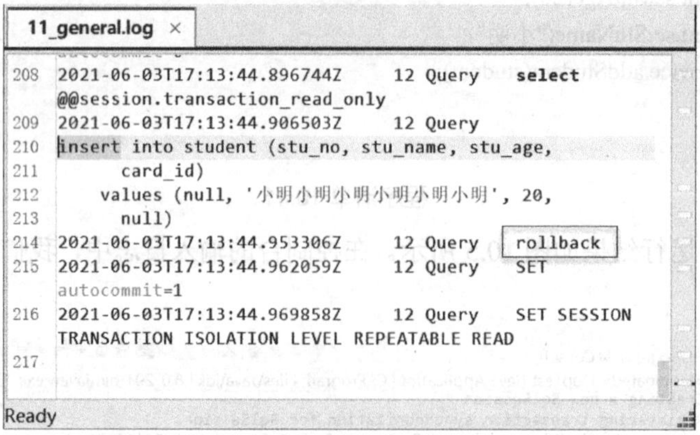

图 10.7 MySQL 数据库的执行日志

MySQL 数据库在默认情况下是不开启 general.log 日志记录的，如果我们想让 general.log 日志查看 SQL 执行记录，则可以执行以下 SQL 语句开启 general.log 日志记录，代码如下：

```
set global general_log=on; -- 开启日志记录
```

同时，也可以使用以下 SQL 语句设定 general.log 日志文件的保存位置，代码如下：

```
set global general_log_file='tmp/general.lg'; -- 设置日志文件的保存位置
```

2. 注解式事务管理

除了声明式事务管理功能，我们也可以使用注解式事务功能。下面我们对本节的项目代码做一次全面的修改，让项目代码全面支持注解。要想全面支持注解，首先应在 Spring 配置文件中添加组件扫描标签和注解式事务支持标签，同时删除声明式事务的配置项。修改后的 Spring 配置文件的代码详见程序清单 10.12。

applicationContext.xml：

```xml
<?xml version="1.0" encoding="UTF-8"?>
<beans xmlns="http://www.springframework***.org/schema/beans"
    ...
    http://www.springframework***.org/schema/tx/spring-tx-4.3.xsd">

    <!--另一种加载数据库属性文件的方式 -->
    <context:property-placeholder location="db.properties"/>
    <!-- 配置数据库连接池（使用 Druid 连接池）-->
    <bean id="dataSource"
        class="com.alibaba.druid.pool.DruidDataSource "
        destroy-method="close">
        <property name="driverClassName" value="${driver}"/>
        <property name="url" value="${url}"/>
        <property name="username" value="${username}"/>
        <property name="password" value="${password}"/>
        <property name="maxActive" value="10"/>
```

```xml
        <property name="maxIdle" value="5"/>
</bean>
<!-- 配置SQLSession工厂 -->
<bean id="sqlSessionFactory"
        class="org.mybatis.spring.SqlSessionFactoryBean">
    <property name="dataSource" ref="dataSource" />
    <property name="mapperLocations"
            value="classpath*:org/lanqiao/ooptest/dao/xml/*.xml" />
    <property name="configLocation"
            value="classpath:mybatis-config.xml" />
</bean>
<!--自动发现映射接口 -->
<mybatis-spring:scan
        base-package="org.lanqiao.ooptest.dao" />
<!--spring 扫描包配置 -->
<context:component-scan base-package="org.lanqiao.ooptest.*"/>
<!-- 配置事务管理类 -->
<bean id="txManager" class="org.springframework.jdbc.datasource.DataSourceTransactionManager">
    <property name="dataSource" ref="dataSource" />
</bean>
<!-- 开启注解式事务支持 -->
<tx:annotation-driven  transaction-manager="txManager" />
</beans>
```

程序清单 10.12

MyBatis 相关的 Java 代码和 XML 文件都不做修改，我们只修改 service 文件和测试文件就可以了。修改后的 StudentServiceImpl.java 的代码详见程序清单 10.13。

StudentServiceImpl.java：

```java
@Service
public class StudentServiceImpl implements IStudentService {
    @Autowired
    StudentMapper studentMapper;

    @Override
    @Transactional(propagation = Propagation.REQUIRES_NEW,
                    isolation = Isolation.READ_COMMITTED,
                    rollbackFor = Exception.class)
    public boolean addStudent(Student student) {
        int count = studentMapper.insert(student);

        return (count == 1);
    }
    @Override
    public boolean deleteStudentByNo(int stuNO) {
        int count = studentMapper.deleteByPrimaryKey(stuNO);
        return (count == 1);
```

```
        }
    }
```

程序清单 10.13

在程序清单 10.13 的显示服务类中，我们先给类添加了注解@Service，然后对 StrudentMapper 类的 Bean 使用@Autowired 注解实现了自动装载，最后在 addStudent()方法上使用@Transactional 注解添加了事务管理，同时为这个方法的事务添加了事务传播、事务隔离级别、提交事务回滚的限制条件。

修改后的测试类 Test.java 的代码详见程序清单 10.14。

Test.java：

```
public class Test {
    public static void main(String[] args) {
        ApplicationContext context =new     ClassPathXmlApplicationContext("applicationContext.xml");
        IStudentService stuService = (IStudentService) context.getBean("studentServiceImpl");
        Student student = new Student();
        student.setStuAge(20);
        student.setStuName("小明");
        stuService.addStudent(student);
    }
}
```

程序清单 10.14

在程序清单 10.14 的测试代码中，我们看到在获取服务类 Bean 时，Bean 的 id 必须是类名首字母小写后的全名称字符串，如 context.getBean("studentServiceImpl")。执行测试代码后，我们可以看到无论是控制台的输出日志还是 MySQL 数据库的执行日志都和声明式事务管理是一样的。

10.4 本章小结

本章主要讲解了使用 mybatis-spring.jar 实现 Spring 框架和 MyBatis 的整合（集成），读者应注意以下三项内容。

（1）将 MyBatis 的 SqlSessionFactory 的实例化委托给 Spring IoC 来完成。在 mybatis-spring.jar 中，提供了 SqlSessionFactoryBean 来生成 SqlSessionFactory。

（2）将 MyBatis 的映射接口加入 Spring IoC 中，有两种方式可以实现：方式一，配置一个 Bean，让 org.mybatis.spring.mapper.MapperFactoryBean 类实例化已配置的 xxxxMapper 的实例；方式二，使用 mybatis-spring 提供的映射接口扫描，自动加载 MyBatis 的映射接口。

（3）事务管理。MyBatis 和 Spring 框架集成后，MyBatis 直接参与了 Spring 框架的事务管理，MyBatis 依靠 Spring 框架中的 DataSourceTransactionManager 实现事务管理。在 Spring 框架中，一般在 Spring 配置文件中通过 AOP 的方式配置声明式事务管理，以及使用注解的方式实现事务管理。

10.5 本章练习

简答题

(1) 使用 jar 包 mybatis-spring.jar 整合 Spring 框架和 MyBatis 时，mybatis-spring.jar 为整合过程提供了哪些便利操作？

(2) 如何在 Spring 配置文件中加载并读取数据库属性文件？

(3) 整合 Spring 框架和 MyBatis 时，能否省略 MyBatis 的配置文件？

(4) 能否使用<context:component-scan />替换<mybatis-spring:scan/>？

(5) 整合 Spring 框架和 MyBatis 后，事务管理有哪些要特别处理的内容？

第 11 章

Spring MVC

本章简介

Spring IoC 和 Spring AOP 是学习 Spring 框架的基础,读者在掌握了这两项技术后,就可以学习 Spring MVC、Spring Boot 等其他 Spring 框架的扩展技术了。

从本章开始,将介绍 Spring MVC。Spring MVC 是一种框架,它的功能与 Servlet、Struts2 等框架的功能类似,都作为项目中的控制器使用,但 Spring MVC 凭借其简洁的代码和优秀的体系结构,已经成为目前最流行的控制器框架之一。

11.1 Spring MVC 入门

Spring MVC 通过实现 MVC 模式,很好地将数据、业务与展现进行了分离。从 MVC 的角度来说,Spring MVC 和 Struts2 非常类似,但 Spring MVC 采用了可插拔的组件结构,具有可扩展性和灵活性。自 Spring 3.0 版本后,Spring MVC 已经全面超越了 Struts2,成为目前最流行的 MVC 框架。

使用 Spring MVC 有"基于 XML 配置文件"和"基于注解"两种形式,本书采用了目前使用比较广泛的"基于注解"形式。

11.1.1 Spring MVC 的获取

Spring MVC 属于 Spring FrameWork 的后续产品。读者可以找到开发 Spring 框架所使用的 spring-framework-5.1.8.RELEASE-dist.zip,将其解压,其中的 libs 文件夹包含了开发 Spring MVC 所依赖的 jar 文件,如表 11.1 所示。

表 11.1 开发 Spring MVC 所依赖的 jar 文件

序 号	文 件 名	简 介
1~4	spring-aop-5.xx.RELEASE.jar spring-beans-5.xx.RELEASE.jar spring-context-5.xx.RELEASE.jar spring-core-5.xx.RELEASE.jar	这 4 个 jar 文件已经在 Spring 框架中讲解过,在此不再赘述

续表

序号	文件名	简介
5	spring-expression-5.xx.RELEASE.jar	用于支持 Spring 表达式语言的类库
6	spring-web-5.xx.RELEASE.jar	在 Web 应用开发过程中，使用 Spring 框架时所需的核心类库
7	spring-webmvc-5.xx.RELEASE.jar	Spring MVC 相关的所有类，如国际化、标签、Theme、FreeMarker 等相关类

和开发 Spring 框架一样，为了支持 Spring MVC 处理日志，还需要 commons-logging.jar。以上 8 个 jar 文件，就是使用 Spring MVC 时需要导入的 jar 文件。

说明：以上 8 个 jar 文件是开发 Spring MVC 的基础，但随着学习的深入，以后可能会逐步导入更多的 jar 文件。若项目因为缺少 jar 文件而运行失败，Eclipse 等开发工具都会给出错误提示，读者可以根据提示内容，查找并导入所缺的 jar 文件。

11.1.2 开发第一个 Spring MVC 程序

下面先通过一个简单的示例，演示使用 Spring MVC 的基本流程。

1．创建 Web 项目

创建一个 Web 项目（项目名为 Spring MVCDemo），导入 11.1.1 节介绍的 8 个 jar 文件。

2．创建配置文件

在 src 目录下创建 Spring MVC 的配置文件 springmvc.xml。

在安装了 Spring Tool Suite 的 Eclipse 中，创建配置文件，步骤如下。

右击 src 目录，在弹出的快捷菜单中选择"New"→"Spring Bean Configuration File"选项，在弹出的对话框中输入配置文件名 springmvc.xml，单击"Finish"按钮，弹出配置文件对话框，选择"Namespaces"选项卡，选中 beans、context 及 mvc 前面的复选框，如图 11.1 所示。

图 11.1 引入命名空间

3．配置前置控制器

在 web.xml 中配置前置控制器 DispatcherServlet，用于拦截与 <url-pattern> 相匹配的请求，

代码详见程序清单 11.1。

web.xml：

```xml
<servlet>
    <servlet-name>springDispatcherServlet</servlet-name>
    <servlet-class>
        org.springframework.web.servlet.DispatcherServlet
    </servlet-class>
    <init-param>
        <param-name>contextConfigLocation</param-name>
        <param-value>classpath:springmvc.xml</param-value>
    </init-param>
    <load-on-startup>1</load-on-startup>
</servlet>

<servlet-mapping>
    <servlet-name>springDispatcherServlet</servlet-name>
    <url-pattern>/</url-pattern>
</servlet-mapping>
```

程序清单 11.1

根据程序清单 11.1，我们可以得出以下结论。

(1) 通过<url-pattern>指定了 DispatcherServlet 拦截的请求是所有请求（"/"）。拦截后即交给 Spring MVC 处理。Spring MVC 中常见的<url-pattern>值如表 11.2 所示。

表 11.2 常见的<url-pattern>值

<url-pattern>值	含 义
/	所有请求，注意不能是/* 。 /：所有请求。 /user：以 user 开头的所有请求。 /user/pay.action：/user/pay.action 这个唯一的请求。 此方式会导致静态资源（css、js、图片等）无法正常显示，后续会讲解处理办法
.do 或.action 等	固定后缀的请求路径，如*.action 表示/save.action、/user/save.action 等所有以.action 结尾的请求

(2) 通过<load-on-startup>设置 DispatcherServlet 随着服务（如 Tomcat）的启动而同时启动。

(3) 通过 contextConfigLocation 的<param-value>值，指定了 Spring MVC 配置文件的路径，即资源路径（如 src 目录）中的 springmvc.xml 文件。若不设置此<init-param>，则会根据 Spring MVC 的默认约定，自动加载 WEB-INF 目录中的<servlet-name>-servlet.xml。

例如，上述 web.xml 中配置 DispatcherServlet 的<servlet-name>是 springDispatcherServlet，则默认路径就是 WEB-INF/springDispatcherServlet-servlet.xml。

配置完 contextConfigLocation 后，Spring MVC 就会随着服务（如 Tomcat）的启动而自动初始化。

4. 开发前端请求页面

index.jsp：

```
...
<body>
    <a href="firstSpring MVC">My First Spring MVC Demo</a>
</body>
...
```

在上述代码中,使用超链接向 web.xml 中的<url-pattern>发送一个可以被拦截的请求,然后交由 Spring MVC 处理。

5. 开发请求处理类

开发请求处理类,代码详见程序清单 11.2。

FirstSpringDemo.java:

```
package org.lanqiao.handler;

import org.springframework.stereotype.Controller;
import org.springframework.web.bind.annotation.RequestMapping;

@Controller
public class FirstSpringDemo{
    @RequestMapping("/firstSpring MVC")
    public String welcomeToSpring MVC(){
        return "success";
    }
}
```

程序清单 11.2

在程序清单 11.2 中,使用@Controller 注解标识的本类是一个 Spring MVC Controller 对象;使用@RequestMapping 注解映射请求的 URL。

例如,在 index.jsp 中发出的请求/firstSPringMVC,将会被映射到@RequestMapping ("/firstSPringMVC")所标识的方法中进行处理。

6. 编写 Spring MVC 配置文件

将 Spring MVC 的路径设置在 src 目录下,并且将配置文件命名为 springmvc.xml,代码详见程序清单 11.3。

springmvc.xml:

```
<?xml version="1.0" encoding="UTF-8"?>
<beans xmlns="http://www.springframework***.org/schema/beans"
       xmlns:xsi="http://www.w3.org/2001***/XMLSchema-instance"
       xmlns:context="http://www.springframework***.org/schema/context"
       xmlns:mvc="http://www.springframework***.org/schema/mvc"
       xsi:schemaLocation="http://www.springframework***.org/schema/mvc
                    http://www.springframework***.org/schema/mvc/spring-mvc-4.2.xsd
                    http://www.springframework***.org/schema/beans
                    http://www.springframework***.org/schema/beans/spring-beans.xsd
                    http://www.springframework***.org/schema/context
                    http://www.springframework***.org/schema/context/spring-context-4.2.xsd">
```

```xml
<!-- 配置需要扫描的包 -->
<context:component-scan base-package="org.lanqiao.handler">
</context:component-scan>

<!-- 配置视图解析器：把请求处理类的返回值，加工成最终的视图路径-->
<bean class="org.springframework.web.servlet.view.InternalResourceViewResolver">
    <property name="prefix" value="/views/"></property>
    <property name="suffix" value=".jsp"></property>
</bean>
</beans>
```

程序清单 11.3

根据程序清单 11.3，我们可以得出以下结论。

（1）通过<context:component-scan>将请求处理类（FirstSpringDemo.java）所在的包交给 Spring MVC 扫描。Spring MVC 在接收到请求后，就会在该包内寻找标记了@Controller 的处理类，再在找到的处理类中寻找标记了@RequestMapping 的处理方法。若找到的请求路径和处理方法相匹配，就会用该处理方法处理此请求。

例如，前台<a href="firstSPringMVC">…</a>发送了一个路径为 firstSPringMVC 的请求；而在<context:component-scan>所在的包中，恰好有一个请求处理类（FirstSpringDemo.java）的 welcomeToSpring MVC()方法被标记了@RequestMapping("/firstSPringMVC")，其中参数 /firstSPringMVC 正好与发送的请求 firstSPringMVC 代表同一个路径，Spring MVC 就会用 welcomeToSpring MVC()方法处理该请求。

（2）通过<bean>指定视图解析器为 InternalResourceViewResolver 类型。

此解析器会把"请求处理类中处理方法的返回值"按照"前缀+方法返回值+后缀"的形式进行加工，并把加工后的返回值作为目的路径进行跳转。

此解析器的常见 property 属性值如表 11.3 所示。

表 11.3 property 属性值

属　性	简　介
prefix	给"请求处理类中处理方法的返回值"加上前缀，前缀就是该<property>的 value 值
suffix	给"请求处理类中处理方法的返回值"加上后缀，后缀就是该<property>的 value 值

例如，假设请求处理类 FirstSpringDemo.java 的处理方法 welcomeToSpring MVC()的返回值是 success，则会给 success 加上前缀"/views/"和后缀".jsp"，即加工后的返回值是 "/views/success.jsp"。最后就会跳转到/views/success.jsp 页面。

7．开发前端结果显示页面

success.jsp：

```
…
<body>
    Welcome to Spring MVC
</body>
…
```

部署项目并执行 index.jsp，结果如图 11.2 所示。

图 11.2　运行结果（一）

执行超链接<a href="firstSpring MVC">My First Spring MVC Demo</a>，结果如图 11.3 所示。

图 11.3　运行结果（二）

可以发现，该请求跳转到了超链接所指向的 firstSpring MVC 路径，再通过请求跳转到了结果页/views/success.jsp。

11.2　Spring MVC 映射

在 Spring MVC 中，使用最频繁的技术就是映射。本节通过注解的方式，讲解 Spring MVC 中的一些常用映射，以及映射的具体使用方法。此外，本章还会介绍一种非常流行的编程风格——REST。

11.2.1　@RequestMapping

之前，我们将@RequestMapping 注解放在方法之上，用于给方法绑定一个请求映射。除此之外，@RequestMapping 注解还可以放在类的上面。例如，给前文所述的请求处理类（FirstSpringDemo.java）的类名上也添加一个@RequestMapping 注解，代码详见程序清单 11.4。

FirstSpringDemo.java：

```
…
@Controller
@RequestMapping("/FirstSpringDemo")
public class FirstSpringDemo{
    @RequestMapping("/firstSpring MVC")
    public String welcomeToSpring MVC(){
        System.out.println("welcome to springMVC");
        return "success";
```

```
    }
}
```

程序清单 11.4

在类前面添加了@RequestMapping 注解后，前端发来的请求就不能直接匹配方法上面的@RequestMapping 了，而应该先匹配类前面的@RequestMapping 值，再匹配方法前面的@RequestMapping。

因此，方法前面的@RequestMapping 值是相对于类前面的@RequestMapping 值的。如果类的前面不存在@RequestMapping，则方法前面的@RequestMapping 值就是相对于项目根目录的。

例如，在类前面添加了@RequestMapping("/FirstSpringDemo")后，前台就必须通过以下路径来访问，代码如下。

index.jsp：

```
...
<body>
    <a href="FirstSpringDemo/firstSpring MVC">
        My First Spring MVC Demo
    </a>
</body>
...
```

也就是说，先通过 FirstSpringDemo 匹配类前面的@RequestMapping("/FirstSpringDemo")，再通过 firstSpring MVC 匹配方法前面的@RequestMapping("/firstSpring MVC")。

@RequestMapping 注解的常用属性如表 11.4 所示。

表 11.4 @RequestMapping 注解的常用属性

属 性	简 介
value	指定请求的实际 URL 地址，属性名 value 可省略。 例如，@RequestMapping("/firstSpring MVC")等价于@RequestMapping(value="/firstSpring MVC")
method	指定请求方式，包含 GET（默认）、POST、PUT、DELETE 等；可以通过枚举类 RequestMethod 设置，如 method=RequestMethod.POST
params	规定请求中的参数值必须满足一定的条件。params 本身是一个字符串数组
headers	规定请求中的请求头（header）必须满足一定的条件

1．method 属性

因为超链接本身采用 GET 方式提交请求，所以若前台仍然通过<a href="FirstSpringDemo/firstSpring MVC">...</a>发送请求，则处理类必须使用 GET 方式才能接收到此请求。如果使用 POST 等其他方式，那么无法接收到该请求，代码详见程序清单 11.5。

FirstSpringDemo.java：

```
...
@Controller
@RequestMapping(value="/FirstSpringDemo")
public class FirstSpringDemo{
```

```
    @RequestMapping(value="/firstSpring MVC",method=RequestMethod.POST)
    public String welcomeToSpring MVC(){
        return "success";
    }
}
…
```

程序清单 11.5

如果执行其中的超链接，运行结果如图 11.4 所示。提示"请求方法不支持 GET 方式"。

图 11.4 运行结果（三）

下面尝试把超链接替换成以下 POST 方式的表单提交超链接，代码如下。
index.jsp：

```
…
<body>
    <form action="FirstSpringDemo/firstSpring MVC" method="POST">
        <input type="submit" value="POST 方式提交"/>
    </form>
</body>
…
```

执行 POST 方式的表单提交超链接后，程序又会正常运行。

2．params 属性

例如，通过超链接加入两个请求参数，代码如下。
index.jsp：

```
…
<body>
    <a href="FirstSpringDemo/requestWithParams?name=zhangsan&age=20">
        requestWithParams...
    </a>
</body>
…
```

再通过 params 检查请求中的参数是否符合要求，代码详见程序清单 11.6。
FirstSpringDemo.java：

```
...
@Controller
@RequestMapping(value="/FirstSpringDemo")
public class FirstSpringDemo{
    @RequestMapping(value="/requestWithParams",params={"name","age!=23"})
    public String requestWithParams() {
        return "success";
    }
}
...
```

程序清单 11.6

以上请求通过 params 规定请求参数必须包含 name 参数，并且 age!=23，之前发来的请求"…?name=zhangsan&age=20"符合要求，因此可以被该方法接收并处理。如果发送的请求参数是"…?name=zhangsan&age=23"或"…? age=23"，则不符合 params 规定，就会引发"404"异常。

params 支持的表达式如表 11.5 所示。

表 11.5 params 支持的表达式

表达式	简介
paramName	必须包含参数名为 paramName 的参数
!paramName	不能包含参数名为 paramName 的参数
paramName! =paramValue	必须包含参数名为 paramName 的参数，但参数值不能是 paramValue

3. headers 属性

Spring MVC 用 headers 约束"参数"，也用 headers 约束"请求头"。用户可以在 Chrome 浏览器里按 F12 键查看每次请求的"请求头"，如图 11.5 所示。

图 11.5 请求头

"请求头"指明了请求所携带的 MIME 类型、字符集等信息。

例如，可以通过 headers 指定请求头中的 accept-language 必须是 zh-CN,zh;q=0.9;，以及 accept-encoding 必须是 gzip, deflate,br，代码详见程序清单 11.7。

FirstSpringDemo.java：

```
…
    @RequestMapping(value="/requestWithHeaders",
    headers={"accept-language=zh-CN,zh;q=0.9",
            "accept-encoding=gzip, deflate,br"})
    public String requestWithHeaders(){
        return "success";
    }
…
```

程序清单 11.7

关于"请求头"的知识，读者可以查阅相关资料，本书不作为重点内容讲解。

11.2.2 Ant 风格

Spring MVC 除支持传统方式的请求外，还支持 Ant 风格的请求路径。

Ant 风格的请求路径支持三种通配符，如表 11.6 所示。

表 11.6 Ant 风格支持的通配符

通配符	简介
?	匹配任何单字符
*	匹配 0 或任意数量的字符
**	匹配 0 或更多的目录

例如，在处理方法前配置@RequestMapping(value="/requestWithAntPath/*/test")，表示在请求路径的 requestWithAntPath 和 test 之间可以输入任意字符，代码详见程序清单 11.8。

FirstSpringDemo.java：

```
…
@Controller
@RequestMapping(value="/FirstSpringDemo")
public class FirstSpringDemo{
    @RequestMapping(value="/requestWithAntPath/*/test")
    public String requestWithAntPath(){
        return "success";
    }
…
}
```

程序清单 11.8

如果前端发送以下请求，则可以匹配到 requestWithAntPath()方法，代码如下。

index.jsp：

```
...
<body>
    <a href="FirstSpringDemo/requestWithAntPath/lanqiao/test">
        requestWithAntPath...
    </a>
...
</body>
...
```

其他 Ant 风格示例如表 11.7 所示。

表 11.7 其他 Ant 风格示例

请 求 路 径	匹配的示例
/requestWithAntPath/**/test	/requestWithAntPath/a/b/test、/requestWithAntPath/test 等
/requestWithAntPath/test??	/requestWithAntPath/testxy、/requestWithAntPath/testqq 等

11.2.3 使用@PathVariable 获取动态参数

在 Spring MVC 中，可以使用@PathVariable 获得请求路径的动态参数。

例如，通过前端传入一个参数 9527，代码如下。

index.jsp：

```
...
<body>
    <a href="FirstSpringDemo/requestWithPathVariable/9527">
        requestWithPathVariable...
    </a>
</body>
...
```

处理方法就可以通过@PathVariable 获取此参数值，代码详见程序清单 11.9。

FirstSpringDemo.java：

```
...
@Controller
@RequestMapping(value="/FirstSpringDemo")
public class FirstSpringDemo{
    @RequestMapping(value="/requestWithPathVariable/{id}")
    public String
    requestWithPathVariable(@PathVariable("id") Integer id) {
        System.out.println("id:"+id);
        return "success";
    }
}
...
```

程序清单 11.9

从上述代码中可以看出，通过@RequestMapping(value="/requestWithPathVariable/{id}")中的占位符{id}接收到参数值9527，再把参数值传递给@PathVariable("id")中的id，最后把值赋给方法的参数id。

11.2.4 REST 风格

REST（Representational State Transfer）是一种编程风格，可以显著降低开发的复杂性，是当前非常流行的一种互联网软件架构。

在学习 REST 之前，首先要知道，在 HTTP 协议里有多种请求方式，并且其中的 POST、DELETE、PUT、GET 四种方式分别对应增、删、改、查四种操作。但是普通浏览器中的 form 表单只支持 GET 和 POST 两种请求方式。为使普通浏览器支持 PUT 和 DELETE 方式，可以使用 Spring 框架提供的过滤器 HiddenHttpMethodFilter，通过此过滤器可以设置一定的规则，将部分 POST 请求转换为 PUT 或 DELETE 请求。如果读者想了解 HiddenHttpMethodFilter 的底层代码，则可以阅读 spring-web-x.x.xRELEASE.jar 文件中 HiddenHttpMethodFilter 类里的 doFilterInternal()方法。

实现 PUT 或 DELETE 请求方式的步骤如下。

在 web.xml 中配置 HiddenHttpMethodFilter 过滤器，代码详见程序清单 11.10。

web.xml：

```
...
<web-app ...>
    <filter>
        <filter-name>HiddenHttpMethodFilter</filter-name>
        <filter-class>
            org.springframework.web.filter.HiddenHttpMethodFilter
        </filter-class>
    </filter>

    <filter-mapping>
        <filter-name>HiddenHttpMethodFilter</filter-name>
        <url-pattern>/*</url-pattern>
    </filter-mapping>
</web-app>
```

程序清单 11.10

在 form 表单中指定请求方式为 method="post"，并在表单中增加一个 hidden 隐藏域，设置隐藏域的 name 及 value 属性：name="_method"、value="PUT"或 value="DELETE"。

在处理方法的@RequestMapping 注解中，使用 method 属性指定请求方式（如 method=RequestMethod.DELETE、method=RequestMethod.PUT 等）。

例如，在 web.xml 中配置了 HiddenHttpMethodFilter 后，就可以使用如下方式发送并处理增、删、改、查的请求。

1．发送请求

发送请求的代码详见程序清单 11.11。

index.jsp：

```html
...
<body>
    ...
    <form action="FirstSpringDemo/requestWithREST/9527" method="post">
        <input type="hidden" name="_method" value="DELETE" />
        <input type="submit" value="删除" />
    </form>

    <form action="FirstSpringDemo/requestWithREST/9527" method="post">
        <input type="hidden" name="_method" value="PUT" />
        <input type="submit" value="修改" />
    </form>

    <form action="FirstSpringDemo/requestWithREST/9527" method="post">
        <input type="submit" value="增加" />
    </form>

    <a href="FirstSpringDemo/requestWithREST/9527">查看</a>
</body>
...
```

程序清单 11.11

2. 处理请求

处理请求的代码详见程序清单 11.12。

FirstSpringDemo.java：

```java
...
@Controller
@RequestMapping(value="/FirstSpringDemo")
public class FirstSpringDemo{
    ...
    //使用 REST 风格，处理"删除"的请求
    @RequestMapping(value="/requestWithREST/{id}",method=RequestMethod.DELETE)
    public String requestWithRestDelete(@PathVariable("id")Integer id){
        System.out.println("删除时需要的 id:"+id);
        return "success";
    }
    //使用 REST 风格，处理"修改"的请求
    @RequestMapping(value="/requestWithREST/{id}",method=RequestMethod.PUT)
    public String requestWithRestPut(@PathVariable("id") Integer id){
        System.out.println("修改时需要的 id:"+id);
        return "success";
    }
    //使用 REST 风格，处理"增加"的请求
    @RequestMapping(value="/requestWithREST/{id}",method=RequestMethod.POST)
    public String requestWithRestAdd(@PathVariable("id") Integer id){
        System.out.println("增加时需要的 id:"+id);
```

```
            return "success";
        }
        //使用 REST 风格，处理"查看"的请求
        @RequestMapping(value="/requestWithREST/{id}",method=RequestMethod.GET)
        public String requestWithRestGet(@PathVariable("id") Integer id){
            System.out.println("查询时需要的 id:"+id);
            return "success";
        }
    }
    ...
```

程序清单 11.12

运行 index.jsp，结果如图 11.6 所示。

依次单击"删除""修改""增加""查看"按钮，可在控制台中看到如图 11.7 所示的结果。

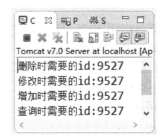

图 11.6　运行 index.jsp 的结果　　　　图 11.7　单击各按钮后的运行结果

11.2.5　使用@RequestParam 获取请求参数

Spring MVC 可以通过@RequestParam 接收请求中的参数值，该注解有三个常用属性，如表 11.8 所示。

表 11.8　@RequestParam 常用属性

属性名	简介
value	请求携带参数的参数名
required	标识请求参数中是否必须存在某个具体的参数。 true（默认）：必须存在；若不存在，则将抛出异常。 false：非必须存在
defaultValue	给参数赋一个默认值。如果请求中不存在某个参数，则该参数就取 defaultValue 所设置的值

index.jsp：

```
...
<a href="FirstSpringDemo/requestParam?name=zhangsan&age=23">
    TestRequestParam
</a>
...
```

FirstSpringDemo.java，代码详见程序清单 11.13。

```
...
@Controller
@RequestMapping(value="/FirstSpringDemo")
public class FirstSpringDemo{
    //使用@RequestParam注解接收请求参数
    @RequestMapping("/requestParam")
    public String requestParam(@RequestParam(value="name") String name,
                    @RequestParam(value="age") Integer age){
        System.out.println("name: " + name + "    age: " + age);
        return "success";
    }
}
...
```

程序清单 11.13

通过@RequestParam 将 value 值与传入的参数名进行匹配，并将参数值赋给@RequestParam 后面的变量。例如，通过@RequestParam（value="name"）接收 index.jsp 传来的 name 参数值（zhangsan），并将参数值（zhangsan）赋给@RequestParam 后面的 String name，类似于 String name="zhangsan"。

如果将请求中的 age 参数删除，则代码如下。

index.jsp：

```
<a href="FirstSpringDemo/requestParam?name=zhangsan">
    TestRequestParam
</a>
```

再次执行超链接，则会发生异常，运行结果如图 11.8 所示。

图 11.8　运行结果（四）

为解决此异常，可以给 age 参数的@RequestParam 加入 required=false，代码详见程序清单 11.14。

FirstSpringDemo.java：

```
...
@RequestMapping("/requestParam")
public String requestParam(@RequestParam(value = "name") String name,
                @RequestParam(value = "age",required=false) Integer age){
    ...
```

}
…

程序清单 11.14

此外，还可以通过 @RequestParam 的 defaultValue 属性为请求参数设置默认值，代码详见程序清单 11.15。

FirstSpringDemo.java：

```
…
@RequestMapping("/requestParam")
public String requestParam(@RequestParam(value = "name")String name,
                @RequestParam(value = "age",required=false,defaultValue="23") Integer age){
    System.out.println("name: " + name + "   age: " + age);
    return "success";
}
…
```

程序清单 11.15

通过 defaultValue="23" 将 age 的默认值设置为 23，即如果前端发送的请求没有携带 age 参数，则 age 的值就是 23。

11.3 使用 Spring MVC 获取特殊参数

11.3.1 @RequestHeader 与 @CookieValue

1. @RequestHeader 注解

在 HTTP 协议中，每次请求都会携带相关的"头信息"，例如，可以在 Chrome 浏览器中观察到如图 11.9 所示的头信息（Response Headers 和 Request Headers）。

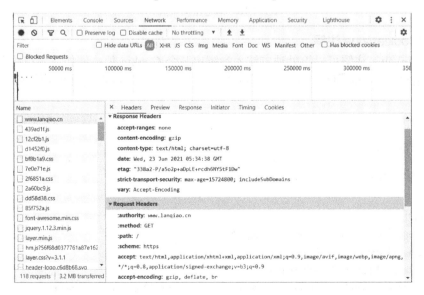

图 11.9 头信息

Spring MVC 提供了@RequestHeader 注解帮助我们获取请求中的"头信息",代码如下。
index.jsp：

```
<a href="FirstSpringDemo/requestHeader"> requestHeader</a><br/>
```

FirstSpringDemo.java,代码详见程序清单 11.16。

```
…
@Controller
@RequestMapping(value = "/FirstSpringDemo")
public class FirstSpringDemo{
    @RequestMapping("/requestHeader")
    public String requestHeader(@RequestHeader(value="accept-encoding") String ae){
        System.out.println("accept-encoding:" + ae);
        return "success";
    }
}
…
```

程序清单 11.16

通过 @RequestHeader 获取"头信息",通过 value 属性指定获取头信息中的 Accept-Language 值,并把值赋给 al 参数。

执行 index.jsp 中的 requestHeader 超链接,可在控制台中得到如图 11.10 所示的运行结果。

图 11.10 运行结果（五）

2. @CookieValue 注解

@CookieValue 注解可以给处理方法入参绑定某个 Cookie 值。例如,客户端有一个名为 JSESSIONID 的 Cookie 对象,服务端可以通过@CookieValue 注解获取此 JSESSIONID 的值,代码如下。

index.jxp：

```
<a href="FirstSpringDemo/cookieValue">cookieValue</a><br/>
```

FirstSpringDemo.java,代码详见程序清单 11.17。

```
…
@Controller
@RequestMapping(value = "/FirstSpringDemo")
public class FirstSpringDemo{
    @RequestMapping("/cookieValue")
    public String cookieValue(@CookieValue(value="JSESSIONID")String sessionid){
        System.out.println("sessionid:" + sessionid);
```

```
            return "success";
        }
}
...
```

程序清单 11.17

运行结果如图 11.11 所示。

图 11.11 运行结果（六）

11.3.2 实体参数与 Servlet API 的使用

1. 使用实体类对象接收请求参数值

如果处理方法的参数是一个实体类对象，那么 Spring MVC 会将请求的参数名与实体类对象的属性进行匹配，为实体类对象的属性赋值，并且支持级联属性的赋值。以下是具体的示例。

实体类 Student.java，代码详见程序清单 11.18。

```java
public class Student{
    private String stuName;
    private int stuAge;
    private Address address ;
    //setter、getter
    @Override
    public String toString(){
        return "姓名:"+this.stuName+"\t 年龄:"+this.stuAge
            +"\t 家庭地址："+this.address.getHomeAddress()
            +"\t 学校地址："+this.address.getSchoolAddress();
    }
}
```

程序清单 11.18

实体类 Address.java，代码详见程序清单 11.19。

```java
public class Address{
    private String schoolAddress;
    private String homeAddress;
    //setter、getter
}
```

程序清单 11.19

在 form 表单中使用实体类的属性名作为<input>标签的 name 值（可使用级联属性）。
请求页 index.jsp，代码详见程序清单 11.20。

```html
<form action="FirstSpringDemo/entityProperties">
    姓名:<input type="text" name="stuName"/><br>
    年龄:<input type="text" name="stuAge"/><br>
    <!-- 使用级联属性 -->
        家庭地址:<input type="text" name="address.homeAddress"/><br>
        学校地址:<input type="text" name="address.schoolAddress"/><br>
        <input type="submit" value="提交"/>
</form>
```

程序清单 11.20

请求处理类 FirstSpringDemo.java，代码详见程序清单 11.21。

```java
// import…
@Controller
@RequestMapping(value = "/FirstSpringDemo")
public class FirstSpringDemo{
    //使用实体类对象接收请求参数值（form 表单中提交的数据）
    @RequestMapping("/entityProperties")
    public String entityProperties(Student student){
        System.out.println(student);
        return "success";
    }
    …
}
```

程序清单 11.21

运行 index.jsp，结果如图 11.12 所示。
单击"提交"按钮后，控制台的运行结果如图 11.13 所示。

图 11.12　index.jsp 的运行结果　　　图 11.13　单击"提交"按钮后，控制台的运行结果

2. 使用 Servlet API 作为参数

如果想使用原生的 Servlet API 进行开发，只须将 Servlet API 放入方法的参数中，代码详见程序清单 11.22。

```java
…
//使用 Servlet API 开发
@RequestMapping("/developWithServletAPI")
public String developWithServletAPI(HttpServletRequest requst,
```

```
                                HttpServletResponse response, HttpSession session){
        //使用 request 和 response 参数处理请求或响应
        return "success";
    }
    …
```

程序清单 11.22

11.4 处理模型数据

假设需要从数据库中查询数据,则基本流程如下:在 MVC 设计模式中,用户从视图页面(V)发起一个请求到控制器(C),控制器调用 Service/Dao 等处理数据,并从数据库中返回数据(M)。之后,控制器(C)收到数据(M)后加以处理,并返回视图页面(V)。

Spring MVC 提供了四种途径处理带数据的视图(M 和 V):ModelAndView、Map、ModelMap、Model、@SessionAttributes、@ModelAttribute。

11.4.1 使用 ModelAndView 处理数据

ModelAndView 包含了 Model(M)和 View(V)两部分,使用方法如下。
index.jsp:

```
…
<a href="FirstSpringDemo/testModelAndView">testModelAndView</a>
…
```

请求处理类 FirstSpringDemo.java,代码详见程序清单 11.23。

```
…
@Controller
@RequestMapping(value = "/FirstSpringDemo")
public class FirstSpringDemo{
    @RequestMapping("/testModelAndView")
    public ModelAndView testModelAndView(){
        String view = "success";
        ModelAndView mav= new ModelAndView(view);
        Student student = new Student("张三",23);
        //添加 student 对象数据放入 ModelAndView 中
        mav.addObject("student ",student);
        return mav;
    }
    …
}
```

程序清单 11.23

通过 ModelAndView 的构造方法将视图页面的名称 success 放入 mav 对象,再通过 addObject()方法将数据放入 mav 对象中,最后返回 mav。之后,程序就会跳转到 mav 指定的视图页面 views/success.jsp(仍然会被视图解析器加上前缀和后缀),并将 mav 中的数据 student

放入 request 作用域中。

返回的视图页面 success.jsp：

```
<body>
${requestScope.student.stuName }
</body>
```

执行 index.jsp 中的超链接，运行结果如图 11.14 所示。

图 11.14 运行结果（七）

11.4.2 使用 Map、ModelMap、Model 作为方法的参数处理数据

可以给 Spring MVC 的请求处理方法增加一个 Map 类型的参数。如果向此 Map 中增加数据，那么该数据也会被放入 request 作用域中。

index.jsp：

```
<a href="FirstSpringDemo/testMap">testMap</a>
```

请求处理类 FirstSpringDemo.java，代码详见程序清单 11.24。

```
…
@Controller
@RequestMapping(value = "/FirstSpringDemo")
public class FirstSpringDemo{
    @RequestMapping("/testMap")
    public String testMap(Map<String, Object> map){
        Student student = new Student("张三", 23);
        map.put("student", student);
        return "success";
    }
    …
}
```

程序清单 11.24

返回的视图页面 success.jsp 及运行结果同 11.4.1 节中的示例。

除 Map 外，还可以给请求处理方法增加一个 ModelMap 或 Model 类型的参数，使用 Map 类型参数的运行结果与使用 ModelMap 和 Model 类型参数的运行结果完全一样。

使用 ModelMap 类型的参数，代码详见程序清单 11.25。

```
@RequestMapping("/testModelMap")
```

```
public String testModelMap(ModelMap map){
    Student student = new Student("张三", 23);
    map.put("student", student);
    return "success";
}
```

程序清单 11.25

使用 Model 类型的参数，代码详见程序清单 11.26。

```
@RequestMapping("/testModel")
public String testModel(Model map){
    Student student = new Student("张三", 23);
    map.addAttribute("student", student);
    return "success";
}
```

程序清单 11.26

11.4.3 使用@SessionAttributes 注解处理数据

通过前面的讲解，我们已经知道，向 ModelAndView 及 Map、ModelMap、Model 参数中增加数据时，数据会被同时放到 request 作用域中。如果还想把数据放入 session 作用域中，就要使用@SessionAttributes 注解，代码如下。

index.jsp：

```
<a href="FirstSpringDemo/testSessionAttribute">
    testSessionAttribute
</a>
```

请求处理类 FirstSpringDemo.java，代码详见程序清单 11.27。

```
@SessionAttributes(value="student")
@Controller
@RequestMapping(value = "/FirstSpringDemo")
public class FirstSpringDemo{
    @RequestMapping("/testSessionAttribute")
    public String testSessionAttribute(Map<String ,Object> map){
        Student student = new Student("张三", 23);
        map.put("student", student);
        return "success";
    }
    ...
}
```

程序清单 11.27

在类的上方加入@SessionAttributes(value="student")，表示将 request 作用域中的 student 对象同时加入 session 作用域中。

返回的视图页面 success.jsp：

```
...
<body>
    request 作用域中：${requestScope.student.stuName } <br/>
    session 作用域中：${sessionScope.student.stuName } <br/>
</body>
...
```

执行 index.jsp 中的超链接，运行结果如图 11.15 所示。

图 11.15　运行结果（八）

使用@SessionAttributes 时，除了可以使用 value 将指定的对象名加入 session 范围，还可以使用 types 将某个类型的对象都加入 session 范围，代码如下。

请求处理类 FirstSpringDemo.java，代码详见程序清单 11.28。

```
...
@SessionAttributes(types=Student.class)
@Controller
@RequestMapping(value = "/FirstSpringDemo")
public class FirstSpringDemo{
    @RequestMapping("/testSessionAttribute")
    public String testSessionAttribute(Map<String ,Object> map){
        Student student = new Student("张三", 23);
        map.put("student", student);
        return "success";
    }
    ...
}
```

程序清单 11.28

通过@SessionAttributes(types=Student.class) 将 request 作用域中 Student 类型的对象同时加入 session 作用域中。

11.4.4　使用@ModelAttribute 注解处理数据

假设数据库中存在一条学生信息，如图 11.16 所示。

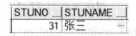

图 11.16　学生表中的学生信息

现在要修改学生的年龄（姓名等其他信息不变），先尝试使用以下方法实现。

修改学号为 31 的学生的年龄，代码详见程序清单 11.29。

index.jsp：

```
...
<form action="FirstSpringDemo/testModelAttribute" method="post">
    <input type="hidden" value="31"   name="stuNo"/>
    年龄:<input type="text" name="stuAge"/><br>
    <input type="submit" value="修改"/>
</form>
...
```

程序清单 11.29

请求处理类 FirstSpringDemo.java，代码详见程序清单 11.30。

```
...
@Controller
@RequestMapping(value = "/FirstSpringDemo")
public class FirstSpringDemo{
    @RequestMapping("/testModelAttribute")
    public String testModelAttribute(Student student){
        //省略数据库的更新操作：将数据表中 stuNo=31 的学生信息，更新为参数 student 中的各属性值
        System.out.println("更新后的学生信息：姓名："+ student.getStuName()+",
                                              年龄："+student.getStuAge());
        return "success";
    }
}
...
```

程序清单 11.30

运行 index.jsp，并将年龄修改为 66 岁，结果如图 11.17 所示。

图 11.17　index.jsp 的运行结果

单击"修改"按钮，控制台的运行结果如图 11.18 所示。

图 11.18　单击"修改"按钮后，控制台的运行结果

可以发现，年龄确实修改成功了，而姓名却变成了null。因为在index.jsp的form表单中，只提交了stuAge字段的属性，而不存在stuName等其他字段的属性，所以stuAge属性值会从输入框中获取，而其他属性值会使用相应类型的默认值（如String类型的stuName默认值就是null）。

这与我们的本意不符，我们的本意是，被修改的属性使用修改后的值（如stuAge）；而没被修改的属性应使用数据库中原有的值（如stuName应该保留"张三"）。要想实现我们的本意，可以在请求控制类中增加一个使用@ModelAttribute的方法，代码如下。

请求处理类FirstSpringDemo.java，代码详见程序清单11.31。

```java
…
//@SessionAttributes(types=Student.class)
@Controller
@RequestMapping(value = "/FirstSpringDemo")
public class FirstSpringDemo{
    @ModelAttribute
    public void queryStudentBeforeUpdate (int stuNo,Map<String, Object> map){
        //使用带数据的实体类对象，模拟从数据库中获取学号为stuNo的学生对象
        Student student = new Student();
        student.setStuNo(stuNo);
        student.setStuName("张三");
        student.setStuAge(23);
        //使用以上语句模拟 Student student = stuService.queryStudentByNo(stuNo);

        //将从数据库中查询的student对象放入map中
        map.put("student", student);
    }

    @RequestMapping("/testModelAttribute")
    public String testModelAttribute(Student student){
        //省略数据库的更新操作
        System.out.println("更新后的学生信息：姓名： " + student.getStuName()+",
                                                年龄："+student.getStuAge());
        return "success";
    }
}
```

程序清单11.31

重新提交之前的form表单，控制台的运行结果如图11.19所示。

图11.19 运行结果（九）

可以发现，stuAge 被修改了，stuName 也保留了原来的值。

@ModelAttribute 的应用逻辑如下。

@ModelAttribute 修饰的方法（如 queryStudent BeforeUpdate()）会在请求处理方法（如 testModelAttribute()）调用之前被执行，具体原理：如果请求处理方法有输入参数（如 student），则程序会在@ModelAttribute 所修饰的方法的 map 对象里，寻找 map 中的 key 值是否与请求处理方法的参数名一致，如果两者一致（如 map 中有名为 student 的 key，testModelAttribute() 方法也有名为 student 的参数），就会用参数 student 中不为 null 的属性值（如 stuNo=31，stuAge=66）覆盖 map 中的 student 对象值，最后使用覆盖后的 student 对象。例如，map 中的 student 对象值是"学号：31，姓名：张三，年龄：23"，参数中 student 的对象值是"学号 31，姓名 null，年龄：66"，因此用参数 student 不为 null 的属性值（stuNo=31，stuAge=66）覆盖 map 中 student 属性值的结果为"学号：31，姓名：张三，年龄：66"，即 form 表单传来的 stuNo 和 stuAge 属性被修改，而 form 表单中不存在的 stuName 属性则保持不变。如果 map 中的 key 值与请求处理方法的参数名不一致，则应在参数前使用@ModelAttribute 标识出 map 中对应的 key 值，代码如下。

请求处理类 FirstSpringDemo.java，代码详见程序清单 11.32。

```
...
    @ModelAttribute
    public void queryStudentBeforeUpdate(int stuNo,Map<String,Object> map){
        ...
        map.put("stu", student);
    }

    @RequestMapping("/testModelAttribute")
    public String testModelAttribute(@ModelAttribute("stu")Student student){
        ...
        return "success";
    }
...
```

程序清单 11.32

在上述代码中，map 中的 key 是 stu，与方法的参数名 student 不一致，则应在参数名前使用@Model Attribute("stu") 进行标识。

说明：

（1）参数名实际用于判断与"首字母小写的参数类型"是否一致。例如，参数的类型是 Student，则会判断与首字母小写的参数类型（student）是否一致。在此段落中，使用"参数名"代替"首字母小写的参数类型"仅仅为了便于读者阅读。

（2）标有@ModelAttribute 注解的方法会在请求处理类中的每个方法执行前均执行一次，因此要谨慎使用。

11.5 本章小结

（1）Spring MVC 通过实现 MVC 模式，可以将数据、业务与展现进行分离。开发 Spring

MVC 程序时,应引入依赖,配置 Namespaces 和 web.xml,并编写后台处理器。

(2) @RequestMapping 注解可以放在方法之上,用于给方法绑定一个请求映射。此外,@RequestMapping 注解还可以放在类的上面。

(3) Spring MVC 除支持传统方式的请求外,还支持 Ant 风格的请求路径。Ant 风格的请求路径支持"?""*""**"三种通配符,从而简化路径的编写。

(4) REST 是一种编程风格,可以显著降低开发的复杂性,是一种当前非常流行的互联网软件架构。

(5) 在 HTTP 协议里有多种请求方式,其中的 POST、DELETE、PUT、GET 四种请求方式分别对应增、删、改、查四种操作。但是普通浏览器中的 form 表单只支持 GET 和 POST 两种请求方式。为了使普通浏览器支持 PUT 和 DELETE 方式,可以使用 Spring 提供的过滤器 HiddenHttpMethodFilter,通过此过滤器可以设置一定的规则,将部分 POST 请求转换为 PUT 或 DELETE 请求。

(6) Spring MVC 提供了四种途径处理带数据的视图(M 和 V),分别是 ModelAndView、Map、ModelMap、Model、@SessionAttributes、@ModelAttribute。

11.6 本章练习

单选题

(1) 在配置 Spring MVC 的 web.xml 时,要想拦截所有请求,可以在【1】处配置( )。

```
<servlet-mapping>
    <servlet-name>springDispatcherServlet</servlet-name>
    <url-pattern>【1】</url-pattern>
</servlet-mapping>
```

  A. /   B. @/*   C. *   D. @/**

(2) 在【1】处填入( ),可以将传入的 id 值赋给 requestWithPathVariable()方法的参数 id。

```
...
@RequestMapping(value="/requestWithPathVariable/{id}")
public String requestWithPathVariable(【1】Integer id) {
    System.out.println("id:"+id);
    return "success";
}
...
```

  A. @PathParams   B. @RequestMapping
  C. @PathVariable("id")   D. @RequestHeader

(3) 在 HTTP 协议中,POST、DELETE、PUT、GET 四种请求方式分别对应( )操作。
  A. 增、删、查、改   B. 增、删、改、查
  C. 改、删、增、查   D. 查、删、改、增

(4) 在 Spring MVC 中，下列关于使用实体类对象接收请求参数值的说法中，正确的( )。

A．如果处理方法的参数是一个实体类对象，那么 Spring MVC 会将请求的参数名与实体类对象的属性进行匹配，为实体类对象的属性赋值，但不支持级联属性的赋值。

B．如果处理方法的参数是一个实体类对象，那么 Spring MVC 会将请求的参数名与实体类对象的属性进行匹配，为实体类对象的属性赋值，并且支持级联属性的赋值。

C．如果处理方法的参数是一个实体类对象，开发者必须为 Spring MVC 编写一个对象类型的转换器，否则传入对象的属性无法和参数名相匹配。

D．如果处理方法的参数是一个实体类对象，开发者必须显式调用 Spring MVC 内置的某个类型转换器，否则传入对象的属性无法和参数名相匹配。

(5) 下列选项中，( )不是 Spring MVC 提供的用于处理带数据视图的组件（即同时包含 M 和 V 的组件）。

A．ModelAndView   B．@SessionAttributes
C．@ModelAttribute   D．@RequestParam

第 12 章

视图与表单

本章简介

任何 Web 项目都离不开表单的处理,而 Spring MVC 同样也提供了很好的处理方法。本章介绍 Spring MVC 的视图、视图解析器、图片等静态资源的处理方法,以及类型转换、格式化数据、数据校验等表单处理的知识。

12.1 视 图

视图(View)和视图解析器(ViewResolver)的工作流程(见图 12.1)如下。

当请求处理方法处理完请求之后,会返回 String、ModelAndView 或 View 对象,如 return success。但返回值最终都会被 Spring MVC 统一转为 ModelAndView 对象并返回,随后 Spring 框架就会使用 ViewResolver 把返回的 ModelAndView 对象中的 View 渲染给用户看(返回给浏览器)。

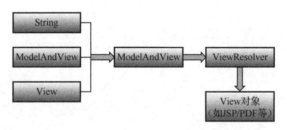

图 12.1 工作流程

12.1.1 视图组件 View

视图的作用是渲染数据,将数据以 JSP、PDF、Excel 等形式呈现给用户。Spring MVC 通过 View 接口支持视图,View 接口提供了各种各样的视图,并且可以让用户自定义视图。

当客户端每次发出请求时,视图解析器都会产生一个新的 View 对象。

View 接口的实现类如图 12.2 所示,View 接口的视图类型和简介如表 12.1 所示。

第 12 章 视图与表单

图 12.2 View 接口的实现类

表 12.1 View 接口的视图类型和简介

	视图类型	简 介
URL 视图资源图	InternalResourceView	将 JSP 或其他资源封装成一个视图。视图解析器 InternalResourceViewResolver 默认使用 InternalResourceView
	JstlView	InternalResourceView 的子类。如果在 JSP 中使用了 JSTL 的国际化标签，就需要使用该视图类
文档视图	AbstractExcelView	Excel 文档视图的抽象类
	AbstractPdfView	PDF 文档视图的抽象类
报表视图	ConfigurableJasperReportsView	常用的 JasperReports 报表视图
	JasperReportsHtmlView	
	JasperReportsPdfView	
	JasperReportsXlsView	
JSON 视图	MappingJackson2JsonView	将数据通过 Jackson 框架的 ObjectMapper 对象以 JSON 方式输出

12.1.2 视图解析器 ViewResolver

Spring MVC 提供了一个视图解析器的上级接口 ViewResolver，所有具体的视图解析器必须实现该接口。常用的 ViewResolver 实现类如图 12.3 所示，ViewResolver 的视图解析器类型和简介如表 12.2 所示。

图 12.3　ViewResolver 实现类

表 12.2　ViewResolver 的视图解析器类型和简介

视图解析器类型		简　介
解析为 bean	BeanNameViewResolver	将视图解析后，映射成一个 Bean，视图的名字就是 Bean 的 id
解析为映射文件	InternalResourceViewResolver	将视图解析后，映射成一个资源文件。例如，将一个视图名为字符串 success.jsp 的视图解析后，映射成一个名为 success 的 JSP 文件
	JasperReportsViewResolver	将视图解析后，映射成一个报表文件
解析为模板文件	FreeMarkerViewResolver	将视图解析后，映射成一个 FreeMarker 模板文件。FreeMarker 是一款模板引擎，详细用法请读者查阅网上资料
	VelocityViewResolver	将视图解析后，映射成一个 Velocity 模板文件
	VelocityLayoutViewResolver	

InternalResourceViewResolver 是 JSP 最常用的视图解析器，可以通过 prefix 给响应字符串增加前缀，通过 suffix 给响应字符串增加后缀。例如，在 Spring MVC 的配置文件中配置一个视图解析器 InternalResourceViewResolver，代码如下。

springmvc.xml：

```
<beans ...>
    ...
    <!-- 配置视图解析器：把 handler 处理类的返回值加工成最终的视图路径-->
    <bean class="org.springframework.web.servlet.view. InternalResourceViewResolver">
        <property name="prefix" value="/views/"></property>
        <property name="suffix" value=".jsp"></property>
    </bean>
</beans>
```

此外，视图解析器还可以通过解析 JstlView 实现国际化、通过解析<mvc:view-controller>指定请求的跳转路径、通过 redirect:和 forward:指定跳转方式等。

1．通过解析 JstlView 实现国际化

JstlView 是 InternalResourceView 的子类。如果在 JSP 中使用了 JSTL，那么

InternalResourceViewResolver 就会自动将默认使用的 InternalResourceView 视图类型转变为 JstlView 类型。

在 Spring MVC 中使用 JSTL 的 fmt 标签实现国际化。所谓"国际化",就是指同一个程序在不同地区/国家被访问时提供相应的、符合访问者阅读习惯的页面或数据。例如,一个用 JSP 开发的欢迎页面,中国用户访问该页面时显示"欢迎您",而美国用户访问该页面时则显示"Welcome"。以下是实现国际化的具体步骤。

(1)对于不同的地区/国家,创建不同的资源文件。

将程序中的提示信息、错误信息等放在资源文件中,为不同地区/国家编写对应的资源文件。这些资源文件使用共同的基名,通过在基名后面添加语言代码、国家及地区代码来区分不同地域的访问者。常见的资源文件名及简介如表 12.3 所示。

表 12.3 常见的资源文件名及简介

资源文件名	简 介
基名_en.properties	所有英文的资源
基名_en_US.properties	针对美国、英文的资源
基名_zh.properties	所有中文的资源
基名_zh_CN.properties	针对中国、中文的资源
基名.properties	默认资源文件。如果请求相应语言的资源文件不存在,则使用此资源文件。例如,若是来自中国的访问者,应该访问"基名_zh_CN.properties",而如果不存在此文件,就会访问默认的"基名.properties"

例如,如果访问者来自美国和中国,就需要创建针对美国和针对中国的资源文件:在项目的 src 目录中,新建针对美国的资源文件 i18n_en_US.properties 和针对中国的资源文件 i18n_zh_CN.properties,代码如下。

针对美国的资源文件 i18n_en_US.properties:

```
resource.welcome=WELCOME
resource.exist=EXIST
```

针对中国的资源文件 i18n_ zh_CN.properties:

```
resource.welcome=\u6B22\u8FCE\u60A8
resource.exist=\u9000\u51FA
```

说明:在针对中国的资源文件 i18n_ zh_CN.properties 中,用户输入的原文如下:

```
resource.welcome=欢迎您
resource.exist=退出
```

但 Eclipse 会自动将"欢迎您"等汉字自动转为相应的 ASCII,供属性文件使用。

如果读者使用的 Eclipse 版本不能自动将汉字转为 ASCII,也可以使用 JDK 安装目录 bin 中的 native2ascii.exe 工具进行转换。

不同资源文件的基名必须保持一致(如 i18n),并且资源文件的内容是由很多 key-value 对组成的,key 必须一致(如 resource.welcome),value 随语言/国家或地区的不同而有所差异(如英文"Welcome",中文"欢迎您")。

本例使用的基名 i18n 是 internationalization（国际化）的缩写。internationalization 的首尾字母 i 和 n 中间有 18 个字母，所以简称 i18n。

（2）在 Spring MVC 的配置文件中，加载国际化资源文件。

springmvc.xml：

```xml
<beans ...>
    ...
    <bean id="messageSource" class="org.springframework
        .context.support.ResourceBundleMessageSource">
        <property name="basename" value="i18n" />
    </bean>
</beans>
```

Spring 容器在初始化时，会自动加载 id 为 messageSource、类型为 org.springframework.context.MessageSource 的 Bean，并加载该 Bean 中通过 basename 属性指定基名的国际化资源文件。

（3）使用 JSTL 标签实现国际化显示。先导入 JSTL 依赖的两个 jar 包，即 jstl.jar 和 standard.jar，再在显示页 success.jsp 中导入 JSTL 支持国际化的库，并使用<fmt:message ...>实现国际化显示，代码如下。

显示页 success.jsp：

```jsp
<%@taglib uri="http://java.sun***.com/jsp/jstl/fmt" prefix="fmt" %>
...
<body>
    ...
    <fmt:message key="resource.welcome"></fmt:message>
    <br><br>
    <fmt:message key="resource.exist"></fmt:message>
    <br><br>
</body>
...
```

在上述代码中，fmt 标签的 key 值会根据浏览器的语言环境匹配资源文件中的 key，若匹配完成则会显示相应资源文件中 key 对应的 value 值。例如，在中国使用的浏览器，其默认语言是中文，所以会在 i18n_zh_CN.properties 中寻找 key 为 resource.welcome、resource.exist 的 value 值，并显示到页面上，代码如下。

发送请求页 index.jsp：

```html
<a href="FirstSpringDemo/testI18n">testI18n</a><br/>
```

请求处理类 FirstSpringDemo.java：

```java
@Controller
@RequestMapping(value = "/FirstSpringDemo")
public class FirstSpringDemo{
    @RequestMapping("/testI18n")
    public String testI18n(){
```

```
                return "success";
        }
        …
}
```

显示页面 success.jsp：

```
<%@taglib uri="http://java.sun***.com/jsp/jstl/fmt" prefix="fmt" %>
…
<body>
    …
    <fmt:message key="resource.welcome"></fmt:message>
    <br>
    <fmt:message key="resource.exist"></fmt:message>
</body>
…
```

执行 index.jsp 中的超链接，运行结果如图 12.4 所示。

图 12.4 运行结果（一）

切换浏览器的语言，如图 12.5 所示。

图 12.5 切换浏览器的语言

再次执行 index.jsp 中的超链接，运行结果如图 12.6 所示。

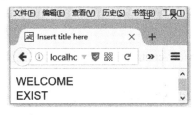

图 12.6 运行结果（二）

以上操作实现了国际化，在上述操作中，JSP 页面会根据浏览器的语言环境自动寻找相应的资源文件，并依据 key 值进行显示。

需要注意的是，就本例而言，国际化显示标签<fmt>必须在 success.jsp 中才会起作用，如果将<fmt>放在 index.jsp 中，则无法实现国际化。这是因为在 springmvc.xml 中配置的 MessageSource（具体为 ResourceBundleMessageSource 实现类）是用来处理响应的，也就是说，只有当请求处理方法返回 String、View 或 ModelAndView 对象后再执行响应时，才会通过 MessageSource 执行国际化操作。而如果直接在 index.jsp 中执行<fmt:message..>，则不会涉及 MessageSource，也不会根据 basename 属性指定资源文件基名，其原因是此时还没有"处理响应"这一过程。因此，本例的 index.jsp 不能直接实现国际化。

2. 通过解析<mvc:view-controller>指定请求的跳转路径

之前使用 Spring MVC 的流程大致如下：①访问请求页 index.jsp→②使用@RequestMapping 标识的请求处理类 FirstSpringDemo.java 中的方法→③访问结果显示页 success.jsp。

除此以外，还可以省略②，将流程简化为①→③，即省略请求处理方法。简化的方法是在 springmvc.xml 中配置<mvc:view-controller.../>，代码如下。

springmvc.xml：

```
<beans ...>
    <mvc:view-controller path="/testViewController" view-name="success"/>
</beans>
```

其中，path 用来匹配请求路径（类似@RequestMapping 的 value 值），view-name 用来指定响应跳转的页面（类似请求处理方法中的 return "success"）。以上配置表示凡是请求路径为 testViewController 时，就会直接跳转到 success 页面（success 会被添加到 InternalResourceViewResolver 的前缀和后缀中），代码如下。

index.jsp（请求路径是<mvc:view-controller.../>中 path 指定的 testViewController）：

```
<a href="testViewController">testViewController</a><br>
```

执行此超链接后，就会直接跳转到 view-name 指定的 success 页面（/view/success.jsp），即略过了@RequestMapping 标识的请求处理方法。

但是，若此时再执行之前在 index.jsp 中编写的其他超链接，则会报 HTTP Status 404 异常。解决办法为在 springmvc.xml 中加入<mvc:annotation-driven></mvc:annotation-driven>，代码如下。

springmvc.xml：

```
<?xml version="1.0" encoding="UTF-8"?>
<beans xmlns="http://www.springframework***.org/schema/beans">
    <mvc:view-controller path="/testViewController" view-name="success"/>
    <mvc:annotation-driven></mvc:annotation-driven>
</beans>
```

一般情况下，在使用<mvc:view-controller.../>的同时，也需要加入<mvc:annotation-driven.../>标签。

3. 通过 redirect:和 forward:指定跳转方式

当请求处理方法的返回值是字符串时，视图解析器 InternalResourceViewResolver 会给返回值添加前缀和后缀，然后默认以请求转发的方式进行页面跳转。此外，还可以给返回值添加 redirect:或 forward:来指定跳转方式为请求转发或重定向。

（1）通过 forward:指定跳转方式为重定向，代码如下。

```
@RequestMapping("/testForward")
public String testForward(){
    return "forward:/views/success.jsp";
}
```

（2）通过 redirect:指定跳转方式为请求转发，代码如下。

```
@RequestMapping("/testRedirect")
public String testRedirect(){
    return "redirect:/views/success.jsp";
}
```

需要注意，添加 forward:或 redirect:后，视图解析器将不会再给返回值添加前缀和后缀，需要操作者书写完整的响应地址。

12.2　处理静态资源

12.2.1　静态资源的特殊性

假设在项目的 WebContent 目录下新建 imgs 目录，并存放一张图片 logo.png，如图 12.7 所示。

图 12.7　新建 imgs 目录并存放一张图片

然后启动 tomcat 服务，访问此图片（http://localhost:8888/SpringMVCDemo/imgs/logo.png），就会看到浏览器显示 HTTP Status 404 异常。这是因为之前在 web.xml 中配置了 DispatcherServlet，代码如下。

web.xml：

```xml
...
<servlet>
    <servlet-name>springDispatcherServlet</servlet-name>
    <servlet-class>
        org.springframework.web.servlet.DispatcherServlet</servlet-class>
    <init-param>
        <param-name>contextConfigLocation</param-name>
        <param-value>classpath:springmvc.xml</param-value>
    </init-param>
```

Java 开源框架企业级应用

```
        <load-on-startup>1</load-on-startup>
    </servlet>

    <servlet-mapping>
        <servlet-name>springDispatcherServlet</servlet-name>
        <url-pattern>/</url-pattern>
    </servlet-mapping>
    ...
```

12.2.2 使用 Spring MVC 处理静态资源

DispatcherServlet 的 url-pattern 是"/",表示拦截所有请求。因此,当访问图片、js 文件、视频等静态资源时,也会被 DispatcherServlet 拦截并尝试匹配相应的@RequestMapping 方法,但静态资源一般不会有相应的@RequestMapping,所以会报 HTTP Status 404 异常。为了解决此异常,以便能够访问静态资源,可以在 springmvc.xml 中添加<mvc:default-servlet-handler/>和<mvc:annotation-driven></mvc:annotation-driven>,代码如下。

springmvc.xml:

```
<beans ...>
    ...
    <mvc:default-servlet-handler/>
    <mvc:annotation-driven></mvc:annotation-driven>
</beans>
```

之后,就可以成功访问项目中的静态资源了。

<mvc:default-servlet-handler/>标签的作用:在 Spring MVC 上下文中定义一个 DefaultServletHttpRequestHandler,它会对所有 DispatcherServlet 处理的请求进行筛查,如果发现某个请求没有相应的@RequestMapping 需要处理(如请求的是图片等静态资源),就会将该请求交给 Web 服务器(如 Tomcat)默认的 Servlet 进行处理,而默认的 Servlet 就会直接访问该静态资源。

说明:Tomcat 默认的 Servlet 是在 tomcat 安装目录\conf\web.xml 中定义的,代码如下。

```
<servlet>
    <servlet-name>default</servlet-name>
    <servlet-class>
        org.apache.catalina.servlets.DefaultServlet
    </servlet-class>
    ...
</servlet>
```

配置了<mvc:default-servlet-handler/>之后,就可以解决访问静态资源时产生的异常了。而添加<mvc:annotation-driven></mvc:annotation-driven>的目的是在访问静态资源的同时,也能正常地访问其他非静态资源。如果只添加<mvc:default-servlet-handler/>而不添加<mvc:annotation-driven></mvc:annotation-driven>,就会导致只能访问静态资源,而无法访问非静态资源。

12.3 处理表单数据

12.3.1 类型转换

form 表单提交的数据都是 String 类型。例如，在 Servlet 中通过 String filedName=request.getParameter("…")方法获取相应的字段值。如果需要 int 类型，则在 Servlet 中也必须进行类型转换，如 int age=Integer.parseInt(…)。但是在 Spring MVC 中，无须关心类型转换，举例如下。

```java
@RequestMapping(value = "/requestWithREST/{id}", method = RequestMethod.POST)
public String requestWithRestAdd(@PathVariable("id") Integer id){
    System.out.println("增加时需要的 id:" + id);
    return "success";
}
```

Spring MVC 可以直接将 form 表单中的 id 字段值转为 Integer 类型，并传递给 requestWithRestAdd()方法中的参数 id。这是因为在 Spring MVC 中存在着一些内置的类型转换器，可以自动实现大多数类型转换。

此外，还可以根据需求自定义类型转换器。例如，现在需要将 form 表单传来的字符串"1-张三-23"解析成学号为 1、姓名为张三、年龄为 23 岁，并将这些值封装到一个学生对象中，也就是说，要将字符串"1-张三-23"转换为 Student 对象类型。以下是具体的实现步骤。

1. 创建自定义类型转换器

创建基于 Spring MVC 的自定义类型转换器，需要新建一个类，并实现 Spring MVC 提供的 Converter 接口，代码如下。

StudentConverter.java（自定义类型转换器，用于将字符串转换为 Student 类型）：

```java
…
import org.springframework.core.convert.converter.Converter;
public class StudentConverter implements Converter<String, Student>{
    @Override
    public Student convert(String source){
        //source 值就是前端 form 传来的"1-张三-23"
        if (source != null)      {
            //解析出 source 中的学号、姓名、年龄
            String[] vals = source.split("-");
            int stuNo = Integer.parseInt(vals[0]);
            String stuName = vals[1];
            int stuAge = Integer.parseInt(vals[2]);
            //将解析出的学号、姓名、年龄封装到 Student 对象中
            Student student = new Student();
            student.setStuNo(stuNo);
            student.setStuAge(stuAge);
            student.setStuName(stuName);
            return student;
        }
```

```
            return null;
        }
}
```

2. 注册自定义类型转换器

注册自定义类型转换器,代码如下。

springmvc.xml(将自定义的类型转换器注册到 Spring MVC 中,共 3 步):

```xml
<beans ...>
…
<!-- ①将自定义的类型转换器加入 SpringIoC 容器中 -->
<bean id="studentConverter" class="org.lanqiao.converter.StudentConverter"></bean>
<!-- ②将自定义的类型转换器注册到 Spring MVC 提供的 ConversionServiceFactoryBean 中-->
<bean id="conversionService" class="org.springframework.context.support.ConversionServiceFactoryBean">
    <property name="converters">
        <set>
            <ref bean="studentConverter"/>
        </set>
    </property>
</bean>
<!--③将自定义的类型转换器所在的 ConversionServiceFactoryBean 注册到 annotation-driven 中 -->
<mvc:annotation-driven conversion-service="conversionService">
</mvc:annotation-driven>
</beans>
```

至此就完成了自定义类型转换器的编写及配置操作。下面对配置完成的类型转换器 StudentConverter 进行测试。

3. 请求处理方法

请求处理方法,代码如下。

FirstSpringDemo.java:

```java
@Controller
@RequestMapping(value = "/FirstSpringDemo")
public class FirstSpringDemo{
    …
    @RequestMapping("/testConversionServiceConverter")
    public String testConversionServiceConverter
        (@RequestParam("studentInfo") Student student){
        System.out.println("学号:"+student.getStuNo()
                        +",姓名:"+student.getStuName()+",年龄:"
                        +student.getStuAge());
        return "success";
    }
}
```

4. 测试

测试代码如下。

index.jsp:

```
<form action="FirstSpringDemo/testConversionServiceConverter">
    学生信息: <input type="text" name="studentInfo"/>
                <input type="submit" value="增加"/>
</form>
```

输入学生信息"1-张三-23",如图12.8所示。单击"增加"按钮后,可在控制台得到如图12.9所示的运行结果。

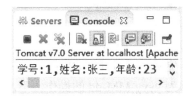

图12.8　输入学生信息　　　　　图12.9　运行结果（三）

通过自定义类型转换器StudentConverter,成功将前端传来的字符串"1-张三-23"转为请求处理方法参数中的Student类型。

12.3.2　格式化数据

有时候需要对日期、数字等类型进行格式化操作,例如,规定日期的格式必须为yyyy-MM-dd。

使用Spring MVC实现数据的格式化,仅需要简单的两个操作步骤：第一步,在需要格式化的属性前添加格式化注解,如@DateTimeFormat；第二步,在springmvc.xml中加入<mvc:annotation-driven> </mvc:annotation-driven>和Spring MVC提供的FormattingConversionServiceFactoryBean,代码如下。

springmvc.xml：

```
<beans>
    …
    <bean id="conversionService"
        class="org.springframework.format.support.FormattingConversionServiceFactoryBean">
    </bean>
</beans>
```

说明：通过类的名字可知,FormattingConversionServiceFactoryBean既提供了格式化需要的Formatting,又提供了类型转换需要的Conversion。因此,之前配置类型转换时使用的ConversionServiceFactoryBean也可以用FormattingConversionServiceFactoryBean替代。也就是说,使用以下配置既可以实现自定义的类型转换,也可以实现格式化数据。代码如下。

```
<bean id="conversionService"
    class="org.springframework.format.support.FormattingConversionServiceFactoryBean">
    <property name="converters">
        <set>
            <ref bean="studentConverter"/>
        </set>
    </property>
</bean>
```

例如，指定 Date 类型的 birthday 属性的输入格式必须为 yyyy-MM-dd，代码如下。
Student.java：

```
public class Student{
    private int stuNo;
    private String stuName;
    @DateTimeFormat(pattern="yyyy-MM-dd")
    private Date birthday ;
//setter、getter
}
```

至此，完成了通过注解@DateTimeFormat(pattern="yyyy-MM-dd")指定 birthday 属性的输入格式必须为 yyyy-MM-dd 的操作。下面进行格式化测试。

请求处理方法 FirstSpringDemo.java：

```
@Controller
@RequestMapping(value = "/FirstSpringDemo")
public class FirstSpringDemo{
    …
    @RequestMapping("/testDateTimeFormat")
    public String testDateTimeFormat(Student student){
        System.out.println("学号："+student.getStuNo()
                +",姓名："+student.getStuName()+",生日"
                +student.getBirthday());
        return "success";
    }
}
```

请求页 index.jsp：

```
<form action="FirstSpringDemo/testDateTimeFormat">
    姓名:<input type="text" name="stuName"/><br>
    年龄:<input type="text" name="stuAge"/><br>
    生日:<input type="text" name="birthday"/><br>
    <input type="submit" value="提交"/>
</form>
```

如果表单中输入的日期格式符合 yyyy-MM-dd，如"2015-05-16"（见图 12.10），则会将日期赋值给 birthday 属性，并可以在控制台得到运行结果，如图 12.11 所示。

图 12.10　输入日期

图 12.11 输入正确时的运行结果

但是,如果输入的日期格式不符合 yyyy-MM-dd,如"2015 年 05 月 16 日",则单击"提交"按钮后,JSP 页面就会显示 HTTP Status 400 异常,如图 12.12 所示。

图 12.12 输入错误时的运行结果

然而,控制台并没有输出任何异常信息,不利于开发人员排查错误。为此,可以给请求处理方法加入一个 BindingResult 类型的参数,此参数就包含了格式化数据失败时的异常信息,代码如下。

FirstSpringDemo.java:

```java
@Controller
@RequestMapping(value = "/FirstSpringDemo")
public class FirstSpringDemo{
    …
    @RequestMapping("/testDateTimeFormat")
    public String testDateTimeFormat(Student student, BindingResult result){
        …
        //如果有错误信息
        if (result.getErrorCount() > 0){
            //循环遍历所有错误信息
            for (FieldError error : result.getFieldErrors()){
                System.out.println(error.getField() + ":"+ error.getDefaultMessage());
            }
        }
        return "success";
    }
}
```

此时再输入不符合格式的日期"2015 年 05 月 16 日",就能既在 JSP 页面中显示 HTTP Status 400 异常,又能在控制台得到具体的异常信息。

控制台的输出结果如下。

birthday:Failed to convert property value of type [java.lang.String] to required type [java.util.Date] for property 'birthday'; nested exception is org.springframework.core.convert.ConversionFailedException: Failed to convert from type [java.lang.String] to type [@javax.validation.constraints.Past @org.springframework.format.annotation.DateTimeFormat java.util.Date] for value '2015 年 05 月 16 日';
nested exception is java.lang.IllegalArgumentException:
Unable to parse '2015 年 05 月 16 日'

除了用于格式化日期的注解@DateTimeFormat,Spring MVC 还提供了用于格式化数字的注解@NumberFormat。例如,可以使用@NumberFormat 指定以下 int 类型的属性 count 的输入格式为"#,###"(其中#代表数字),代码如下。

```
public class ClassName{
    @NumberFormat(pattern="#,###")
    private int count;
    //setter、getter
}
```

例如,通过 form 表单中的 input 字段映射 count 属性时,"1,234"为合法的输入格式,"12,34"为不合法的输入格式。

12.3.3 数据校验

除了使用 JS、正则表达式,我们还可以使用 JSR 303-Bean Validation(简称 JSR 303)实现数据的校验。例如,用户名不能为空,Email 必须是一个合法地址,某个日期/时间必须在当前日期/时间之前等,这些数据都可以使用 JSR 303 非常方便地实现校验。

JSR 303 通过在实体类的属性上标注类@NotNull、@Max 等注解指定的校验规则,并通过与注解相对应的验证接口(JSR 303 内置提供)对属性值进行验证。

JSR 303 提供的标准注解如表 12.4 所示。

表 12.4　JSR 303 提供的标准注解

注　解	简　介
@Null	被注释的元素必须为 null
@NotNull	被注释的元素必须不为 null
@AssertTrue	被注释的元素必须为 true
@AssertFalse	被注释的元素必须为 false
@Min(value)	被注释的元素必须是一个数字,其值必须大于或等于 value
@Max(value)	被注释的元素必须是一个数字,其值必须小于或等于 value
@DecimalMin(value)	被注释的元素必须是一个数字,其值必须大于或等于 value
@DecimalMax(value)	被注释的元素必须是一个数字,其值必须小于或等于 value
@Size(max, min)	被注释的元素的个数或长度的取值范围必须介于 min 和 max

注　　解	简　　介
@Digits (integer, fraction)	被注释的元素必须是一个数字，其值必须在可接受的范围内，integer 表示整数精度，fraction 表示小数精度
@Past	被注释的元素必须是一个过去的日期
@Future	被注释的元素必须是一个将来的日期
@Pattern(value)	被注释的元素必须符合指定的正则表达式

Hibernate Validator 是 JSR 303 的扩展，提供了 JSR 303 中所有内置的注解，以及自身扩展的 4 个注解，如表 12.5 所示。

表 12.5　Hibernate Validator 扩展注解

注　　解	简　　介
@Email	被注释的元素值必须是合法的电子邮箱地址
@Length	被注释的字符串的长度必须在指定的范围内
@NotEmpty	被注释的字符串必须非空
@Range	被注释的元素必须在合适的范围内

以下是使用 Spring 框架整合 Hibernate Validator 实现数据校验的步骤。

1. 导入 jar 文件

使用 Spring 框架整合 Hibernate Validator，应导入 5 个 jar 文件，如表 12.6 所示。

表 12.6　导入 5 个 jar 文件

hibernate-validator-5.0.0.CR2.jar	classmate-0.8.0.jar	jboss-logging-3.1.1.GA.jar
validation-api-1.1.0.CR1.jar	hibernate-validator-annotation-processor-5.0.0.CR2.jar	

2. 加入<mvc:annotation-driven/>

Spring 框架提供了一个 LocalValidatorFactoryBean 类，这个类既实现了 Spring 的校验接口，也实现了 JSR 303 的校验接口。因此，使用 Spring 框架整合 Hibernate Validator 时，需要在 Spring 容器中定义一个 LocalValidatorFactoryBean。方便之处是<mvc:annotation-driven/>会自动给 Spring 容器装配一个 LocalValidatorFactoryBean，因此只要在 springmvc.xml 中配置<mvc:annotation-driven/>即可。

3. 使用 JSR 303 或 Hibernate Validator 校验注解，标识实体类的属性

本次使用 JSR 303 提供的@Past 注解，以及 Hibernate Validator 提供的@Email 注解进行输入校验，代码如下。

Student.java：

```
public class Student {
    …
    @Past
    @DateTimeFormat(pattern="yyyy-MM-dd")
    private Date birthday ;
    @Email
```

```
    private String email;
    //setter、getter
}
```

规定 birthday 必须在当天之前，Email 必须符合邮箱格式。

4．在请求处理方法对应的实体类参数前，增加@Valid 注解

Spring MVC 会对标有@Valid 注解的实体类参数进行校验，并且可以通过 BindingResult 类型的参数存储校验失败时的信息，代码如下。

请求处理类 FirstSpringDemo.java：

```
@Controller
@RequestMapping(value = "/FirstSpringDemo")
public class FirstSpringDemo{
    @RequestMapping("/testValid")
    public String testValid(@Valid Student student, BindingResult result){
        if (result.getErrorCount() > 0){
            //循环遍历所有错误信息
            for (FieldError error : result.getFieldErrors()){
                System.out.println(error.getField() + ":" + error.getDefaultMessage());
            }
        }
        return "success";
    }
    …
}
```

5．测试

测试代码如下。

index.jsp：

```
<form action="FirstSpringDemo/testValid">
    用户名:<input type="text" name="stuName"/><br>
    生日:<input type="text" name="birthday"/><br>
    邮箱:<input type="text" name="email"/><br>
    <input type="submit" value="提交"/>
</form>
```

假设输入的数据不符合要求（输入不合法的数据），如图 12.13 所示，单击"提交"按钮后，就会在控制台得到校验失败的信息（错误信息是 JSR 303/Hibernate Validator 框架提供的，无须开发人员编写），如图 12.14 所示。

图 12.13　输入不合法的数据

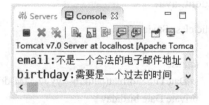

图 12.14　得到校验失败的信息

如果希望校验失败后跳转到错误提示页面（error.jsp），则可以通过以下方式实现。
请求处理类 FirstSpringDemo.java：

```
@Controller
@RequestMapping(value = "/FirstSpringDemo")
public class FirstSpringDemo{
    @RequestMapping("/testValid")
    public String testValid(@Valid Student student, BindingResult result, Map<String, Object> map){
        if (result.getErrorCount() > 0){
            //通过 map 将错误信息放入 request 作用域中
            map.put ("errors",result.getFieldErrors());
            return "error";
        }
        return "success";
    }
    …
}
```

错误提示页 error.jsp：

```
<c:forEach items="${errors }" var="error">
    ${error.getDefaultMessage() }、
</c:forEach>
```

再次在 index.jsp 中输入错误的信息（生日为 2021-11-11，邮箱为 yanqun），单击"提交"按钮后得到以下 error.jsp 页面，如图 12.15 所示。

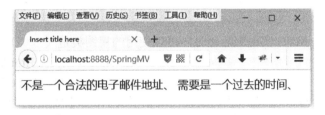

图 12.15　error.jsp 页面

说明：请注意，在请求处理方法的参数中，实体类参数和存储错误信息的 BindingResult 参数必须写在一起，它们之间不能掺杂任何其他参数。

例如，可以写成：

public String testValid(@Valid Student student, BindingResult result, Map<String, Object> map)

但不能写成以下形式：

public String testValid(@Valid Student student, Map<String, Object> map, BindingResult result)

12.4　本章小结

（1）当请求处理方法处理完请求之后，会返回 String、ModelAndView 或 View 对象，如 return success；但返回值最终都会被 Spring MVC 统一转换为 ModelAndView 对象并返回；随后 Spring 就会用 ViewResolver 把返回的 ModelAndView 对象中的 View 渲染并呈现给用户（返回给浏览器）。

（2）视图（View）的作用是渲染数据，将数据以 JSP、PDF、Excel 等形式呈现给用户。Spring MVC 通过 View 接口支持视图，该接口提供了各种各样的视图，并且可以让用户自定义视图。

（3）当请求处理方法的返回值是字符串时，视图解析器 InternalResourceViewResolver 会给返回值添加前缀和后缀，然后默认以请求转发的方式进行页面跳转。此外，还可以通过给返回值添加 redirect:或 forward:来指定跳转方式为请求转发或重定向。

（4）DispatcherServlet 的 url-pattern 是 "/"，表示会拦截所有请求。为了能够访问静态资源，可以在 springmvc.xml 中添加<mvc:default-servlet-handler/>和 mvc:annotation-driven></mvc:annotation-driven>。

（5）使用 Spring MVC 实现数据的格式化，仅需要简单的两个操作步骤：第一步，在需要格式化的属性前添加格式化注解，如@DateTimeFormat；第二步，在 springmvc.xml 中加入<mvc:annotation-driven></mvc:annotation-driven>和 Spring MVC 提供的 FormattingConversionServiceFactoryBean。

（6）除了使用 JS、正则表达式，我们还可以使用 JSR 303 实现数据的校验。JSR 303 通过在实体类的属性上标注类@NotNull、@Max 等注解指定校验规则，并通过与注解相对应的验证接口（JSR 303 内置提供）对属性值进行验证。

12.5 本章练习

单选题

（1）使用 Spring MVC 实现国际化时，可以使用的视图类是（　　）。
A．JstlView　　　　　　　　　　　　B．JasperReportsHtmlView
C．JsonView　　　　　　　　　　　　D．ConfigurableJasperReportsView

（2）假设 Spring MVC 拦截路径的配置代码如下所示，那么需要在 Spring MVC 配置文件中加入下列哪项配置，才能使项目正常访问静态资源？（　　）

```
<servlet-mapping>
    <servlet-name>springDispatcherServlet</servlet-name>
    <url-pattern>/</url-pattern>
</servlet-mapping>
```

A．
```
<beans …>
    …
    <mvc:default-servlet-handler/>
</beans>
```

B．
```
<beans …>
    …
    <mvc:annotation-driven></mvc:annotation-driven>
```

```
</beans>
```

C.
```
<beans ...>
    ...
    <mvc:default-servlet-handler/>
    <mvc:annotation-driven></mvc:annotation-driven>
</beans>
```

D.
```
<beans ...>
    ...
    <mvc:annotation-driven>DefaultHandler</mvc:annotation-driven>
</beans>
```

（3）下列选项中，（   ）的 API 可以帮助 Spring MVC 实现类型转换功能。

A．ConversionServiceFactoryBean 和 FormattingConversionServiceFactoryBean 都可以

B．只有 FormattingConversionServiceFactoryBean

C．只有 ConversionServiceFactoryBean

D．以上均不正确

（4）关于数据校验的注解，下列选项中，解释正确的是（   ）。

A．@NotNull 表示被注释的元素必须为 null。

B．@DecimalMax(value)表示被注释的元素必须是一个数字，其值必须小于 value。

C．@Past 表示被注释的元素必须是一个将来的日期。

D．@Digits (integer, fraction)表示被注释的元素必须是一个数字，其值必须在可接受的范围内。

（5）在使用 Spring MVC 实现国际化时，如果要配置针对中国和美国的资源文件，那么关于这两个文件的命名，下列选项中，说法正确的是（   ）。

A．i18n_CN_zh.properties 和 i18n_US_en.properties

B．i18n_zh_CN.properties 和 i18n_en_US.properties

C．i18n_zh_China.properties 和 i18n_en_USA.properties

D．任意的文件名均可以

第 13 章

表单标签

本章简介

本章讲解的是 Spring MVC 框架提供的表单标签。使用 Spring MVC 表单标签可以将对象与 form 表单自动绑定起来，使对象中的各属性与表单中的元素一一对应。因此 Spring MVC 表单标签可以省略开发者绑定属性值的过程，从而提高开发效率。本章学习的难度不大，但是因为表单元素众多，所以需要一定的记忆量。

13.1 form 标签

使用 Spring MVC 时，可以使用 Spring 框架封装的一系列表单标签。这些标签可以直接访问 request 域中的对象。

使用表单标签之前，需要先在 JSP 文件中进行声明，即在 JSP 文件的顶部加入以下代码。

```
<!-- 引入 Spring 表单的标签库，并将标签库的前缀设置为 form -->
<%@ taglib uri="http://www.springframework***.org/tags/form" prefix="form"%>
```

之后，就可以使用 Spring MVC 提供的各种表单标签了。

form 标签的作用主要有以下两项：作用一，绑定表单对象；作用二，支持所有的表单提交方式（GET、POST、DELETE、PUT 等）。

13.1.1 绑定表单对象

form 标签可以将 request 域中的属性值自动绑定到 form 对应的 JavaBean 对象中；默认会使用 request 域中名称为 command、类型为 JavaBean 的属性值。

例如，先在 request 域中增加一个名称为 command、类型为 JavaBean 的属性，代码如下。

JavaBean org.lanqiao.entity.Person.java：

```
package org.lanqiao.entity;
public class Person{
    private String name;
    private int age;
    //setter、getter
}
```

控制器 org.lanqiao.handler.FormDemo.java：

```java
//package、import…
@Controller
@RequestMapping(value = "/FormDemo")
public class FormDemo{
    @RequestMapping(value="/testForm")
    public String testForm(Map<String,Person> map){
        Person per = new Person();
        per.setName("张三");
        per.setAge(23);
        //在 request 域中增加 command 属性（JavaBean 类型的属性）
        map.put("command", per);
        return "forward:/views/springForm.jsp";
    }
}
```

JSP 页面 views/springForm.jsp：

```jsp
<%@ taglib uri="http://www.springframework***.org/tags/form" prefix="form"%>
…
<body>
    <form:form action="" method="post">
        姓名:<form:input path="name"/><br/>
        年龄:<form:input path="age"/><br/>
        <input type="submit" value="提交"/>
    </form:form>
</body>
…
```

部署项目、启动服务，执行 http://localhost:8888/SpringMVCDemo/FormDemo/testForm 访问控制器，运行结果如图 13.1 所示。

通过浏览器，查看此时的 springForm.jsp 页面源代码，如图 13.2 所示。

图 13.1　运行结果（一）

图 13.2　查看页面源代码

springForm.jsp 源代码如下。

```
<!-- 引入 Spring 表单的标签库，并将标签库的前缀设置为 form -->
<!DOCTYPE html PUBLIC "-//W3C//DTD HTML 4.01 Transitional//EN" "http://www.w3***.org/TR/
```

```
html4/loose.dtd">
    <html>
        <head>
            <meta http-equiv="Content-Type" content="text/html; charset=UTF-8">
            <title>Insert title here</title>
        </head>
        <body>
            <form id="command" action="/SpringMVCDemo/FormDemo/testForm" method="post">
                姓名:<input id="name" name="name" type="text" value="张三"/><br/>
                年龄:<input id="age" name="age" type="text" value="23"/><br/>
                <input type="submit" value="提交"/>
            </form>
        </body>
    </html>
```

可以发现，Spring MVC 提供的 form 标签(<form:form…>)会将 request 域中的 command 属性的 name 值和 age 值赋给 form 表单中的相应字段(path="name"和 path ="age"的字段)；并且，当没有指定 form 标签的 id 值时，form 标签会使用 request 域中的属性名(command)作为 form 的 id 值；此外，还会将<form:input path=""/>中 path 的属性值作为<input id="" name=""/>中的 id 值和 name 的值。

现在我们已经知道，form 标签默认绑定的是 request 域中的 command 属性，但是当 form 对应的属性名不是 command 时，应该怎么办呢？对于这种情况，表单标签提供了一个 commandName 属性，可以通过它来指定 request 域中的哪个属性与 form 表单进行绑定；除 commandName 属性外，指定 modelAttribute 属性也可以达到相同的效果。现在，修改之前的代码，使存放在 request 域中的属性是 person 属性，而不是默认的 command 属性。

1. 在 request 域中增加 person 属性

控制器 org.lanqiao.handler.FormDemo.java：

```java
//package、import…
@Controller
@RequestMapping(value = "/FormDemo")
public class FormDemo{
    @RequestMapping(value="/testForm")
    public String testForm(Map<String,Person> map){
        Person per = new Person();
        per.setName("张三");
        per.setAge(23);
        //在 request 域中增加 person 属性，而不是 form 默认指定的 command 属性
        map.put("person", per);
        return "forward:/views/springForm.jsp";
    }
}
```

需要注意的是，因为 map.put()方法会将数据保存在 request 域中，所以必须使用 forward（请求转发）跳转页面，而不能使用 redirect（重定向）跳转页面，否则会丢失 request 域中的数据。

2．Spring MVC 表单标签绑定 request 域中指定的属性

通过 commandName 属性或 modelAttribute 属性，指定表单元素自动与 request 域中的 person 属性进行绑定，即将 person 中的 name 值和 age 值分别绑定到表单元素<form:input path="name" …/>和<form:input path="age" … />各自的 value 中，代码如下。

springForm.jsp：

```
…
<body>
        <form:form action=" " method="post" commandName="person">
                姓名:<form:input path="name"/><br/>
                年龄:<form:input path="age"/><br/>
                        <input type="submit" value="提交"/>
        </form:form>
</body>
…
```

执行 http://localhost:8888/SpringMVCDemo/FormDemo/testForm，运行结果如图 13.3 所示。

图 13.3　运行结果（二）

查看此时页面的源代码，代码如下。

```
…
<form id="person"  action=""   method="post">
    姓名:<input id="name" name="name" type="text" value="张三"/><br/>
    年龄:<input id="age" name="age" type="text" value="23"/><br/>
            <input type="submit" value="提交"/>
</form>
…
```

不难发现，Spring MVC 表单标签通过 commandName="person"与 request 域中的 person 属性进行了绑定（通过 person 对象的属性名和表单元素的 path 值匹配绑定关系），并且 id 值也自动设置成了 commandName 属性所指定的 person。

13.1.2　支持所有的表单提交方式

首先看下面这段代码。

```
…
<form:form action="" method="delete" modelAttribute="student">
        姓名:<form:input path="name"/><br/>
```

```
        年龄:<form:input path="age"/><br/>
                <input type="submit" value="提交"/>
</form:form>
...
```

上述代码指定了 form 的提交方式为 delete。渲染后的 HTML 代码如下（假设 request 域中 student 的属性值为 name="zhangsan"、age=23）。

```
...
<form id="student"    action=""    method="post">
        <input type="hidden" name="_method" value="delete"/>
    姓名:<input id="name" name="name" type="text" value="zhangsan"/>
    年龄:<input id="age" name="age" type="text" value="23"/>
        <input type="submit" value="提交"/>
</form>
...
```

从生成的代码中可以看出，Spring MVC 的表单标签在处理除 GET 和 POST 外的请求方式时，仍使用"POST+隐藏域"的方法。此外，还需要配置 HiddenHttpMethodFilter。

HiddenHttpMethodFilter 默认拦截的是 name="_method"的 hidden 元素；如果想把_method 改成其他值，就可以通过<form:form...>中的 methodParam 属性指定，再显式地编写 hidden 元素。

下面通过 methodParam 属性让 HiddenHttpMethodFilter 拦截 name="otherMethod"的 hidden 元素（而不再默认地拦截 name="_method"的 hidden 元素），代码如下。

JSP 代码：

```
...
<form:form action="" method="post" methodParam="otherMethod" modelAttribute="student">
        <input type="hidden" name="otherMethod" value="put"/>
    姓名:<form:input path="name"/><br/>
    年龄:<form:input path="age"/><br/>
        <input type="submit" value="提交"/>
</form:form>
...
```

此外，还要把 methodParam 指定的值配置在 HiddenHttpMethodFilter 中，代码如下。
web.xml：

```
...
<web-app ...>
    <filter>
        <filter-name>HiddenHttpMethodFilter</filter-name>
        <filter-class>
            org.springframework.web.filter.HiddenHttpMethodFilter
        </filter-class>
        <init-param>
            <param-name>methodParam</param-name>
            <param-value> otherMethod </param-value>
```

```
        </init-param>
    </filter>

    <filter-mapping>
        <filter-name>HiddenHttpMethodFilter</filter-name>
        <url-pattern>/*</url-pattern>
    </filter-mapping>
</web-app>
```

13.2 表单元素

除<form:form…>外，Spring MVC 还提供了<form:input path="".../>、<form:hidden path="".../>、<form:checkbox path="".../>等标签。

其中，path 的属性值会被渲染为 <标签名 id="" name=""/>中的 id 值和 name 的值。例如，<form:hidden path="stuId"/>渲染后的 html 代码为<input type="hidden" name="stuId" id="stuId"/>。

13.2.1 input 标签、hidden 标签、password 标签和 textarea 标签

<form:input path="".../>会被渲染为一个 type="text"的普通 HTML input 标签。好处就是，<form:input.../>能绑定表单数据。

<form:hidden path="".../>会被渲染为一个 type="hidden"的普通 HTML input 标签，<form:password.../>会被渲染为一个 type="password"的普通 HTML input 标签，并能绑定表单数据。

同样的，<form:textarea...>标签会被渲染为普通 HTML textarea 标签，并能绑定表单数据，代码如下。

demo.jsp：

```
…
<form:form action="" method="" commandName="">
    编号：<form:hidden path="" /><br/>
    用户名：<form:input path="" /><br/>
    密码：<form:password path="" /><br/>
    备注：<form:textarea path="" cols="10" rows="5" /><br/>
        <input type="submit" value="提交"/>
</form:form>
…
```

13.2.2 checkbox 标签和 checkboxes 标签

1．checkbox 标签

<form:checkbox .../>会被渲染为一个 type="checkbox"的普通 HTML checkbox 标签，并且能绑定表单数据。

现在我们已经知道，checkbox 就是一个复选框，只有选中和不选中两种状态。在使用<form:checkbox path="" .../>的时候，可以通过 path 的值判断选中的状态。

(1)绑定 boolean 数据。如果 checkbox 绑定的是一个 boolean 类型的数据,那么 checkbox 的状态与该 boolean 数据的状态是一样的,即 true 对应选中,false 对应不选中。

下面,在 JavaBean 中增加 boolean 类型的性别(sex)属性,代码如下。

org.lanqiao.entity.Person.java:

```java
package org.lanqiao.entity;
public class Person{
    …
    private boolean sex ;
    public boolean getSex(){
        return sex;
    }
    public void setSex(boolean sex){
        this.sex = sex;
    }
    …
}
```

控制器 org.lanqiao.handler.FormDemo.java:

```java
//package、import…
@Controller
@RequestMapping(value = "/FormDemo")
public class FormDemo{
    …
    @RequestMapping(value="/testCheckboxWithBoolean")
    public String testCheckboxWithBoolean(Map<String,Person> map){
        Person per = new Person();
        //给 Person 对象加入 boolean 类型的属性
        per.setSex(true);
        //将 Person 对象加入 request 域
        map.put("person", per);
        return "forward:/views/checkbox.jsp";
    }
}
```

views/checkbox.jsp:

```
…
<body>
    <form:form action="" method="post" commandName="person">
        性别:<form:checkbox    path="sex"/><br/>
            <input type="submit" value="提交"/>
    </form:form>
</body>
…
```

将 request 域中 person 的 sex 属性值(boolean 类型)通过 path 绑定到 checkbox 标签。当 sex 为 true 时,checkbox 为选中状态;当 sex 为 false 时,checkbox 为不选中状态。

执行 http://localhost:8888/SpringMVCDemo/FormDemo/testCheckbox，运行结果如图 13.4 所示。

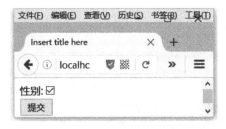

图 13.4　运行结果（三）

（2）绑定集合/数组数据。<form:checkbox.../>的选中状态也可以绑定为数组、List 或 Set 对象的值，本节以 List 对象为例进行讲解。

给 JavaBean 增加 List 类型的爱好（hobbies）属性，代码如下。
org.lanqiao.entity.Person.java：

```java
package org.lanqiao.entity;
import java.util.List;
public class Person{
    …
    private List<String> hobbies ;
    public List<String> getHobbies(){
        return hobbies;
    }
    public void setHobbies(List<String> hobbies){
        this.hobbies = hobbies;
    }
    …
}
```

控制器 org.lanqiao.handler.FormDemo.java：

```java
//package、import
@Controller
@RequestMapping(value = "/FormDemo")
public class FormDemo{
    …
    @RequestMapping(value="/testCheckboxWithList")
    public String testCheckboxWithList(Map<String,Person> map){
        Person per = new Person();
        List<String> hobbies = new ArrayList<String>();
        hobbies.add("football");
        hobbies.add("basketball");
        //给 Person 对象加入 List 类型的属性
        per.setHobbies(hobbies);
        //将 Person 对象加入 request 域
        map.put("person", per);
```

```
            return "forward:/views/checkbox.jsp";
    }
}
```

views/checkbox.jsp：

```
<form:form action="" method="post" commandName="person">
    ...
    爱好：<br/>
    足球<form:checkbox    path="hobbies" value="football"/>、
    篮球<form:checkbox    path="hobbies" value="basketball"/>、
    乒乓球<form:checkbox    path="hobbies" value="pingpang"/>
    <input type="submit" value="提交"/>
</form:form>
```

将 request 域中 person 的 hobbies 属性值（List 类型），通过 path 绑定到 checkbox 标签。当 checkbox 的 value 值存在于 hobbies 集合中时，此 value 对应的 checkbox 为选中状态；否则，当 checkbox 的 value 值不存在于 hobbies 集合中时，checkbox 为不选中状态。

执行 http://localhost:8888/SpringMVCDemo/FormDemo/testCheckboxWithList，运行结果如图 13.5 所示。

图 13.5　运行结果（四）

因为足球与篮球 checkbox 的 value 值都存在于 hobbies 属性中，所以足球和篮球的复选框会被选中；而 hobbies 属性中没有乒乓球的 value 值 pingpang，因此乒乓球的复选框不会被选中。

（3）绑定嵌套对象的 toString()。Spring MVC 会用嵌套对象的 toString()值与当前 checkbox 的 value 值进行比较，如果二者一致，则该 checkbox 会被置为选中状态，代码如下。

org.lanqiao.entity.Address.java：

```
package org.lanqiao.entity;
public class Address{
    ...
    @Override
    public String toString(){
        return "beijing";
    }
}
```

将 Address 对象作为 Person 类的一个属性，代码如下。
org.lanqiao.entity.Person.java：

```
package org.lanqiao.entity;
import java.util.List;
public class Person{
    //嵌套对象,并且address对象的toString()值固定是beijing
    private Address address ;
    public Address getAddress(){
        return address;
    }
    public void setAddress(Address address){
        this.address = address;
    }
}
```

控制器org.lanqiao.handler.FormDemo.java：

```
//package、import
@Controller
@RequestMapping(value = "/FormDemo")
public class FormDemo{
    ...
    @RequestMapping(value="/testCheckboxWithObject")
    public String testCheckboxWithObject(Map<String,Person> map){
        Person per = new Person();
        Address address = new Address();
        //给Person对象加入Address类型的属性（嵌套对象）
        per.setAddress(address); //已知address对象的toString()值是beijing
        //将Person对象加入request域
        map.put("person", per);
        return "forward:/views/checkbox.jsp";
    }
}
```

views/checkbox.jsp：

```
...
<body>
    <form:form action="" method="post" commandName="person">
        ...
        常用地址：
        北京<form:checkbox    path="address" value="beijing"/>、
        东莞<form:checkbox    path="address" value="dongguan"/>、
        <input type="submit" value="提交"/>
    </form:form>
</body>
...
```

将request域中person的address属性值（Address类型的嵌套对象）通过path绑定到checkbox标签。当checkbox的value值与address对象的toString()值一致时，此value对应的checkbox为选中状态。

执行 http://localhost:8888/SpringMVCDemo/FormDemo/testCheckboxWithObject，运行结果如图13.6所示。

图13.6　运行结果（五）

因为 address 对象的 toString()值是 beijing，与"北京"复选框的 value 值一致，所以"北京"复选框会被选中。

2．checkboxes 标签

一个 checkbox 标签只能生成一个对应的复选框，而一个 checkboxes 标签可以根据其绑定的数据生成多个复选框。

<form:checkboxes .../>绑定的数据可以是数组、List 或 Set 对象。使用时，必须指定两个属性：path 和 items。其中，items 通过指定 request 域中的集合对象表示所有要显示的 checkbox 项（包含选中和不选中）；path 通过指定 form 表单所绑定对象的属性表示选中状态的 checkbox 项。下面举例说明。

控制器 org.lanqiao.handler.FormDemo.java：

```
//package、import
@Controller
@RequestMapping(value = "/FormDemo")
public class FormDemo{
    …
    @RequestMapping(value="/testCheckboxesWithList")
    public String testCheckboxesWithList(Map<String,Object> map){
        Person per = new Person();
        List<String> hobbies = new ArrayList<String>();
        hobbies.add("football");
        hobbies.add("basketball");
        per.setHobbies(hobbies);
        //在 request 域中增加 person 对象，包含了 football 和 basketball 两项，用于表示选中的 checkbox
        map.put("person", per);

        List<String> allHobbiesList = new ArrayList<String>();
        allHobbiesList.add("football");
        allHobbiesList.add("basketball");
        allHobbiesList.add("pingpang");
        //在 request 域中增加 allhobbiesList 对象，包含了 football、basketball 和 pingpang,
        //用于表示所有的 checkbox 项（选中和不选中两种状态）
        map.put("allHobbiesList",allHobbiesList);

        return "forward:/views/checkboxes.jsp";
```

```
    }
}
```

views/checkboxes.jsp：

```
...
<body>
    <form:form action="" method="post" commandName="person">
        兴趣:<br/>
        <form:checkboxes path="hobbies" items="${allHobbiesList}"/>
        <input type="submit" value="提交"/>
    </form:form>
</body>
...
```

在 checkboxes.jsp 中，items 绑定了所有复选框（football、basketball 和 pingpang），而 path 只绑定了选中状态的复选框（football 和 basketball）。

执行 http://localhost:8888/SpringMVCDemo/FormDemo/testCheckboxesWithList，运行结果如图 13.7 所示。

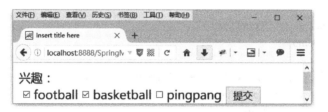

图 13.7　运行结果（六）

查看页面源代码，如图 13.8 所示。

图 13.8　查看页面源代码

页面源代码：

```
...
<body>
    <form ...>
        兴趣:<br/>
        <span>
            <input id="hobbies1" name="hobbies"
            type="checkbox" value="football" checked="checked"/>
```

```html
            <label for="hobbies1">football</label>
        </span>
        ...
        <input type="submit" value="提交"/>
    /form>
</body>
...
```

从源代码中可以发现，<form:checkboxes... />生成了很多 checkbox 标签及对应的 label 标签，并且 label 显示的值与 checkbox 的 value 值相同。

以上是<form:checkboxes .../>绑定 List 对象的示例，绑定数组或 Set 对象的用法与之相同，读者可以自行尝试。

如果想让 label 显示的值与 checkbox 的 value 值不同，就要用 items 绑定一个 Map 对象（不能再绑定数组、List 或 Set 对象）。其中，Map 对象的 key 用于指定 checkbox 的 value 值，Map 对象的 value 用于指定 label 显示的值，代码如下。

控制器 org.lanqiao.handler.FormDemo：

```java
//package、import
@Controller
@RequestMapping(value = "/FormDemo")
public class FormDemo{
    ...
    @RequestMapping(value="/testCheckboxesWithMap")
    public String testCheckboxesWithMap(Map<String,Object> map){
        Person per = new Person();
        List<String> hobbies = new ArrayList<String>();
        hobbies.add("football");
        hobbies.add("basketball");
        per.setHobbies(hobbies);
        map.put("person", per);

        Map<String,String> allHobbiesMap = new HashMap<String,String>();
        allHobbiesMap.put("football","足球");
        allHobbiesMap.put("basketball","篮球");
        allHobbiesMap.put("pingpang","乒乓球");
        map.put("allHobbiesMap",allHobbiesMap);

        return "forward:/views/checkboxes.jsp";
    }
}
```

views/checkboxes.jsp：

```jsp
...
<body>
    <form:form action="" method="post" commandName="person">
        兴趣：<br/>
```

```
                <form:checkboxes path="hobbies" items="${allHobbiesMap}"/>
                <input type="submit" value="提交"/>
        </form:form>
    </body>
...
```

执行 http://localhost:8888/SpringMVCDemo/FormDemo/testCheckboxesWithList，运行结果如图 13.9 所示。

图 13.9　运行结果（七）

查看页面源代码，代码如下。

```
...
<body>
    <form ...>
        兴趣:<br/>
        <span>
            <input id="hobbies1" name="hobbies" type="checkbox"
                value="basketball"   checked="checked"/>
            <label for="hobbies1">篮球</label>
        </span>
        ...
        <input type="submit" value="提交"/>
    </form>
</body>
</html>
```

可以发现，checkbox 的 value 值就是 Map 对象的 key 值（如 basketball），而 label 标签显示的值就是 Map 对象的 value 值（如"篮球"）。

13.2.3　radiobutton 标签和 radiobuttons 标签

1．radiobutton 标签

<form:radiobutton.../>标签会被渲染为一个 type="radio"的普通 HTML input 标签，并且可以绑定 request 域的数据，代码如下。

```
<body>
    <form:form action="" method="post" commandName="person">
        国籍:
        <form:radiobutton path="country" value="China"/>中国
        <form:radiobutton path="country" value="other"/>外国
```

```
            <input type="submit" value="提交"/>
        </form:form>
</body>
```

在上述代码中，<form:radiobutton.../>标签就绑定了request域中person对象的country属性。当country属性为China时，上面国籍为"中国"的那一行就会被选中；当country属性为other时，下面国籍为"外国"的那一行就会被选中。

2. radiobuttons 标签

<form:radiobuttons.../>与<form:radiobutton.../>的区别如同<form:checkboxes.../>与<form:checkbox.../>的区别。

使用<form:radiobuttons.../>时，将生成多个单选按钮。并且，<form:radiobuttons.../>也有两个必须指定的属性：path和items。items通过指定request域中的集合对象，表示所有要显示的radiobutton项（包含选中和不选中）；path通过指定form表单所绑定对象的属性，表示选中状态的radiobutton项。此外，items属性和path属性都可以是数组、List/Set或Map对象。

可以发现，<form:radiobuttons.../>的使用方法与<form:checkboxes.../>的使用方法非常相似。<form:radiobuttons.../>的应用示例如下。

org.lanqiao.entity.Person.java：

```java
package org.lanqiao.entity;
import java.util.List;
public class Person{
    …
    //最爱的球类（1 足球；2 篮球；3 乒乓球）
    private int favoriteBall ;
    //getter、setter
}
```

控制器 org.lanqiao.handler.FormDemo.java：

```java
//package、import
@Controller
@RequestMapping(value = "/FormDemo")
public class FormDemo{
    …
    @RequestMapping(value="/testRadiobuttonsWithMap")
    public String testRadiobuttonsWithMap(Map<String,Object> map){
        Person per = new Person();
        //最爱的球类设置为1（足球）
        per.setFavoriteBall(1);
        map.put("person", per);

        Map<Integer,String> allBallMap = new HashMap<Integer,String>();
        //Map 对象的 key 表示 radionbutton 的 key；Map 对象的 value 表示与之对应的 label 显示的值
        allBallMap.put(1,"足球");
        allBallMap.put(2,"篮球");
        allBallMap.put(3,"乒乓球");
        map.put("allBallMap",allBallMap);
```

```
            return "forward:/views/radiobuttons.jsp";
    }
}
```

views/radiobuttons.jsp：

```
...
<body>
    <form:form action="" method="post" commandName="person">
        最喜欢的球类：  <br/>
        <form:radiobuttons path="favoriteBall" items="${allBallMap}" delimiter="、"/>
        <input type="submit" value="提交"/>
    </form:form>
</body>
...
```

在上述代码的 request 域中，Map 对象的 allBallMap 表示所有的 radiobutton 项（包含选中和不选中），person 对象的 favoriteBall 属性表示选中状态的 radiobutton 项。

执行 http://localhost:8888/SpringMVCDemo/FormDemo/ testRadiobuttonsWithMap，运行结果如图 13.10 所示。

图 13.10　运行结果（八）

从运行结果中可以发现，各 radiobutton 项之间是通过"、"间隔的，而间隔符"、"就是通过<form:radiobuttons.../>标签中的 delimiter 属性指定的。

13.2.4　select 标签

<form:select .../>标签会被渲染为一个普通的 HTML select 标签，并且可以绑定 request 域中的数据。<form:select.../>与<form:radiobuttons.../>标签的使用方法非常相似。例如，以<form:select.../>的形式选择最喜欢的球类，代码如下。

控制器 org.lanqiao.handler.FormDemo.java：

```
//package、import

@Controller
@RequestMapping(value = "/FormDemo")
public class FormDemo{
    ...
    @RequestMapping(value="/testSelectWithMap")
```

```
public String testSelectWithMap(Map<String,Object> map){
    Person per = new Person();
    //最爱的球类设置为2（篮球）
    per.setFavoriteBall(2);
    map.put("person", per);

    Map<Integer,String> allBallMap = new HashMap<Integer,String>();
    //Map 对象的 key 表示可选项 option 的 value；Map 对象的 value 表示与之对应的显示值
    allBallMap.put(1,"足球");
    allBallMap.put(2,"篮球");
    allBallMap.put(3,"乒乓球");
    map.put("allBallMap",allBallMap);

    return "forward:/views/select.jsp";
}
}
```

views/select.jsp：

```
…
<body>
    <form:form action="" method="post" commandName="person">
        最喜欢的球类:
        <form:select path="favoriteBall" items="${allBallMap}"/>
        <input type="submit" value="提交"/>
    </form:form>
</body>
…
```

其中，path 属性和 items 属性的含义与<form:radiobuttons…/>中对应属性的含义相同。

执行 http://localhost:8888/SpringMVCDemo/FormDemo/testSelectWithMap，运行结果如图 13.11 所示。

图 13.11　运行结果（九）

13.2.5　option 标签和 options 标签

1．option 标签

<form:option.../>标签会被渲染为一个普通的 HTML option 标签。当一个<form:select…/>标签没有通过 items 属性绑定数据源时，就可以在<form:select…/>标签中通过普通 HTML option 标签或<form:option.../>标签设置可供选择的项。

控制器 org.lanqiao.handler.FormDemo.java：

```
//package、import
@Controller
@RequestMapping(value = "/FormDemo")
public class FormDemo{
    …
    @RequestMapping(value="/testOption")
    public String testOption(Map<String,Object> map){
        Person per = new Person();
        //没有执行 per.setFavoriteBall(1);
        //也没有设置 allBallMap（所有的 option 选项）
        map.put("person", per);

        return "forward:/views/option.jsp";
    }
}
…
```

views/option.jsp：

```
…
    <form:form action="" method="post" commandName="person">
        最喜欢的球类：
        <!-- select 没有通过 items 绑定数据源 -->
        <form:select path="favoriteBall">
            <form:option value="1">足球</form:option>
            <option value="2">篮球</option>
            <option value="3">乒乓球</option>
        </form:select>
        <input type="submit" value="提交"/>
    </form:form>
..
```

执行 http://localhost:8888/SpringMVCDemo/FormDemo/testOption，运行结果如图 13.12 所示。

图 13.12　运行结果（十）

可以发现，当<form:select…/>标签没有通过 items 绑定数据源时，就可以通过普通的 HTML option 标签及<form:option…/>标签指定可选项。

此时，读者可能会有以下两个疑问。

①如果在使用<form:select…/>标签的时候，已经通过 items 属性绑定数据源，但同时又在其标签体里面使用了 option 标签，那么这个时候会渲染出什么样的效果呢？是根据两种形式的优先级决定最终的 option 呢，还是两种形式共存呢？

②从上面的运行结果中可以发现，<form:option…/>标签与普通的 HTML option 标签的显示效果并无差异，那么二者的区别究竟是什么？

先解释问题①：在控制器中设置 Person 对象的 favoriteBall 属性值（被选中的 option），并设置用于显示的所有 option 集合 allBallMap（所有的 option，用于绑定 select 的数据源），代码如下。

控制器 org.lanqiao.handler.FormDemo.java：

```java
//package、import
@Controller
@RequestMapping(value = "/FormDemo")
public class FormDemo{
    …
    @RequestMapping(value="/testOptionWithMap")
    public String testOptionWithMap(Map<String,Object> map){
        Person per = new Person();
        //最爱的球类设置为 1（足球）
        per.setFavoriteBall(1);
        map.put("person", per);

        Map<Integer,String> allBallMap = new HashMap<Integer,String>();
        //Map 对象的 key 表示可选项 option 的 value；Map 对象的 value 表示与之对应的显示值
        allBallMap.put(1,"足球-football");
        allBallMap.put(2,"篮球-basketball");
        allBallMap.put(3,"乒乓球-pingpang");
        map.put("allBallMap",allBallMap);
        return "forward:/views/option.jsp";
    }
}
```

再在<form:select…/>标签中，通过 items 属性绑定 option 的数据源；并且同时编写<form option…>及<option...>，即通过两种方式设置了 option 选项，代码如下。

views/option.jsp：

```jsp
…
<form:form action="" method="post" commandName="person">
    最喜欢的球类：
    <form:select path="favoriteBall" items="${allBallMap }">
        <form:option value="1">足球</form:option>
        <option value="2">篮球</option>
        <option value="3">乒乓球</option>
    </form:select>
    <input type="submit" value="提交"/>
```

        </form:form>
    …

执行 http://localhost:8888/SpringMVCDemo/FormDemo/testOptionWithMap，运行结果如图 13.13 所示。

图 13.13　运行结果（十一）

从上述运行结果中可以发现，当使用 items 绑定数据源和手写 option 两种方式同时设置可选项时，items 绑定数据源的优先级更高，会覆盖手写 option 的效果。

再解释问题②：通过 Person 对象的 favoriteBall 属性，设置最喜欢的球类为 2（在后续的 JSP 中，数字 2 对应的选项是"篮球-A"），代码如下。

控制器 org.lanqiao.handler.FormDemo.java：

```
//package、import
@Controller
@RequestMapping(value = "/FormDemo")
public class FormDemo{
    …
    @RequestMapping(value="/test2WaysOption")
    public String test2WaysOption(Map<String,Object> map){
        Person per = new Person();
        per.setFavoriteBall(2);
        map.put("person", per);
        return "forward:/views/option.jsp";
    }
}
```

再在 JSP 文件中，通过普通的 HTML option 标签和<form:option...>标签同时设置 value="2"的 option；并且此时没有给 select 标签通过 items 绑定数据源，代码如下。

views/option.jsp：

```
…
<form:form action="" method="post" commandName="person">
    最喜欢的球类:
    <!-- select 没有通过 items 绑定数据源 -->
    <form:select path="favoriteBall" >
        <form:option value="1">足球</form:option>
        <form:option value="2">篮球-A</form:option>
        <option value="2">篮球-B</option>
        <option value="3">乒乓球</option>
```

```
        </form:select>
        <input type="submit" value="提交"/>
</form:form>
...
```

执行 http://localhost:8888/SpringMVCDemo/FormDemo/test2WaysOption，运行结果如图 13.14 所示。

图 13.14　运行结果（十二）

可以发现，HTML option 标签和<form:option…>标签的区别：普通 HTML option 标签不具有数据绑定功能；而<form:option…>标签具有数据绑定功能，它能把与表单对象属性值（favoriteBall=2）对应的 option（<option value="2"..>）设置为选中状态。

2．options 标签

使用<form:options…>标签时，需要指定其 items 属性。<form:options…>标签会根据 items 属性生成一系列的普通 HTML option 标签。换句话说，<form:options…>标签的 items 属性与<form:select…>标签的 items 属性的使用方法完全相同，都用来绑定可选项的数据源，代码如下。

控制器 org.lanqiao.handler.FormDemo.java：

```
//package、import
@Controller
@RequestMapping(value = "/FormDemo")
public class FormDemo{
    ...
    @RequestMapping(value="/testOptionsWithMap")
    public String testOptionsWithMap(Map<String,Object> map){
        Person per = new Person();
        //最爱的球类设置为 2（篮球）
        per.setFavoriteBall(2);
        map.put("person", per);

        Map<Integer,String> allBallMap = new HashMap<Integer,String>();
        //Map 对象的 key 表示可选项 option 的 value；Map 对象的 value 表示与之对应的显示值
        allBallMap.put(1,"足球");
        allBallMap.put(2,"篮球");
        allBallMap.put(3,"乒乓球");
        map.put("allBallMap",allBallMap);
```

```
            return "forward:/views/options.jsp";
    }
}
```

views/options.jsp：

```
…
    <form:form action="" method="post" commandName="person">
        最喜欢的球类:
            <form:select path="favoriteBall" >
                <form:options items="${allBallMap}"/>
            </form:select>
            <input type="submit" value="提交"/>
    </form:form>
…
```

执行 http://localhost:8888/SpringMVCDemo/FormDemo/testOptionsWithMap，运行结果如图 13.15 所示。

图 13.15　运行结果（十三）

可以发现，<form:options…>标签与<form:select…>标签的使用方法非常相似。

13.2.6　errors 标签

使用 JSR 303 进行数据校验，并将错误信息存储到 BindingResult 对象中。
BindingResult 接口的定义如下。

```
public interface BindingResult extends Errors{…}
```

可以发现，BindingResult 继承自 Errors 接口。
<form:errors…>标签可以显示 Errors 对象中的错误信息，可以通过 path 属性指定以下两种类型的错误信息。

①用<form:errors path="*"/>显示所有的错误信息。
②用<form:errors path="绑定对象的属性名"/>显示特定元素的错误信息。例如，如果 form 表单绑定的是 student 对象，则<form:errors path=" stuName "/>可以显示 student 对象中 stuName 属性的错误信息。
<form:errors….>标签的具体使用步骤如下。

1. 编写实体类，加入 JSR 303 校验

编写实体类，加入 JSR 303 校验，代码如下。

org.lanqiao.entity.Student.java：

```java
//package、import
public class Student {
    //用户名不能为空
    @NotEmpty
    private String stuName;
    //出生日期必须在今天之前
    @Past
    private Date birthday ;
    //Email 必须符合邮箱格式
    @Email
    private String email;
    //setter、getter
}
```

2. 新增 request 域对象，并绑定到 Spring 表单标签

在 request 域中新增 student 对象，并绑定到 index.jsp 的表单中，代码如下。

org.lanqiao.handler.FirstSpringDemo.java：

```java
//package、import
@Controller
@RequestMapping(value = "/FirstSpringDemo")
public class FirstSpringDemo{
    …
    @RequestMapping("/testErrors")
    public String testErrors( Map<String, Object> map){
        Student student = new Student();
        //在 request 域中新增 student 对象
        map.put("student", student) ;
        return "../index";
    }
}
```

index.jsp：

```
…
    <form:form action="testValid" commandName="student">
        用户名:<form:input path="stuName"/><br/>
        生日:<form:input path="birthday"/><br/>
        邮箱:<form:input path="email"/><br/>
        <input type="submit" value="提交"/>
    </form:form>
…
```

3. 加入 form:errors 标签

在 Spring 表单中加入<form:errors…>标签，代码如下。

index.jsp：

```
…
    <form:form action="testValid" commandName="student">
        <form:errors path="*"></form:errors><br/>
        用户名:<form:input path="stuName"/><br/>
            …
    </form:form>
…
```

4．校验

在 action 指定的处理方法 testValid()中进行校验，并约定校验失败后跳回之前的表单页面 index.jsp，代码如下。

org.lanqiao.handler.FirstSpringDemo.java：

```
//package、import
@Controller
@RequestMapping(value = "/FirstSpringDemo")
public class FirstSpringDemo{
    …
    @RequestMapping("/testValid")
    public String testValid(@Valid Student student, BindingResult result, Map<String, Object> map){
        if (result.getErrorCount() > 0){
            //将错误信息通过 map 放入 request 作用域中
            map.put ("errors",result.getFieldErrors());
            //校验失败后，跳转到 index.jsp
            return "../index";
        }
        return "success";
    }
}
```

执行 http://localhost:8888/SpringMVCDemo/FirstSpringDemo/testErrors，运行结果如图 13.16 所示。

输入不合法的内容，如图 13.17 所示。

图 13.16　运行结果（十四）

图 13.17　输入不合法的内容

单击"提交"按钮后的运行结果如图 13.18 所示。

图13.18 运行结果（输入不合法的内容）

可见，`<form:errors path="*"></form:errors>`可以显示request域中的所有错误信息。如果想只显示某一指定元素的错误信息，就需要使用`<form:errors path="绑定对象的属性名"/>`对index.jsp进行修改，代码如下。

index.jsp：

```
...
    <form:form action="testValid" commandName="student">
        用户名:<form:input path="stuName"/>
        <form:errors path="stuName"></form:errors><br/>
        生日:<form:input path="birthday"/>
        <form:errors path="birthday"></form:errors><br/>
        邮箱:<form:input path="email"/>
        <form:errors path="email"></form:errors><br/>
        <input type="submit" value="提交"/>
    </form:form>
...
```

再次执行 http://localhost:8888/SpringMVCDemo/FirstSpringDemo/testErrors，并输入不合法的内容，单击"提交"按钮后，运行结果如图13.19所示。

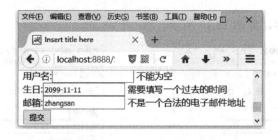

图13.19 输入不合法内容后的运行结果

思考："不能为空""需要填写一个过去的时间"……这些都是校验框架内置的错误信息。那么能否自定义错误信息呢？答案是可以的！我们可以在资源文件中配置错误信息，方法如下。

在src目录下创建并编写i18n.properties资源文件，并在springmvc.xml中进行配置。资源文件中的错误信息的编写规则如下。

去掉@的校验注解名（如@NotEmpty 去掉@后写为 NotEmpty）.表单绑定的对象名.属性名=错误信息

i18n.properties：

NotEmpty.student.stuName=\u59D3\u540D\u4E0D\u80FD\u4E3A\u7A7A
Past.student.birthday=\u51FA\u751F\u65E5\u671F\u5FC5\u987B\u5728\u4ECA\u5929\u4EE5\u524D
Email.student.email=\u90AE\u7BB1\u683C\u5F0F\u6709\u8BEF

说明：properties 中的汉字自动转换为 ASCII，用户输入的原文如下。

NotEmpty.student.stuName=姓名不能为空
Past.student.birthday=出生日期必须在今天以前
Email.student.email=邮箱格式有误

之后，重启服务并执行，输入错误信息，单击"提交"按钮，运行结果如图 13.20 所示。

图 13.20　运行结果（十五）

13.3　本 章 小 结

（1）form 标签可以将 request 域中的属性值自动绑定到 form 对应的 JavaBean 对象中；默认会使用 request 域中名称为 command、类型为 JavaBean 的属性值。

（2）form 标签主要有两个作用：作用一，绑定表单对象；作用二，支持所有的表单提交方式（GET、POST、DELETE、PUT 等）。

（3）Spring MVC 提供的 form 标签（<form:form…>）会将 request 域中的 command 属性的 name 值和 age 值赋给 form 表单中的相应字段（path="name"和 path ="age"的字段）；并且，当没有指定 form 标签的 id 值时，form 标签会使用 request 域中的属性名（command）作为 form 的 id 值；此外，还会将<form:input path=""/>中 path 的属性值作为<input id="" name=""/>中的 id 值和 name 值。

（4）<form:checkbox .../>会被渲染为一个 type="checkbox"的普通 HTML checkbox 标签，并且能绑定表单数据。一个 checkbox 标签只能生成一个对应的复选框，而一个 checkboxes 标签可以根据其绑定的数据生成多个复选框。

（5）<form:errors…>标签可以显示 Errors 对象中的错误信息，可以通过 path 属性指定以下两种类型的错误信息。

①使用<form:errors path="*"/>显示所有错误信息。

②使用<form:errors path="绑定对象的属性名"/>显示特定元素的错误信息。例如，如果 form 表单绑定的是 student 对象，则<form:errors path=" stuName "/>可以显示 student 对象中 stuName 属性的错误信息。

13.4 本章练习

单选题

（1）下列关于 Spring MVC 提供 form 标签的说法中，错误的是（　　）。

A．form 标签可以将 request 域中的属性值自动绑定到 form 对应的 JavaBean 对象。

B．form 标签在绑定数据时，默认会使用 request 域中名称为 command、类型为 JavaBean 的属性值。

C．form 标签支持 GET 和 POST 两种提交方式，但不支持 DELETE、PUT 等其他提交方式。

D．Spring MVC 提供的 form 标签比 HTML 中原生的 form 标签功能更加丰富。

（2）如果要将某个表单元素自动与 request 域中的 person 属性进行绑定，则以下【1】处应该填写什么属性？（　　）

```
...
<body>
        <form:form action=" " method="post" 【1】="person">
            姓名:<form:input path="name"/><br/>
            年龄:<form:input path="age"/><br/>
                <input type="submit" value="提交"/>
        </form:form>
</body>
```

A．modelAttributes　　B．commandName　　C．command　　D．commandNames

（3）Spring MVC 提供了复选框，下列关于该复选框功能的说法中，正确的是（　　）。

A．<form:checkbox .../>会被渲染为一个 type="checkbox"的普通 HTML checkbox 标签，并且能绑定表单数据。

B．Spring MVC 提供的一个 checkbox 标签可以对应生成多个复选框。

C．Spring MVC 提供的 checkbox 标签的功能与 HTML 中原生 checkbox 标签的功能相同。

D．<form:checkboxes .../>绑定的数据可以是数组、List 或 Set 对象。使用时，至少要指定 path 或 items 中的一项。

（4）下列选项中，（　　）是 Spring MVC 提供的<form:errors...>标签的作用。

A．<form:errors path="**"/>可以显示所有错误信息。

B．<form:errors local="绑定对象的属性名"/>可以显示特定元素的错误信息。

C．<form:errors local="*"/>可以显示所有错误信息。

D．<form:errors path="绑定对象的属性名"/>可以显示特定元素的错误信息。

第 14 章

文件上传与拦截器

本章简介

本章介绍使用 Spring MVC 实现文件上传及 Spring MVC 拦截器，并会在此基础上介绍使用 Spring MVC 整合 JSON 的方法。

很多读者可能已经非常熟悉 JSP/Servlet 中的文件上传和拦截器功能，但本章会介绍使用 Spring MVC 实现上述功能，读者可以将 JSP/Servlet 和 Spring MVC 提供的实现方式进行对比，感受使用 Spring MVC 的便捷性，从而加深理解。

14.1 文 件 上 传

14.1.1 文件上传原理

Spring MVC 提供了一个 MultipartResolver 接口用于实现文件上传，并基于 Commons FileUpload 技术实现了一个该接口的实现类 CommonsMultipartResolver。因此，如果要在 Spring MVC 中实现文件上传，就可以在 springmvc.xml 中配置 CommonsMultipartResolver 或其他 MultipartResolver 接口的实现类。可见，开发者可以直接调用 Spring MVC 提供的 API 实现文件上传，而不用花费太多精力编写底层代码。

14.1.2 使用 Spring MVC 实现文件上传实例

以下是使用 Spring MVC 实现文件上传的具体步骤。

1. 导入 jar 文件

使用 Spring MVC 实现文件上传，需要额外导入两个 jar 文件，如表 14.1 所示。

表 14.1 导入两个 jar 文件

commons-fileupload-1.2.1.jar	commons-io-2.0.jar

2. 在 Spring MVC 配置文件中，配置 MultipartResolver 接口的实现类

首先在 Spring MVC 配置文件中配置 MultipartResolver 接口的实现类，代码如下。
springmvc.xml：

```
...
<bean id="multipartResolver"
    class="org.springframework.web.multipart. commons.CommonsMultipartResolver">
    <property name="defaultEncoding" value="UTF-8"></property>
    <property name="maxUploadSize" value="1024000"></property>
</bean>
```

请注意,这个 Bean 的 id 值必须是 multipartResolver。DispatcherServlet 在 Web 服务启动时,会自动查找 id="multipartResolver" 的 Bean,并对其进行解析。如果 id 值不是 multipartResolver,DispatcherServlet 就会忽略对此 Bean 的解析,该 Bean 也就无法支持使用 Spring MVC 实现文件上传。

CommonsMultipartResolver 的属性如表 14.2 所示。

表 14.2 CommonsMultipartResolver 的属性

属性	简介
defaultEncoding	指定解析 request 请求的编码格式
uploadTempDir	指定上传文件时的临时目录,默认是 Servlet 容器的临时目录。文件上传完毕后,临时目录中的临时文件会被自动清除
maxUploadSize	设置上传文件的最大值,单位是字节。默认是-1,表示无限制
maxInMemorySize	设置在文件上传时,允许写到内存中的最大值,单位是字节,默认是 10240 字节

3. 编写请求处理方法,实现文件上传

编写请求处理方法,实现文件上传,代码如下。

SecondSpringDemo.java:

```
@Controller
@RequestMapping(value = "/SecondSpringDemo")
public class SecondSpringDemo{
    @RequestMapping("/testFileUpload")
    public String testFileUpload(@RequestParam("desc") String desc, @RequestParam("file") MultipartFile file)
    throws IOException{
        String fileName = file.getOriginalFilename();
        System.out.println("desc: " + desc);
        System.out.println("OriginalFilename: " + fileName);
        System.out.println("InputStream: " + file.getInputStream());
        InputStream input = file.getInputStream();
        System.out.println("D:"+File.separator+fileName);
        OutputStream out = new FileOutputStream("D:"+File.separator+fileName);
        byte[] b = new byte[1024];
        while ((input.read(b)) != -1){
            out.write(b);
        }
        input.close();
        out.close();
        return "success";
```

第 14 章 文件上传与拦截器

```
    }
}
```

通过参数@RequestParam("file") MultipartFile file 获取前端传来的 File 对象，并通过 file.getInputStream()得到 File 对象的输入流，之后再通过输出流将文件写入 D 盘，即实现文件上传。

4．测试

进行测试，代码如下。

index.jsp：

```
<form action="SecondSpringDemo/testFileUpload"
method="POST" enctype="multipart/form-data">
        文件: <input type="file" name="file"/>
        描述: <input type="text" name="desc"/>
              <input type="submit" value="Submit"/>
</form>
```

在 JSP 页面中进行文件上传时，除文件的字段要使用 type="file"外，还应注意设置表单的提交方式及编码类型，即 method="POST" enctype="multipart/form-data"。

14.2 Spring MVC 拦截器

14.2.1 拦截器简介

拦截器的实现原理和过滤器相似，都可以对用户发出的请求或对服务器做出的响应进行拦截。Spring MVC 也提供了一个用于支持拦截器的接口 HandlerInterceptor，此接口的实现类就是一个拦截器。

HandlerInterceptor 接口包含了如表 14.3 所示的方法。

表 14.3 HandlerInterceptor 接口包含的方法

方　　法	简　　介
boolean preHandle （HttpServletRequest request, HttpServletResponse response, Object handler） throws Exception	用于拦截客户端发出的请求。此方法会在 request 请求到达服务器之前被调用。 如果拦截后需要将请求放行，则返回 true； 如果拦截后需要结束请求（让请求不再向服务器传递），则返回 false
void postHandle （HttpServletRequest request, HttpServletResponse response, Object handler, ModelAndView modelAndView） throws Exception	用于拦截服务器发出的响应。此方法会在请求处理方法执行了 request 请求之后，且在服务器发出的 response 响应到达 DispatcherServlet 的渲染方法之前被调用
void afterCompletion （HttpServletRequest request, HttpServletResponse response, Object handler, Exception ex） throws Exception	此方法会在 DispatcherServlet 将 response 响应的视图渲染完毕之后被调用

拦截器的执行流程如图 14.1 所示。

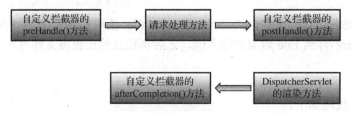

图 14.1　拦截器的执行流程

14.2.2　拦截器的使用步骤

以下是在 Spring MVC 中创建并使用拦截器的具体步骤。

1．创建自定义拦截器

创建一个类，并实现 HandlerInterceptor 接口，代码如下。

FirstInterceptor.java：

```java
//import…
public class FirstInterceptor implements HandlerInterceptor{
    //拦截客户端发出的请求
    @Override
    public boolean preHandle(HttpServletRequest request, HttpServletResponse response, Object handler)
    throws Exception{
        System.out.println("第一个拦截器的 preHandle()方法...");
        return true;//将请求放行
    }

    //用于拦截服务器发出的响应
    @Override
    public void postHandle(HttpServletRequest request, HttpServletResponse response, Object handler,
            ModelAndView modelAndView)
    throws Exception{
        System.out.println("第一个拦截器的 postHandle()方法...");
    }

    // 视图渲染完毕后被调用
    @Override
    public void afterCompletion(HttpServletRequest request, HttpServletResponse response, Object handler,
            Exception ex)
    throws Exception{
        System.out.println("第一个拦截器的 afterCompletion()方法...");
    }
}
```

2．配置拦截器

将写好的拦截器配置到 Spring MVC 配置文件中，代码如下。

springmvc.xml：

```
…
<mvc:interceptors>
    <!-- 配置自定义的拦截器 -->
    <bean class="org.lanqiao.interceptor.FirstInterceptor">
    </bean>
</mvc:interceptors>
```

3．测试

默认的拦截器会拦截所有向服务器发送的请求，代码如下。

请求处理类 SecondSpringDemo.java：

```
…
@Controller
@RequestMapping(value = "/SecondSpringDemo")
public class SecondSpringDemo{
…
    @RequestMapping("/testInterceptor")
    public String testInterceptor()    {
        System.out.println("请求处理方法...");
        return "success";
    }
}
```

index.jsp：

```
<a href="SecondSpringDemo/testInterceptor">testInterceptor</a>
```

执行 index.jsp 中的超链接，控制台的运行结果如图 14.2 所示。

图 14.2　运行结果

14.2.3　拦截器的拦截配置

之前所创建的拦截器可以拦截所有请求，此外还可以通过配置使拦截器只拦截或不拦截某些特定请求。下面在 Spring MVC 中对拦截器的配置进行修改。

springmvc.xml：

```
…
<mvc:interceptors>
    <mvc:interceptor>
        <!-- 拦截的请求路径 -->
        <mvc:mapping path="/**"/>
```

```
            <!-- 不拦截的请求路径 -->
            <mvc:exclude-mapping path="/SecondSpringDemo/testFileUpload"/>
            <bean lass=" org.lanqiao.interceptor.FirstInterceptor ">
            </bean>
        </mvc:interceptor>
</mvc:interceptors>
```

<mvc:interceptor>的子元素如表 14.4 所示。

表 14.4 <mvc:interceptor>的子元素

元 素	简 介
<mvc:mapping path=""/>	配置会被拦截器拦截的请求路径
<mvc:exclude-mapping path=""/>	配置不会被拦截器拦截的请求路径

最终拦截的请求路径是 mapping 与 exclude-mapping 的交集。例如，上述 springmvc.xml 中配置的 FirstInterceptor 拦截器,会拦截除请求路径是/SecondSpringDemo/testFileUpload 外的所有请求。

本例只涉及了一个拦截器，如果配置了多个拦截器，则多个拦截器拦截请求/响应的顺序与使用多个过滤器拦截请求/响应的顺序是完全相同的。

14.3 使用 Spring MVC 整合 JSON

使用 Spring MVC 整合 JSON 的步骤非常简单，只要引入相关 jar 文件，并给相应的处理方法添加@ResponseBody 注解。下面介绍一个使用 Spring MVC 整合 JSON 的具体示例。

1．导入 jar 文件

导入三个 jar 文件，如表 14.5 所示。

表 14.5 导入三个 jar 文件

jackson-annotations-2.1.5.jar	jackson-core-2.1.5.jar	jackson-databind-2.1.5.jar

2．编写请求处理方法，并返回数组或集合类型

编写请求处理方法，并返回数组或集合类型，代码如下。

SecondSpringDemo.java：

```
@Controller
@RequestMapping(value = "/SecondSpringDemo")
public class SecondSpringDemo{
    @ResponseBody
    @RequestMapping("/testJson")
    public List<Student> testJson(){
        //模拟从 DAO 层中查询学生集合
        Student stu1 = new Student("张三",23);
        Student stu2 = new Student("李四",24);
        Student stu3 = new Student("王五",25);
        List<Student> students = new ArrayList<Student>();
```

```
            students.add(stu1);
            students.add(stu2);
            students.add(stu3);

            return students;
        }
}
```

注意，要想使返回的集合或数组在前端以 JSON 的形式被接收，就必须在请求处理方法前添加@ResponseBody 注解。

3．测试

使用 AJAX 发送请求，并把响应结果以 JSON 的形式进行处理，代码如下。

index.jsp：

```
<head>
    <!-- 引入 jQuery 库 -->
    <script type="text/javascript"src="js/jquery-1.12.3.js">
    </script>
    <script type="text/javascript">
        $(document).ready(function(){
            $("#testJson").click(function(){
                var url = "SecondSpringDemo/testJson";
                var args = {};
                $.post(url, args, function(result){
                    for(var i = 0; i < result.length; i++){
                        //以 JSON 的形式处理响应结果
                        var stuName = result[i].stuName;
                        var stuAge = result[i].stuAge;
                        alert("姓名" + stuName + ",年龄" + stuAge);
                    }
                });
            });
        });
    </script>
    …
</head>
<body>
    <input type="button" value="testJson" id="testJson"/>
</body>
```

执行 index.jsp 中的 testJson，遍历结果如图 14.3～图 14.5 所示。

 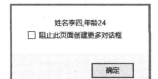 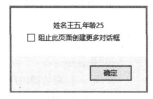

图 14.3　遍历结果（一）　　图 14.4　遍历结果（二）　　图 14.5　遍历结果（三）

读者可以在 Chrome 中看到 AJAX 的响应结果确实是 JSON 格式的数据，如图 14.6 所示。

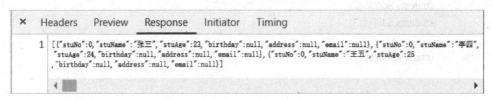

图 14.6　响应数据

可以发现，Spring MVC 能通过@ResponseBody 将返回的数组或集合转换为 JSON 格式的数据供前端处理。

14.4　本章小结

（1）在 Spring MVC 中配置 MultipartResolver 接口的实现类时，id 值必须是 multipartResolver。DispatcherServlet 在 Web 服务启动时，会自动查找 id="multipartResolver" 的 Bean，并对其进行解析。如果 id 值不是 multipartResolver，DispatcherServlet 就会忽略对此 Bean 的解析。

（2）拦截器的实现原理和过滤器相似，都可以对用户发出的请求或对服务器做出的响应进行拦截。Spring MVC 也提供了一个用于支持拦截器的接口 HandlerInterceptor，此接口的实现类就是一个拦截器。

（3）在使用 Spring MVC 实现文件上传时，可以使用 CommonsMultipartResolver 的以下两种属性对上传的文件进行限制。

①maxUploadSize：设置上传文件的最大值，单位是字节。默认是-1，表示无限制。

②maxInMemorySize：设置在文件上传时，允许写到内存中的最大值，单位是字节，默认是 10240 字节。

（4）Spring MVC 提供的拦截器默认会拦截所有请求，开发者也可以通过配置，使拦截器只拦截或不拦截某些特定请求。

（5）使用 Spring MVC 整合 JSON 时，应给相应的处理方法添加@ResponseBody 注解。

14.5　本章练习

单选题

（1）如果要让 Spring MVC 提供的拦截器只拦截特定的请求，那么就要对拦截器进行如下配置。根据注释，【1】处应该填写的内容是（　　）。

```
...
<mvc:interceptors>
    <mvc:interceptor>
        <!-- 拦截的请求路径 -->
        <mvc:mapping path="/**"/>
        <!-- 不拦截的请求路径 -->
```

```
<【1】 path="..."/>
    <bean lass=" org.lanqiao.interceptor.FirstInterceptor ">
    </bean>
  </mvc:interceptor>
</mvc:interceptors>
```

A．mvc:exclude-mapping　　　　　　B．mvc:mapping-exclude

B．mvc:map-exclude　　　　　　　　D．mvc:exclude-map

（2）下列关于 Spring MVC 提供的 MultipartResolver 接口的说法中，错误的是（　　）。

A．MultipartResolver 接口用于实现文件上传。

B．CommonsMultipartResolver 是 MultipartResolverd 接口的实现类。

C．在 Spring MVC 中配置 MultipartResolver 接口的实现类时，id 值可以是任意的，引用正确即可。

D．可以在 Spring MVC 中通过配置 CommonsMultipartResolver 或其他 MultipartResolver 接口的实现类，用于实现文件上传。

（3）如果要将以下方法的返回值转换为 JSON 格式，则应在【1】处填写的内容是（　　）。

```
【1】
@RequestMapping(...)
public List<Student> testJson(){
    ...
    List<Student> students = new ArrayList<Student>();
    ...
    return students;
}
```

A．@Response　　　　　　　　　　B．@ResponseBody

C．@RequestBody　　　　　　　　　D．@ResponseHandler

（4）下列关于拦截器的说法中，正确的是（　　）。

A．拦截器和过滤器完全相同，因此二者可以混用。

B．拦截器只能拦截请求，而过滤器可以对用户发出的请求或对服务器做出的响应进行拦截。

C．如果有一个请求经过了多个拦截器，那么这些拦截器拦截这些请求的顺序和拦截与之对应的响应的顺序是一致的。

D．Spring MVC 提供的 HandlerInterceptor 接口的实现类就是一个拦截器。

第 15 章 异常处理与 Spring MVC 处理流程

本章简介

如果在请求映射期间发生异常或从请求处理程序（如@Controller）抛出异常，那么 DispatcherServlet 将把异常处理委托给接口 HandlerExceptionResolver 的实现类，这个过程通常被称为异常响应。

本章将介绍几种常见的 HandlerExceptionResolver 的实现类（被称为异常处理器）。读者在学习时，可以对比这些异常处理器的差异，以及 Spring MVC 提供的异常处理方式与传统的异常处理方式的区别。

15.1 异常处理

Spring MVC 提供了 HandlerExceptionResolver 接口来处理异常，并且会在 Web 容器初始化时被 DispatcherServlet 自动加载。该接口的实现类如图 15.1 所示。

```
HandlerExceptionResolver - org.springframework.web.servlet
    AbstractHandlerExceptionResolver - org.springframework.web.servlet.handler
        AbstractHandlerMethodExceptionResolver - org.springframework.web.servlet.handler
            ExceptionHandlerExceptionResolver - org.springframework.web.servlet.mvc.method.annotation
        AnnotationMethodHandlerExceptionResolver - org.springframework.web.servlet.mvc.annotation
        DefaultHandlerExceptionResolver - org.springframework.web.servlet.mvc.support
        ResponseStatusExceptionResolver - org.springframework.web.servlet.mvc.annotation
        SimpleMappingExceptionResolver - org.springframework.web.servlet.handler
    HandlerExceptionResolverComposite - org.springframework.web.servlet.handler
```

图 15.1 HandlerExceptionResolver 的实现类

每个实现类都提供了一种不同的异常处理方式，本书重点讲解 ExceptionHandlerExceptionResolver、ResponseStatusExceptionResolver、DefaultHandlerExceptionResolver、SimpleMappingExceptionResolver 四种实现类的异常处理方式。

15.1.1 ExceptionHandlerExceptionResolver

ExceptionHandlerExceptionResolver 是 HandlerExceptionResolver 接口的一个实现类，该类提供了在@ExceptionHandler 注解中指定某种类型的异常的捕获处理功能。下面通过示例介绍

ExceptionHandlerExceptionResolver 处理异常的基本流程。

请求处理类（产生一个异常）SecondSpringDemo.java，代码详见程序清单 15.1。

```java
//import...
@Controller
@RequestMapping(value = "/SecondSpringDemo")
public class SecondSpringDemo{
    ...
    @RequestMapping("/testExceptionHandlerExceptionResolver")
    public String testExceptionHandlerExceptionResolver(){
        //产生一个 ArithmeticException 异常
        int num = 1/0 ;
        return "success";
    }

    //捕获本类中所有方法抛出的 ArithmeticException 异常
    @ExceptionHandler({ArithmeticException.class})
    public String handleArithmeticException(Exception ex){
        System.out.println("发生了数学异常: " + ex);
        //发生异常后，跳转到 error.jsp 页面
        return "error";
    }
}
```

程序清单 15.1

异常处理器返回的结果页面 index.jsp，代码详见程序清单 15.2。

```html
<a href="SecondSpringDemo/testExceptionHandlerExceptionResolver">
testExceptionHandlerExceptionResolver
</a>
```

程序清单 15.2

执行 index.jsp 中的超链接，可以发现控制台输出了 handleArithmeticException()方法中的异常提示，并且页面跳转到了 error.jsp，Console 运行结果如图 15.2 所示，JSP 运行结果图 15.3 所示。

图 15.2　Console 运行结果

图 15.3　JSP 运行结果

@ExceptionHandler（{ArithmeticException.class}）标识的方法会捕获当前类中抛出的ArithmeticException 类型的异常。也就是说，在某个类中产生的异常，可以通过在该类中定义一个被@ExceptionHandler（{异常类型.class}）标识的方法来捕获。并且，异常对象会被保存在 Exception 类型的参数中。

ArithmeticException 是 RuntimeException 的子类，如果在一个类中抛出一个 ArithmeticException 类型的异常，而该类中既存在@ExceptionHandler（{ArithmeticException.class}）修饰的方法，又存在@ExceptionHandler（{RuntimeException.class}）修饰的方法，那么异常只会被@ExceptionHandler（{ArithmeticException.class}）修饰的方法捕获。只有当本类中不存在 @ExceptionHandler（{ArithmeticException.class}）修饰的方法时，此异常才会被@ExceptionHandler（{RuntimeException.class}）修饰的方法捕获。也就是说，如果有多个@ExceptionHandler 修饰的方法可以捕获同一个异常时，异常只会被最精确的处理方法捕获。

还要注意，使用@ExceptionHandler 修饰的方法，可以有多个可选参数，这些可选参数的类型都是固定的。可选参数的类型是 Exception、Request、Response、Session、WebRequest 或 NativeWebRequest、Locale、InputStream 或 Reader、OutputStream 或 Writer、Model。其他类型的对象都无法作为参数传入该方法。

例如，可以写成以下形式：

```
@ExceptionHandler({ArithmeticException.class})
public String handleArithmeticException(Throwable ex)
{...}
@ExceptionHandler({ArithmeticException.class})
public String handleException(Exception ex)
{...}
@ExceptionHandler({ArithmeticException.class})
public String handleArithmeticException(ArithmeticException aEx)
{...}
```

但不能写成以下形式：

```
@ExceptionHandler({ArithmeticException.class})
public String handleArithmeticException(Exception ex,Map<String,Object> map)
{...}
@ExceptionHandler({ArithmeticException.class})
public String handleArithmeticException(String message)
{...}
```

现在我们知道，使用@ExceptionHandler 修饰的方法可以捕获同一个类中的异常。但如果@ExceptionHandler 修饰的方法与产生异常的方法不在同一个类中，那么产生的异常就不会被捕获。为此，可以新建一个类，并且使用@ControllerAdvice 注解修饰此类，代码详见程序清单 15.3。

MyExceptionHandler.java：

```
//import...
@ControllerAdvice
public class MyExceptionHandler{
    @ExceptionHandler({ArithmeticException.class})
```

```
        public ModelAndView MyException(Exception e){
            System.out.println("(异常处理类)异常信息："+e);
            ModelAndView mv = new ModelAndView("exception");
            mv.addObject("ex", e);
            return mv;
        }
}
```

程序清单 15.3

@ControllerAdvice 修饰的类可以理解为全局异常处理类，此异常处理类就可以捕获项目中所有类的方法产生的 ArithmeticException 异常，该异常必须被包含在注解 @ExceptionHandler 的 value 中。如果同一个异常既可以被同一个类中@ExceptionHandler 修饰的方法捕获，又可以被异常处理类中@ExceptionHandler 修饰的方法捕获，那么根据"就近原则"，该异常只会被同一个类中@ExceptionHandler 修饰的方法捕获。

15.1.2 ResponseStatusExceptionResolver

在开发过程中，我们经常能看到类似如图 15.4 所示的异常页面。

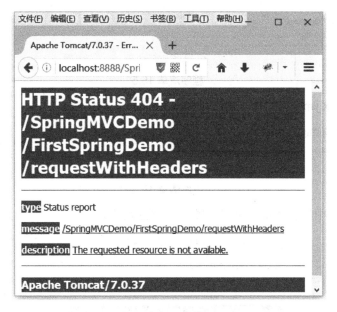

图 15.4 异常页面

页面中的异常信息都是服务器预先设置好的，除此之外，还可以自己定制这些页面中的异常信息，并通过 ResponseStatusExceptionResolver 类提供的@ResponseStatus 注解实现，我们可以通过@ResponseStatus 注解的 value 属性指定异常的状态码（如 404 等），通过 reason 属性指定具体的异常信息。

例如，新建一个异常的实现类并用@ResponseStatus 自定义异常信息，操作步骤如下。
首先，自定义异常类 MyArrayOutOfBounderException.java，代码详见程序清单 15.4。
MyArrayOutOfBounderException.java：

```
@ResponseStatus(value=HttpStatus.FORBIDDEN, reason="数组越界")
public class MyArrayOutOfBounderException extends RuntimeException{
}
```

程序清单 15.4

其中，HttpStatus.FORBIDDEN 的值是 403。

再通过请求处理方法和 index.jsp 进行测试。请求处理类的代码详见程序清单 15.5。SecondSpringDemo.java：

```
@Controller
@RequestMapping(value = "/SecondSpringDemo")
public class SecondSpringDemo{
    …
    @RequestMapping("/testResponseStatus")
    public String testResponseStatus(@RequestParam Integer i){
        if (i == 10) {
            //抛出一个异常
            throw new MyArrayOutOfBounderException();
        }
        return "success";
    }
}
```

程序清单 15.5

修改后的 index.jsp 的代码详见程序清单 15.6。

```
<a href="SecondSpringDemo/testResponseStatus?i=10">
testResponseStatus
</a>
```

程序清单 15.6

执行 index.jsp 中的超链接，运行结果如图 15.5 所示。

图 15.5　运行结果

我们也可以通过@ResponseStatus 注解标识异常类，从而定制发生异常时的提示内容，代码详见程序清单 15.4。

@ResponseStatus 注解除了能标识在异常类上，还可以标识在@Controller 修饰的处理器类的方法上。@ResponseStatus 标识在方法上时，就会使访问此方法的请求，直接显示@ResponseStatus 指定的异常信息，SecondSpringDemo 类的代码详见程序清单 15.7。

SecondSpringDemo.java：

```
@Controller
@RequestMapping(value = "/SecondSpringDemo")
public class SecondSpringDemo{
    ...
    @ResponseStatus(value=HttpStatus.FORBIDDEN, reason="数组越界")
    @RequestMapping("/testResponseStatusWithMethod")
    public String testResponseStatusWithMethod()      {
        return "success";
    }
}
```

程序清单 15.7

index.jsp：

```
<a href="SecondSpringDemo/testResponseStatusWithMethod">
testResponseStatusWithMethod
</a>
```

执行 index.jsp 中的超链接，访问被@ResponseStatus 注解标识的方法，就能直接得到异常页面，如图 15.6 所示。

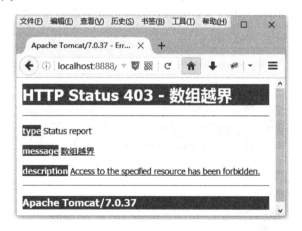

图 15.6 异常页面（访问被@ResponseStatus 注解标识的方法）

15.1.3 DefaultHandlerExceptionResolver

Springmvc 默认装配了 DefaultHandlerExceptionResolver 异常解析器，会对一些特殊的异常，如 NoSuchRequestHandlingMethodException、HttpRequestMethodNotSupportedException、HttpMediaTypeNotSupportedException、HttpMediaTypeNotAcceptableException 等进行处理。这些处理措施的主要目的是解决 Spring MVC 引发的异常并将它们映射到 HTTP 状态码。下

面以 NoSuchRequestHandlingMethodException 为例进行测试。

如果某个请求的请求方式与请求处理方法所指定的请求方式不一致，就会抛出 NoSuchRequestHandlingMethodException 异常。例如，假设请求方式为 GET 方式，而请求处理方法指定的请求方式为 POST 方式，则修改后的类的代码详见程序清单 15.8。

SecondSpringDemo.java：

```
//import…
@Controller
@RequestMapping(value = "/SecondSpringDemo")
public class SecondSpringDemo{
    …
    @RequestMapping(value="/testNoSuchRequestHandlingMethodException",
                method=RequestMethod.POST)
    public String testNoSuchRequestHandlingMethodException(){
        return "success";
    }
}
```

程序清单 15.8

index.jsp：

```
<a href="SecondSpringDemo/testNoSuchRequestHandlingMethodException">
testNoSuchRequestHandlingMethodException
</a>
```

执行 index.jsp 中的超链接，产生的 NoSuchRequestHandlingMethodException 异常就会被 DefaultHandlerExceptionResolver 捕获并处理，处理后显示的异常页面如图 15.7 所示。

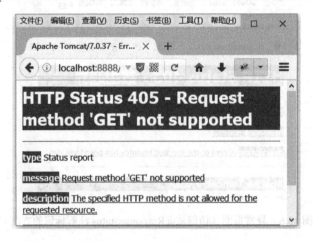

图 15.7 处理后显示的异常页面

15.1.4 SimpleMappingExceptionResolver

Spring MVC 还提供了 SimpleMappingExceptionResolver，以便通过配置的方式处理异常。配置的内容是异常类名称和错误视图名称（错误页面）之间的映射。这种方式用于在浏览器中针对不同的异常呈现不同的错误页面。例如，首先产生一个 NumberFormatException 异常，代码详见程序清单 15.9。

SecondSpringDemo.java：

```java
//import…
@Controller
@RequestMapping(value = "/SecondSpringDemo")
public class SecondSpringDemo{
    …
    @RequestMapping("/testSimpleMappingExceptionResolver")
    public String testSimpleMappingExceptionResolver(){
        //java.lang.NumberFormatException
        int num = Integer.parseInt("abc");
        return "success" ;
    }
}
```

程序清单 15.9

然后通过 index.jsp 进行访问，触发此异常。

index.jsp：

```html
<a href="SecondSpringDemo/testSimpleMappingExceptionResolver">
testSimpleMappingExceptionResolver
</a>
```

最后，可以通过在 springmvc.xml 中配置 SimpleMappingExceptionResolver 使程序在发生 NumberFormatException 异常后能跳转到一个指定的错误页面，也就是说配置的内容主要是异常类型和错误页面的对应关系，配置代码详见程序清单 15.10。

springmvc.xml：

```xml
<beans …>
    <bean class="org.springframework.web.servlet.handler.SimpleMappingExceptionResolver">
        <property name="exceptionAttribute" value="ex"></property>
        <property name="exceptionMappings">
            <props>
                <prop key="java.lang.NumberFormatException">
                    error
                </prop>
            </props>
        </property>
    </bean>
</beans>
```

程序清单 15.10

以上，通过 exceptionMappings 属性指定捕获的异常类型是 NumberFormatException，并且指定发生此类型的异常后，页面立即跳转到 error.jsp 页面，并通过设置 exceptionAttribute 属性将异常对象保存在 request 作用域中的 ex 变量中。

说明：exceptionAttribute 属性的默认值是 exception。如果不设置 exceptionAttribute 的值，Spring MVC 就会自动将异常对象保存在 request 作用域中的 exception 变量中。

错误页面 error.jsp 的代码如下。

```
...
<body>
error.jsp 页面<br/>
    ${requestScope.ex }
</body>
...
```

执行 index.jsp 中的超链接，页面就会跳转到 error.jsp 页面，并输出异常信息，如图 15.8 所示。

图 15.8　跳转到 error.jsp 页面

15.2　Spring MVC 执行流程

15.2.1　Spring MVC 核心对象

Spring MVC 与许多其他 Web 框架（Struts、Struts2、JSF）类似，围绕前端控制器模式设计，其核心是 DispatcherServlet，提供用于请求处理的共享算法，而实际工作由可配置的委托组件执行。

DispatcherServlet 也是一个 Servlet，需要在 web.xml 中根据 Servlet 规范进行声明和映射。反过来，DispatcherServlet 使用 Spring 配置请求映射、视图解析、异常处理等所需的委托组件。

请求映射用到的核心组件是 HandlerMapping（处理器映射器）。HandlerMapping 的作用：将请求及用于预处理和后处理的拦截器列表一起映射到处理程序。HandlerMapping 的实现主要依赖 RequestMappingHandlerMapping（支持 @RequestMapping 注释方法）和 SimpleUrlHandlerMapping（通过 XML 文件配置维护 URI 路径模式到处理程序的显式注册）。HandlerMapping 组件最终的执行结果是为每一个请求找到对应的处理器。

核心组件 HandlerAdapter（处理器适配器）的作用：在 HandlerMapping 组件为不同请求找到处理器后，调用并执行相应的处理器。

异常处理器 HandlerExceptionResolver 的作用：定义被@Controller 修饰过的方法，在执行过程中遇到异常时执行策略。不同的异常可以呈现不同的错误页面，或者转发其他页面。

视图处理器 ViewResolver 的作用：根据逻辑视图名称将逻辑视图解析成真正的视图，最终需要通过网页将数据模型展示给用户。

处理器是被@Controller 修饰过的类，这种类的方法对应着不同的请求，它们是对不同请求的处理代码的封装。

15.2.2 Spring MVC 处理流程

如图 15.9 所示为 Spring MVC 的处理流程。

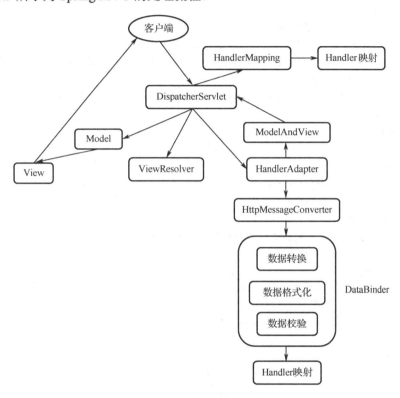

图 15.9　Spring MVC 处理流程

我们将如图 15.9 所示的 Spring MVC 处理流程归纳为 8 个主要步骤。

（1）用户向服务器发送请求，请求被 Spring 框架的 DispatcherServlet 捕获。

（2）DispatcherServlet 对 URL 请求进行解析，得到请求资源标识符（URI），然后根据该 URI 调用 HandlerMapping，获得该 Handler 配置的所有相关的对象。

（3）DispatcherServlet 根据获得的 Handler 选择一个合适的 HandlerAdapter。

（4）提取 Request 中的模型数据，填充 Handler 入参，开始执行 Handler(Controller)。

（5）Handler 执行完成后，向 DispatcherServlet 返回一个 ModelAndView 对象。

（6）根据返回的 ModelAndView，选择一个合适的 ViewResolver（必须是已经注册到 Spring 容器中的 ViewResolver）返回给 DispatcherServlet。

（7）ViewResolver 结合 Model 和 View，开始渲染视图。

（8）将渲染结果返回给客户端。

为了验证 Spring MVC 的处理流程，我们新建一个 Spring MVC 项目。为了显示 Spring 的 Debug 日志，应在这个项目中添加 Log4j 需要依赖的 jar 包 log4j-slf4j-impl-2.14.1.jar 和

log4j-core-2.14.1.jar，然后在 resources 目录下新建一个日志配置文件 log4j2.xml。该文件的代码详见程序清单 15.11。

```xml
<?xml version="1.0" encoding="UTF-8"?>
<!-- status=debug 可以查看 log4j 的装配过程 -->
<configuration status="off">
    <!--先定义所有的 appender -->
    <appenders>
        <!--输出控制台的配置 -->
        <Console name="Console" target="SYSTEM_OUT">
            <!--输出日志的格式 %L:: 输出代码中的行号。%M: 输出产生日志信息的方法名。 -->
            <PatternLayout
                pattern="%d{HH:mm:ss.SSS} %-5level %class{36}.%M @%L :-> %msg%xEx%n" />
        </Console>
    </appenders>
    <loggers>
        <logger
            name="org.springframework.web.servlet.mvc.method.annotation"
            level="debug">
        </logger>
        <logger name="org.springframework.web.servlet.view"
            level="debug">
        </logger>
        <!--建立一个默认的 root 的 logger -->
        <root level="info">
            <appender-ref ref="Console" />
        </root>
    </loggers>
</configuration>
```

程序清单 15.11

在程序清单 15.10 中，我们配置了所有日志，并使日志输出到控制台，除了包"org.springframework.web.servlet.mvc.method.annotation" 中的类和包 "org.springframework.web.servlet.mvc.method.annotation"中的类的日志为 DEBUG 级别，其他日志都是 INFO 级别。

接下来，在 web.xml 中引入 log4j2.xml，代码详见程序清单 15.12。

```xml
<!DOCTYPE web-app PUBLIC
    "-//Sun Microsystems, Inc.//DTD Web Application 2.3//EN"
    "http://java.sun***.com/dtd/web-app_2_3.dtd" >
<web-app>
    <!-- 日志记录 -->
    <context-param>
        <param-name>log4jConfiguration</param-name>
        <param-value>classpath:log4j2.xml</param-value>
    </context-param>
    <servlet>
        <servlet-name>spring-mvc</servlet-name>
```

第15章 异常处理与 Spring MVC 处理流程

```xml
        <servlet-class>org.springframework.web.servlet.DispatcherServlet</servlet-class>
    </servlet>
    <servlet-mapping>
        <servlet-name>spring-mvc</servlet-name>
        <url-pattern>/</url-pattern>
    </servlet-mapping>
</web-app>
```

程序清单 15.12

我们在项目中创建了一个简单的 Controller，该 Controller 定义了一个名为"hello"的方法，它响应的 URL 是"/helloworld"，代码如下。

```java
@RequestMapping("/helloworld")
    public String hello(){
    System.out.println("hello world");
    return "success";
}
```

该方法处理请求后会返回"success.jsp"页面，请求"/helloworld"是在"index.jsp"页面中通过一个超链接发起的。

执行该超链接，控制台输出的执行日志如图 15.10 所示。

图 15.10　Spring MVC 执行日志

在图 15.10 中，我们可以看到用户请求被 DispatcherServlet 捕获后，首先启动的是 AbstractHandlerMethodMapping 类，这个类实现了 HandlerMapping 接口，该类的目的是把 "hello()" 方法和请求地址 "/helloworld" 对应起来。

在日志中，我们可以看到 HandlerAdapter 接口的 RequestMappingHandlerAdapter 类开始启动，该类通过一系列操作，会为请求 "/helloworld" 所对应的 "hello()" 方法匹配最合适的适配器，等待被执行。

然后 ExceptionHandlerExceptionResolver 异常处理类开始初始化，准备处理 Contoller 出现的异常。之后通过 AbstractHandlerMethodMapping.getHandlerInternal 方法找到对应的 HandlerAdapter 开始执行 "hello()" 方法。在这个日志的下面，我们看到控制台输出了代码中的字符串 "hello world"。

在图 15.10 中，最后一条日志显示的内容为在 Spring 配置文件中定义的 ViewResolver，代码如下。

```
<bean id="viewResolver"
    class="org.springframework.web.servlet.view.InternalResourceViewResolver">
    <property name="prefix" value="/WEB-INF/view/" />
    <property name="suffix" value=".jsp" />
</bean>
```

将 "hello()" 方法返回的字符串 "success" 封装为路径 "/WEB-INF/view/" 下的 success.jsp 文件，然后进行渲染输出。

15.3 本章小结

本章讲解了 Spring MVC 处理异常时常用的异常处理器，以及 Spring MVC 处理流程。

（1）Spring MVC 默认加载的异常处理器是 DefaultHandlerExceptionResolver，该异常处理器可以将 Spring MVC 的异常对应到相应的 HTTP 状态码中。

（2）我们可以使用异常处理器 ExceptionHandlerExceptionResolver 提供的注解 @ExceptionHandler 自定义异常消息，并转发到自定义的错误页面中。

（3）异常处理器 SimpleMappingExceptionResolver 提供了一种不同异常对应不同错误页面的全局配置方法。

（4）通过异常处理器 ResponseStatusExceptionResolver 提供的@ResponseStatus 注解可以自定义异常返回的状态码和错误消息。

（5）Spirng MVC 的核心组件主要有 DispatcherServlet、HandlerMapping、HandlerAdapter、HandlerExceptionResolver 和 ViewResolver。

（6）Spring MVC 处理流程：项目启动后初始化 DispatcherServlet，用于拦截客户端请求，HandlerMapping 初始化后会将所有@RequestMapping 修饰的方法和对应的 URL 进行配对保存，HandlerAdapter 初始化后会为每个@RequestMapping 修饰的方法分配最合适的适配器，然后通过 HandlerMapping 定义的方法 getHandlerInternal 找到适配器并执行对应的方法，最后由 ViewResolver 处理返回结果，并且将结果映射到页面中，同时渲染页面。

15.4 本章练习

简答题

（1）DispatcherServlet 默认会加载哪个接口来处理异常？
（2）Spring MVC 提供了哪些常见的异常处理方式？
（3）简述使用 ExceptionHandlerExceptionResolver 处理异常的基本步骤。
（4）简述 Spring MVC 核心组件 HandlerMapping 的作用。
（5）在 Spring 配置文件中配置 ViewResolver 组件的作用是什么？

第 16 章

SSM 整合与 Maven

本章简介

在本书的第 10 章中，我们已经介绍了使用 Spring 整合 MyBatis 的相关内容，本章将在此基础上继续整合 Spring MVC，从而搭建出一个非常流行的 SSM 整合架构（Spring、Spring MVC、MyBatis）。整合以后，MyBatis 负责数据访问，Spring MVC 负责流程跳转等控制器业务，而 Spring 负责项目中各组件之间的依赖注入，并可以用于切面编程。SSM 是目前广泛使用的整合框架，是开发人员必须掌握的企业级技术。

16.1 SSM 整合

16.1.1 SSM 整合的基本步骤

我们已经学习了使用 Spring 整合 MyBatis 的具体方法，因此现在只需整合 Spring MVC 就可以实现 SSM 三大框架的整合。读者可能有疑问，如何整合 Spring MVC 呢？实际上，这是一个伪命题，根本不需要特殊的整合措施！因为 Spring 和 Spring MVC 本身就是同一系列的技术，所以二者是完全兼容的，我们只需在项目中分别配置 Spring 和 Spring MVC，就可以完成二者的"整合"了。接下来的内容是在第 10 章已有示例的基础上拓展的，下面详细介绍"整合"Spring MVC 的具体步骤。

1. 准备工作

复制第 10 章中的项目，并将复制后的项目重命名为 SSMDemo。

（1）新增以下文件（控制器类和业务逻辑层）。以"根据学号，查询学生信息"为例，相关代码详见程序清单 16.1～程序清单 16.3。

控制器 StudentHandler.java：

```
package org.lanqiao.handler;
//import…
@Controller
public class StudentHandler{
    private IStudentService studentService;
    public IStudentService getStudentService(){
```

```
        return studentService;
    }
    public void setStudentService(IStudentService studentService){
        this.studentService = studentService;
    }
    //根据学号,查询学生信息
    @RequestMapping("/queryStudent/{stuNo}")
    public ModelAndView queryStudentByNo(@PathVariable("stuNo")Integer stuNo){

        Student student = studentService.queryStudentByNo(stuNo);
        ModelAndView mv = new ModelAndView("success");
        mv.addObject(student);
        return mv;
    }
}
```

程序清单 16.1

业务逻辑层接口 IStudentService.java：

```
package org.lanqiao.service;
import org.lanqiao.entity.Student;
public interface IStudentService{
    public abstract Student queryStudentByNo(int stuNo);
}
```

程序清单 16.2

业务逻辑层实现类 StudentServiceImpl.java：

```
package org.lanqiao.service.impl;
//import...
public class StudentServiceImpl implements IStudentService{
    private IStudentDao studentDao ;
    public IStudentDao getStudentDao(){
        return studentDao;
    }

    public void setStudentDao(IStudentDao studentDao){
        this.studentDao = studentDao;
    }

    @Override
    public Student queryStudentByNo(int stuNo){
        Student student = studentDao.queryStudentByNo(stuNo);
        return student;
    }
}
```

程序清单 16.3

（2）额外加入如表 16.1 所示的 jar 文件。

表 16.1 jar 文件

classmate-1.0.0.jar	commons-fileupload-1.3.1.jar	commons-io-2.4.jar
javax.el-2.2.4.jar	hibernate-validator-5.1.3.Final.jar	hibernate-validator-cdi-5.1.3.Final.jar
javax.el-api-2.2.4.jar	validation-api-1.1.0.Final.jar	jboss-logging-3.1.3.GA.jar
jstl.jar	spring-webmvc-5.1.5.RELEASE.jar	standard.jar
hibernate-validator-annotation-processor-5.1.3.Final.jar		

2. 在 web.xml 中集成 Spring 和 Spring MVC

为了能在 Web 应用中使用 Spring 和 Spring MVC，需要在 web.xml 中进行设置，代码详见程序清单 16.4。

web.xml：

```xml
<?xml version="1.0" encoding="UTF-8"?>
<web-app ...>
    <display-name>SSMDemo</display-name>
    <welcome-file-list>
        <welcome-file>index.jsp</welcome-file>
    </welcome-file-list>

    <!-- 集成 Spring -->
    <context-param>
        <param-name>contextConfigLocation</param-name>
        <param-value>classpath:applicationContext.xml</param-value>
    </context-param>

    <listener>
        <listener-class>
            org.springframework.web.context.ContextLoaderListener
        </listener-class>
    </listener>

    <!-- 集成 Spring MVC -->
    <servlet>
        <servlet-name>springDispatcherServlet</servlet-name>
        <servlet-class>
            org.springframework.web.servlet.DispatcherServlet
        </servlet-class>
        <init-param>
            <param-name>contextConfigLocation</param-name>
            <param-value>classpath:springmvc.xml</param-value>
        </init-param>
        <load-on-startup>1</load-on-startup>
    </servlet>
```

```xml
    <servlet-mapping>
        <servlet-name>springDispatcherServlet</servlet-name>
        <url-pattern>/</url-pattern>
    </servlet-mapping>

</web-app>
```

程序清单 16.4

3. 创建并编写 Spring MVC 配置文件

在 Spring MVC 配置文件中配置扫描包、视图解析器和控制器 Handler，代码详见程序清单 16.5。

springmvc.xml：

```xml
<?xml version="1.0" encoding="UTF-8"?>
<beans ...>
    <!-- 配置需要扫描的包，即配置使用了 Spring MVC 注解的包。例如，StudentHandler 类使用了 Spring MVC 提供的@RequestMapping 注解，则应当把 StudentHandler 类所在的包 org.lanqiao.handler 加入扫描序列-->
    <context:component-scan base-package="org.lanqiao.handler">
    </context:component-scan>

    <!-- 配置视图解析器：把请求处理类的返回值加工成最终的视图路径-->
    <bean class="org.springframework.web.servlet.view.InternalResourceViewResolver">
        <property name="prefix" value="/views/"></property>
        <property name="suffix" value=".jsp"></property>
    </bean>

    <!-- 给控制器 Handler 注入业务逻辑层对象 -->
    <bean id="StudentHandler" class="org.lanqiao.handler.StudentHandler" >
        <property name="studentService" ref="studentService"></property>
    </bean>

</beans>
```

程序清单 16.5

Spring MVC 主要实现了控制器的功能，而在三层架构中，控制器主要用来调用业务逻辑层，因此需要在 Spring MVC 配置文件中给控制器 Handler 注入业务逻辑层对象。

4. 配置 Spring 配置文件

在 Spring 配置文件中，配置数据库连接池、sqlSessionFactory、dao、service，代码详见程序清单 16.6。

applicationContext.xml：

```xml
<?xml version="1.0" encoding="UTF-8"?>
<beans ...>
    <!-- 加载数据库属性文件 -->
    <bean id="config"
```

```xml
        class="org.springframework.beans.factory.config.PreferencesPlaceholderConfigurer">
    <property name="locations">
        <list>
            <value>classpath:db.properties</value>
        </list>
    </property>
</bean>

<!-- 配置数据库连接池（使用 DBCP 连接池）-->
<bean id="dataSource" class="org.apache.commons.dbcp.BasicDataSource" destroy-method="close">
    <property name="driverClassName" value="${driver}" />
    <property name="url" value="${url}" />
    <property name="username" value="${username}" />
    <property name="password" value="${password}" />
    <property name="maxActive" value="10" />
    <property name="maxIdle" value="5" />
</bean>

<!-- 将 MyBatis 使用的 SqlSessionFactory 交给 Spring 来管理 -->
<bean id="sqlSessionFactory" class="org.mybatis.spring.SqlSessionFactoryBean">
    <!--数据库连接池 -->
    <property name="dataSource" ref="dataSource" />
    <!--加载 MyBatis 的全局配置文件 -->
    <property name="configLocation" value="classpath:conf.xml" />
</bean>

<!-- 配置 DAO 层：为 StudentDaoImpl 注入 SqlSessionFactory 对象 -->
<bean id="studentDao" class="org.lanqiao.dao.impl.StudentDaoImpl">
    <property name="sqlSessionFactory" ref="sqlSessionFactory">
    </property>
</bean>

<bean id="studentService" class="org.lanqiao.service.impl.StudentServiceImpl">
    <property name="studentDao" ref="studentDao"></property>
</bean>
</beans>
```

程序清单 16.6

5. 测试

最后，通过 JSP 页面进行测试，代码如下。

index.jsp：

```
...
<a href="queryStudent/31">queryStudent</a><br/>
...
```

views/success.jsp：

```
…
${student.stuNo}、${student.stuName}、
${student.stuAge}、${student.graName}
…
```

执行 index.jsp 中的超链接，运行结果如图 16.1 所示。

图 16.1 运行结果

16.1.2 优化 SSM 整合

我们可以对整合完成的 SSM 架构进行优化，如增加日志、拆分 Spring 配置文件、加入二级缓存等，这些内容在前面的章节中已经讲过，这里不再赘述。本节将介绍在 SSM 架构中使用 Druid 连接池，并以此替换之前使用的 DBCP 连接池。

Druid 是阿里巴巴集团控股有限公司提供的一个开源数据库连接池，在性能、扩展性等方面都表现出色，并且可以监控数据库的访问性能。下面通过示例演示 Druid 的具体使用方法。

（1）下载某个版本 Druid 的 jar 文件（本书使用的是 druid-1.0.26.jar）。下载完成后，将该 jar 文件导入项目中。

（2）在 Spring 配置文件中，使用 Druid 替换 DBCP 连接池，代码详见程序清单 16.7～程序清单 16.8。

applicationContext.xml：

```
…
<!-- 加载数据库属性文件 -->
<bean id="config" … >
    …
    <value>classpath:db.properties</value>
    …
</bean>
<!--使用 DBCP 连接池
<bean id="dataSource" class="org.apache.commons.dbcp.BasicDataSource"…>
    …
</bean>
-->
<!--使用 Druid 连接池-->
<bean id="dataSource" class="com.alibaba.druid.pool.DruidDataSource" destroy-method = "close" >
    <!-- 数据库基本信息配置 -->
    <property name = "url" value = "${url}" />
```

```xml
<property name="username" value="${username}" />
<property name="password" value="${password}" />
<property name="driverClassName" value="${driver}" />
<property name="filters" value="${filters}" />
<!-- 最大并发连接数 -->
<property name="maxActive" value="${maxActive}" />
<!-- 初始化连接数量 -->
<property name="initialSize" value="${initialSize}" />
<!-- 配置获取连接等待超时的时间 -->
<property name="maxWait" value="${maxWait}" />
<!-- 最小空闲连接数 -->
<property name="minIdle" value="${minIdle}" />
<!-- 配置间隔多长时间才进行一次检测,检测需要关闭的空闲连接,单位是毫秒 -->
<property name="timeBetweenEvictionRunsMillis" value="${timeBetweenEvictionRunsMillis}" />
</bean>
...
```

程序清单 16.7

db.properties：

```
driver=com.mysql.jdbc.Driver
url=jdbc:mysql://127.0.0.1:3306/lanqiaodb?useSSL=false&amp;characterEncoding=utf8
username=root
password=root123
filters: stat
maxActive: 20
initialSize: 1
maxWait: 60000
minIdle: 10
maxIdle: 15
timeBetweenEvictionRunsMillis: 60000
```

程序清单 16.8

其中,各属性的含义与 DBCP 连接池中各属性的含义相同。

(3) 在 web.xml 中配置 StatViewServlet,用于以 Web 界面的形式展示 Druid 的统计信息,代码详见程序清单 16.9。

web.xml：

```xml
<web-app ...>
...
    <servlet>
        <servlet-name>DruidStatView</servlet-name>
        <servlet-class>com.alibaba.druid.support.http.StatViewServlet</servlet-class>
    </servlet>
    <servlet-mapping>
        <servlet-name>DruidStatView</servlet-name>
        <url-pattern>/druid/*</url-pattern>
```

第 16 章 SSM 整合与 Maven

```
      </servlet-mapping>
</web-app>
```

程序清单 16.9

执行 http://localhost:8888/SSMDemo/index.jsp 中的超链接，运行结果如图 16.2 所示。

图 16.2 运行结果

此时，访问 http://localhost:8888/SSMDemo/druid/index.html，可以在页面中观察到"SQL 监控"等 Druid 监控信息，如图 16.3 所示。

图 16.3 Druid 监控信息

16.2 Maven

Maven 是由 Apache 维护的一个项目管理及综合应用工具，开发人员可以用 Maven 构建一个完整的生命周期框架。对开发人员而言，Maven 可以帮助其获取并管理第三方 jar 文件，以及将项目拆分成多个工程模块。

16.2.1 Maven 的安装

下载 Maven 资源包，如图 16.4 所示。

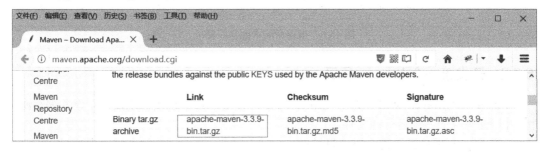

图 16.4 下载 Maven 资源包

解压下载后的文件（如解压到"D:\apache-maven-3.3.9"目录中），然后进行以下配置。
（1）配置 JAVA_HOME 环境变量。
（2）配置 Maven 环境变量（见表 16.2）。

表 16.2　Maven 环境变量

变 量 名	变 量 值
M2_HOME	Maven 的解压目录，如"D:\apache-maven-3.3.9"
path	%M2_HOME%\bin

（3）验证配置是否正确，查看 Maven 版本信息。以管理员身份运行 cmd.exe 可执行文件，执行"mvn -v"命令，如果能得到 Maven 版本信息，则说明 Maven 配置成功，如图 16.5 所示。

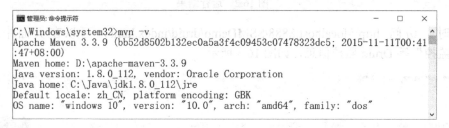

图 16.5　查看 Maven 版本信息

（4）修改本地仓库。Maven 可以统一管理 JAR 文件，并将这些 JAR 文件放在本地仓库中。本地仓库的默认目录是"C:\Users\用户名\.m2"，通常要修改本地仓库的目录，步骤如下。
①新建一个目录，作为本地仓库，如"D:\repository"。
②修改 Maven 配置文件，更改本地仓库的路径：打开<Maven 根目录>/conf/settings.xml 文件，在<settings>根元素下新增<localRepository>子元素，用于指定新的本地仓库目录，如图 16.6 所示。

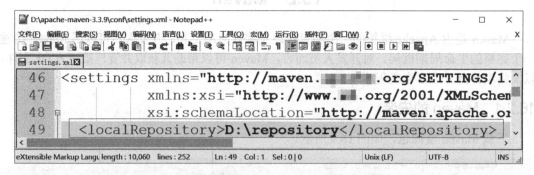

图 16.6　指定新的本地仓库目录

16.2.2　开发第一个 Maven 项目

开发第一个 Maven 项目，先不使用 Eclipse 等开发工具，直接在硬盘上新建并编写源文件，并用命令行的方式运行源文件。
一个 Maven 项目必须符合以下目录结构：

```
项目名
|---src
|---|---main
|---|---|---java
|---|---|---resources
|---|---test
|---|---|---java
|---|---|---resources
|---pom.xml
```

其中，各目录或文件的含义如表 16.3 所示。

表 16.3 目录或文件的含义

目录	简介	目录	简介
src	存放源码	resources	存放配置文件、属性文件等资源文件
main	存放主程序	test	存放测试程序
java	存放 Java 源文件	pom.xml	Maven 项目的配置文件

可以发现，Maven 将主程序和测试程序分别放在 main 目录和 test 目录中，以便区分管理。现在按照 Maven 的要求，建立以下目录及文件（项目位于"D:\MyFirstMavenProject"中）。

（1）在"src/main/java"目录下，新建 org.lanqiao.maven 包及 HelloWorld.java 文件，代码详见程序清单 16.10。

```
package org.lanqiao.maven;
public class HelloWorld{
    public String sayHello(String name){
        return "Hello"+name ;
    }
}
```

程序清单 16.10

（2）在"src/test/java"目录下，新建 org.lanqiao.maven 包及 HelloWorldTest.java 文件，代码详见程序清单 16.11。

```
package org.lanqiao.maven;
import static org.junit.Assert.*;
import org.junit.Test;
public class HelloWorldTest{
    @Test
    public void testHelloWorld(){
        HelloWorld hello = new HelloWorld();
        String content = hello.sayHello("张三");
        assertEquals("Hello 张三",content);
    }
}
```

程序清单 16.11

(3) 在项目的根目录下，新建并编写 Maven 配置文件 pom.xml，代码详见程序清单 16.12。

```xml
<?xml version="1.0" ?>
<project xmlns="http://maven.apache***.org/POM/4.0.0"
    xmlns:xsi="http://www.w3***.org/2001/XMLSchema-instance"
    xsi:schemaLocation="http://maven.apache***.org/POM/4.0.0
                        http://maven.apache***.org/xsd/maven-4.0.0.xsd">
    <modelVersion>4.0.0</modelVersion>
    <groupId>org.lanqiao.maven</groupId>
    <artifactId>MyFirstMavenProject</artifactId>
    <version>0.0.1-SNAPSHOT</version>
    <name>Hello</name>
    <dependencies>
        <dependency>
            <groupId>junit</groupId>
            <artifactId>junit</artifactId>
            <version>4.0</version>
            <scope>test</scope>
        </dependency>
    </dependencies>
</project>
```

程序清单 16.12

pom.xml 是 Maven 项目的配置文件。在 pom.xml 中，可以通过如表 16.4 所示的 3 个元素定位一个 Maven 项目。

表 16.4 可定位 Maven 项目的 3 个元素

元素	简介
groupId	域名的翻转+项目名，如 org.lanqiao.maven
artifactId	项目的模块名，如 MyFirstMavenProject
version	版本号，如 0.0.1-SNAPSHOT

pom.xml 中的 <dependencies> 元素表示"依赖"，并且每个"依赖"都用 <dependency> 进行配置。例如，我们从程序清单 16.12 中可以看出当前项目依赖 junit4.0。

（4）编译及运行 Maven 项目。在正式运行 Maven 项目前，先学习 Maven 的基本命令，如表 16.5 所示。

表 16.5 Maven 的基本命令

命令	简介	命令	简介
mvn compile	编译 Java 程序	mvn package	打包
mvn test-compile	编译测试程序	mvn clean	删除由 mvn compile 或 mvn test-compile 创建的 target 目录
mvn test	执行测试程序		

在命令提示符窗口中执行 Maven 命令时，必须先进入 Maven 根目录，如图 16.7 所示。

图 16.7　进入 Maven 根目录

然后执行 Maven 编译命令 mvn compile，如图 16.8 所示。

图 16.8　执行 Maven 编译命令

可以发现，执行编译命令时，Maven 会自动进行一些 Downloading 操作。这是因为当 Maven 命令需要使用某些插件时，Maven 会先到本地仓库中查找，如果找不到就会自动从互联网中下载。因此，编译命令执行完毕后，就可以在本地仓库中观察到已经下载好的插件，如图 16.9 所示。

图 16.9　本地仓库

mvn compile 执行完毕后，就会将项目中主程序的 Java 文件编译成 class 文件，并自动放入 target 目录中（target 目录会在执行 mvn compile 命令时自动创建），如图 16.10 所示。

图 16.10　编译生成的主程序 class 文件

mvn test-compile 命令用于将测试程序的 Java 文件编译成 class 文件，并自动放入 target 目录中，如图 16.11 所示。

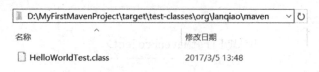

图 16.11 编译生成的测试程序 class 文件

mvn test 命令用于执行 Maven 项目中的测试程序（如 HelloWorldTest.java 中的 testHelloWorld()方法，如图 16.12 所示表示通过测试程序。

图 16.12 mvn test 命令（通过测试程序）

mvn package 命令用于将 Maven 项目打包成一个 jar 文件，如图 16.13 和图 16.14 所示。

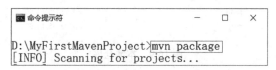

图 16.13 mvn package 命令

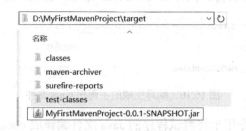

图 16.14 打包后的 jar 文件

16.2.3 使用 Maven 重构 SSM 项目

可以在 Eclipse 中使用 Maven 搭建 SSM 环境。

首先，在 Eclipse 中设置 Maven 配置文件：在 Eclipse 中打开 Preferences 对话框，在左侧的列表中选择 Maven→User Settings 选项，在右侧的 User Settings 区域中指定 settings.xml 文件的位置，如图 16.15 所示，设置完成后，单击 Apply 按钮。

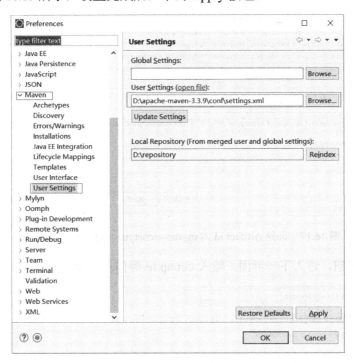

图 16.15　在 Eclipse 中设置 Maven 配置文件

在 Eclipse 中打开 New 对话框，新建一个 Maven 项目（Maven Project），如图 16.16 所示。打开 New Maven Project 对话框，选择 Artifact Id 为 maven-archetype-webapp 的 Web 项目，如图 16.17 所示。

图 16.16　新建 Maven 项目

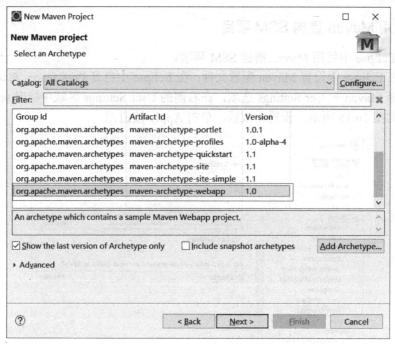

图 16.17　选择 Artifact Id 为 maven-archetype-webapp 的 Web 项目

单击 Next 按钮，进入下一界面，输入 Group Id 等信息，如图 16.18 所示。

图 16.18　输入 Group Id 等信息

第 16 章 SSM 整合与 Maven

单击 Finish 按钮，Maven 就会自动下载依赖的 jar 文件（下载时间较长）并创建出一个 Maven 项目，如图 16.19 所示。

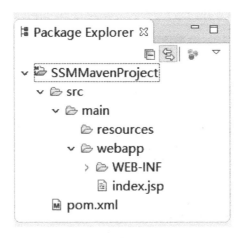

图 16.19　创建 Maven 项目

项目创建后，还需要配置一些其他参数：右击项目，在弹出的快捷菜单中选择 Properties 选项，弹出对话框，在对话框左侧的列表中选择 Project Facets 选项，在对话框的中间区域选中 Dynamic Web Module、Java 和 JavaScript 复选框，并设置相应的版本号，如图 16.20 所示。

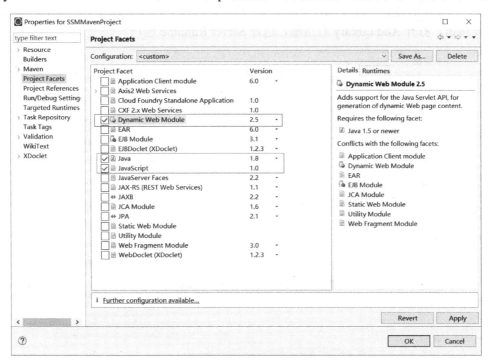

图 16.20　项目创建后配置其他参数

配置完成后的项目如图 16.21 所示。

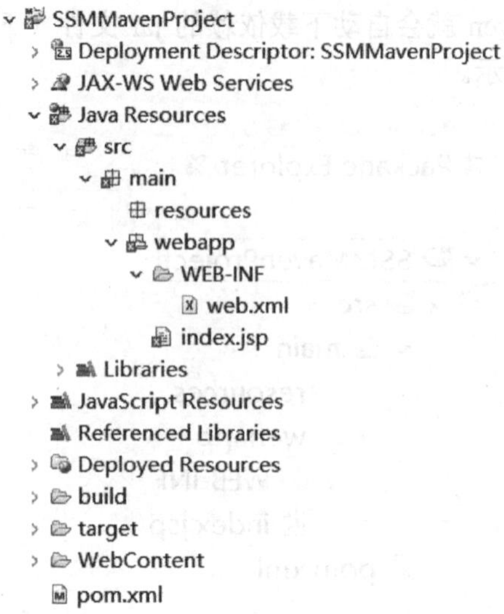

图 16.21 配置完成后的项目

可以发现，目前的项目存在两个问题：问题一，项目中存在错误；问题二，项目的结构不符合 Maven 目录结构。解决方法如下。

给项目增加 Tomcat 运行时的环境，如图 16.22 所示，打开 Properties for SSMMavenProject 对话框，在左侧的列表中选择 Java Build Path 选项，选择 Libraries 选项卡，单击右侧的 Add Library 按钮，打开 Add Library 对话框，选择 Server Runtime 选项。

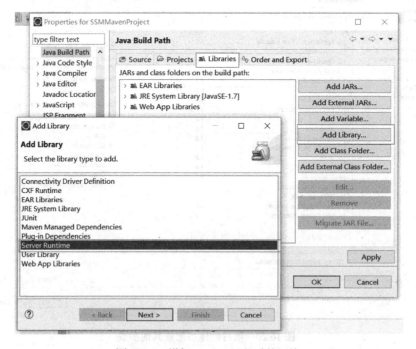

图 16.22 增加 Tomcat 运行时的环境

更新后的 Library 列表如图 16.23 所示。

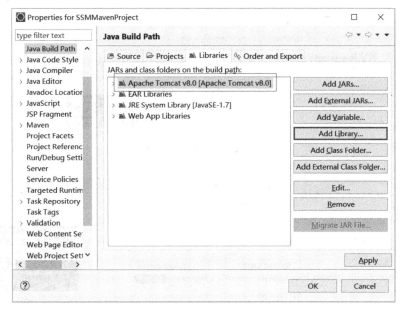

图 16.23　更新后的 Library 列表

开发者可以创建其余的 Source Folder，使项目符合 Maven 的结构要求。

准备工作完成后，就可以在 Maven 项目中整合 SSM 了。与之前整合 SSM 方法的最大区别就是，现在无须在 WEB-INF/lib 中手动增加 jar 文件，只需在 pom.xml 中编写依赖 dependency，之后 Maven 就会自动下载项目需要的 jar 文件。

如何编写特定的 dependency 呢？本节以编写 spring-core 依赖为例进行说明。之前使用 spring-core 相关功能时，需要手动将 spring-core-5.xx.RELEASE.jar 放到 WEB-INF/lib 目录中；而使用 Maven 以后，只需在 pom.xml 中编写以下依赖，之后 Maven 就会自动将 spring-core 需要的 jar 文件导入项目，代码如下。

pom.xml：

```
...
<dependencies>
    ...
    <!-- 增加 spring-core 依赖 -->
    <dependency>
        <groupId>org.springframework</groupId>
        <artifactId>spring-core</artifactId>
        <version>5.1.8.RELEASE</version>
    </dependency>
</dependencies>
...
```

读者可能会问：如何知道 spring-core 的 Group Id、Artifact Id 等信息呢？其实，可以通过 mvnrepository 官网进行查询。例如，可以在该网站搜索 spring core，然后查找 5.1.8 版本的依赖信息，如图 16.24～图 16.27 所示。

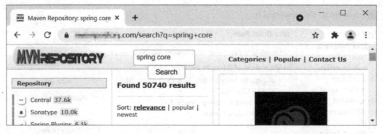

图 16.24　搜索 spring core

图 16.25　spring core 的搜索结果

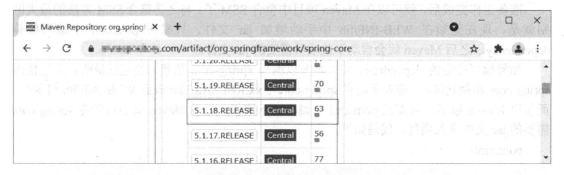

图 16.26　选择 spring core 版本

图 16.27　依赖配置

按照此方法，根据整合 SSM 时所需的所有 jar 文件，找到相应的 dependency 信息并写入 pom.xml 文件。之后就可以按照前文所述的方法，编写整合 SSM 的各文件了。

16.3 本章小结

（1）Spring 和 Spring MVC 本身就是同一系列的技术，因此二者是完全兼容的，我们只需在项目中分别配置 Spring 和 Spring MVC，就可以实现二者的"整合"。

（2）如果在控制器层使用了@RequestMapping 等注解，则应将该层通过<context:component-scan.../>配置到扫描器中。

（3）Maven 是一个由 Apache 维护的项目管理及综合应用工具，开发人员可以用 Maven 构建一个完整的生命周期框架。对开发人员而言，Maven 可以帮助其获取并管理第三方 jar 文件，以及将项目拆分成多个工程模块。

（4）Maven 将主程序和测试程序分别放在了 main 目录和 test 目录中，以便区分管理。

（5）mvn compile 用于将项目中主程序的 Java 文件编译成 class 文件，并自动放入 target 目录中；mvn test-compile 命令用于将测试程序的 Java 文件编译成 class 文件，并自动放入 target 目录中；mvn test 命令用于执行 Maven 项目中的测试程序；mvn package 命令用于将 Maven 项目打包成一个 jar 文件。

16.4 本章练习

单选题

（1）在使用注解方式的 SSM 架构中，如果某个控制器层或数据访问层使用了注解（如@RequestMapping），那么该层所在的包需要在配置文件中通过（　　）标签进行配置。

A．<base-package.../>　　　　　　　　B．<context:component-scan.../>

C．<bean:component-scan.../>　　　　D．无须配置

（2）如果要将 MyBatis 使用的 SqlSessionFactory 交给 Spring 管理，则应进行的配置为（　　）。

A.

```
<bean id="sqlSessionFactory" class="org.mybatis.spring.SqlSessionFactoryBean">
    <property name="dataSource" ref="数据源" />
    <property name="configLocation" ref="classpath:MyBatis 的全局配置文件" />
</bean>
```

B.

```
<bean id="sqlSessionFactory" class="org.mybatis.springframework.SqlSessionFactoryBean">
    <property name="dataSource" ref="数据源" />
    <property name="configLocation" value="classpath:MyBatis 的全局配置文件" />
</bean>
```

C.

```
<bean id="sqlSessionFactory" class="org.mybatis.spring.SqlSessionFactoryBean">
    <property name="dataSource" ref="数据源" />
    <property name="config" value="classpath:MyBatis 的全局配置文件" />
```

```
    </bean>
```

D.
```
<bean id="sqlSessionFactory" class="org.mybatis.spring.SqlSessionFactoryBean">
    <property name="dataSource" ref="数据源" />
    <property name="configLocation" value="classpath:MyBatis 的全局配置文件" />
</bean>
```

（3）下列选项中，（　　）不是 Maven 可以实现的功能。
A．可以实现容器化。
B．可以帮助开发者获取并管理第三方 jar 文件。
C．可以构建一个完整的生命周期框架。
D．可以将项目拆分成多个工程模块。

（4）下列关于 Maven 命令的说法中，错误的是（　　）。
A．mvn compile 会将项目中主程序的 Java 文件编译成 class 文件。
B．mvn test-compile 命令也可以将测试程序的 Java 文件编译成 class 文件。
C．mvn test 命令可以为项目中的程序自动生成测试代码。
D．mvn package 命令可以将 Maven 项目打包成一个 jar 文件。

第 17 章

微服务

本章简介

微服务是系统架构的一种设计风格,其主体思想是将一个原本独立的服务拆分成多个小型服务,每个服务独立运行在各自的进程中,各服务之间通过 HTTP RESTful 接口进行通信。每个服务都围绕具体业务进行构建,并且能够被独立地部署到生产环境中。

Spring Boot 目前主要被当作微服务的基础框架使用,它有着快速开发,内置 Web 容器,自动配置等优点,在开发过程中,可以大量简化配置,简化编码,简化对系统自身的监控,并且极大地简化了部署工作。

Spring Cloud 是目前非常流行的微服务治理框架,Spring Cloud 本质上是一个基于 Spring 技术的开发微服务的工具包,Spring Cloud 工具包提供了微服务治理的各种工具。例如,服务注册与发现、负载均衡、服务监控、服务调用客户端、服务熔断、网关等。只要涉及微服务治理的需求,Spring Cloud 都有响应的工具可以使用。Spring Cloud 提供的这些组件,再加上 Spring Boot 这个能够快速构建项目的基础框架构成了一个完整的微服务生态。

17.1 Spring Boot

Spring Boot 本身只是一个 Spring 平台和第三方类库的大集合。它存在的意义是让我们更方便地,并且使用最少的配置开发基于 Spring 框架的企业级应用程序。

Spring Boot 提供了更快速的开发方式,以及更便于操作 Spring 的方法。Spring Boot 的默认属性可以让我们对很多功能做到开箱即用(约定大于配置)。

Spring Boot 提供了大量的非功能性特性,这些特性对于基于 Spring 框架构建的项目来说都需要引入大量第三方库才能使用,如内置的容器(tomcat,jetty,undertow),安全性,指标监控(metrics),健康检查,配置外部化等。所有这些特性在我们使用 Spring Boot 的时候就已经具备了,无须加入任何代码和 XML 配置文件就可以使用。

17.1.1 Spring Boot 基础

Spring Boot 能够快速开发基于 Spring 框架的企业级应用程序，能够弃用 XML 配置文件，能够默认支持大量第三方组件的使用，这些都基于 Spring Boot 的一项核心技术——自动配置（AutoConfiguration）。

正因为 Spring Boot 使用了自动配置技术，我们才可以对大量组件做到开箱即用，最直观的体验就是当我们在 Pom 文件中依赖了一个 starter jar 包后，这个 starter jar 包所包含的框架就可以直接使用了，其原因是每个 starter jar 包都会包含一个或多个名为 xxxxAutoConfigure 的类，这些类负责完成自动配置工作。下面我们通过构建一个 Spring Boot 项目来详细了解 Spring Boot 及 Spring Boot 的自动配置的优点。

首先来了解开发 Spring Boot 应用的系统要求。本章使用的 Spring Boot 的版本是 2.4.6。Spring Boot 2.4.6 需要 JDK 8+，Maven 需要 3.5 或以上版本。另外，我们需要给 Eclipse 预先安装 Spring tools suit4。

1．创建第一个 Spring Boot 项目

创建 Spring Boot 项目的基本操作步骤如下。

选择"File"→"New"→"Spring Starter Project"菜单命令，打开如图 17.1 所示的 New Spring Starter Project 对话框。

图 17.1　New Spring Starter Project 对话框

在 New Spring Starter Project 对话框中，"Service URL"文本框中的内容是不能变动的，Name 文本框用于输入项目名称，"Type"下拉列表用于选择项目构建工具，此处选择"Maven"选项，请注意，给 Eclipse 配置的 Maven 需要 3.5 或以上版本。"Packaging"下拉列表的可选项有"Jar"选项和"War"选项，这两个选项决定了项目最后会打成 jar 包，还是 war 包，此处选择"Jar"选项。"Language"下拉列表用于选择编程语言，Spring 框架支持 Java、Kotlin、Groovy 三种语言，此处选择"Java"选项。

"Group""Artifact""Version""Description"这四个文本框用于显示 Pom 文件中的四个标签值。前三项共同构成了项目的坐标,也可以理解为"Group""Artifact""Version"一起为项目标记了唯一的 ID。接下来,单击"Next"按钮,打开如图 17.2 所示的 New Spring Starter Project Dependencies 对话框。

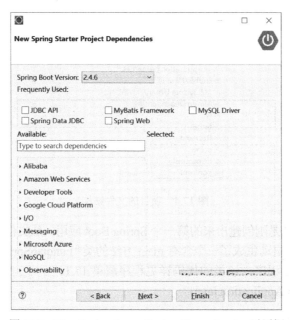

图 17.2　New Spring Starter Project Dependencies 对话框

在该对话框中,选择 Spring Boot 版本,此处选择 2.4.6 版本。对话框的下半部分用于选择项目需要的功能或组件,此处无须选择,单击"Next"按钮,打开 New Spring Starter Project 对话框的项目网址界面,如图 17.3 所示。

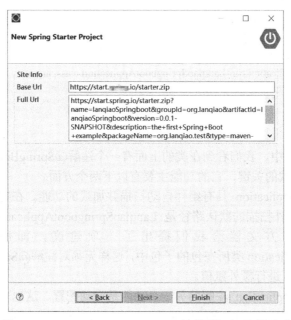

图 17.3　New Spring Starter Project 对话框的项目网址界面

在图 17.3 中，配置当前项目的网址，如果该项目有特定的网址，则可以在 URL 文本框中输入，如果没有特定的网址，则直接单击"Finish"按钮，开始创建 Spring Boot 项目。

项目创建完成后，项目的文件结构如图 17.4 所示。

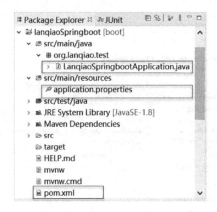

图 17.4 项目的文件结构

图 17.4 中的项目就是刚创建出来的第一个 Spring Boot 应用。从文件结构中可以看到，新创建的 Spring Boot 应用，自动生成了一个含有 main 方法的类"LanqiaoSpringbootApplication.java"，这个类是启动项目的主程序，该类的代码详见程序清单 17.1。

LanqiaoSpringbootApplication.java：

```java
package org.lanqiao.test;

import org.springframework.boot.SpringApplication;
import org.springframework.boot.autoconfigure.SpringBootApplication;

@SpringBootApplication
public class LanqiaoSpringbootApplication {

    public static void main(String[] args) {
        SpringApplication.run(LanqiaoSpringbootApplication.class, args);
    }
}
```

程序清单 17.1

在程序清单 17.1 中，我们看到在类的上面有一个注解@SpringBootApplication，这个注解是 Spring 上下文加载的关键，它的功能主要有以下两个方面。

①@SpringBootApplication 具有组件自动扫描并加载的功能。在它的定义里包含了注解@ComponentScan，组件扫描的默认路径是 LanqiaoSpringbootApplication 类所在的包及其子包。Spring Boot 官方文档给我们提出了一项建议，即所有代码最好放在 LanqiaoSpringbootApplication 类所在包的子包中，这样无须对注解@SpringBootApplication 的属性 scanBasePackages 进行额外赋值。

②@SpringBootApplication 注解的另一个功能是自动配置，这也表明在该配置中包含了注解@EnableAutoConfiguration，它的作用是可以自动将所有符合条件的@Configuration 配置

都加载到当前的 Spring IoC 容器中。

Spring Boot 的自动装配功能是 Spring Boot 的核心功能，Spring Boot 项目在启动时会将每个添加到依赖中的 starter jar 包的 META-INF/spring.factoires 文件定义的 EnableAutoConfiguration 类都加载到 Spring IoC 容器中。同时，在这些被加载的类中又存在大量的@Condition 注解，这些注解表明如果在项目的 ClassPath 下有某个类存在，则会继续加载关联的 Bean，或者当 Spring IoC 容器中存在某个 Bean 时也会继续加载关联的 Bean。条件装配注解@ConditionalOnBean 和 @ConditionalOnMissingBean 用于判断容器中是否缺少某个 Bean，如果缺少某个 Bean，则自动加载某些类。

此外，条件装配注解@ConditionalOnProperty 用于判断在属性文件中是否有特定的属性，如果有特定的属性，则 Spring Boot 会自动装配关联的类。这样的条件装配注解还有很多种，正因为有了这些自动装配功能，才让我们使用 Spring Boot 构建基于 Spring 框架的应用程序变得更简洁、快速。

接下来，我们再看该 main 方法中唯一的 Java 语句，代码如下。

```
SpringApplication.run(LanqiaoSpringbootApplication.class, args);
```

这条 Java 语句的作用是通过使用 SpringApplication 类的静态方法 run()启动项目。

图 17.4 中的属性文件 application.properties 目前是一个空文件。只有当我们需要添加某些组件的配置项，或者需要改变 Spring Boot 的某些功能的工作方式时，才会修改这个属性文件。例如，我们可以在这个属性文件中设置以下属性，代码如下。

```
debug=true
spring.banner.image.height=60
```

第一个属性用来定义项目启动时日志输出为 Debug 模式，第二个属性定义了项目启动时 Banner 图片的高度。

Spring Boot 同时还支持另外一种属性配置文件，即 Yml 配置文件。Yml 配置文件使用的是 YAML 语言，这是一种专门用来编写配置文件的语言，该语言的语法比较简洁、功能比较强大，尤其适合编写结构复杂的配置项。

YAML 语言的特点如下。
- 区分字母大小写。
- 使用缩进表示层级关系，缩进时不允许使用 Tab 键。
- 只允许使用空格键，缩进的空格数目不重要，只要相同层级的元素左侧对齐即可。
- 使用"-"表示数组中的一个元素。

例如，在 application.properties 文件中添加了两个配置项，则在 application.yml 配置文件中可按如下格式编写。

```
debug: true
spring:
  banner:
    image:
      height: 60
```

我们将在 17.2.3 节中使用 Yml 配置文件编辑结构更复杂的配置项。

项目的 Pom 文件也是我们关注的另一个重点，图 17.4 中的 pom.xml 文件的代码详见程序清单 17.2。

pom.xml：

```xml
<?xml version="1.0" encoding="UTF-8"?>
<project xmlns="http://maven.apache***.org/POM/4.0.0"
    xmlns:xsi="http://www.w3.org/2001***/XMLSchema-instance"
    xsi:schemaLocation="http://maven.apache***.org/POM/4.0.0
                        https://maven.apache***.org/xsd/maven-4.0.0.xsd">
    <modelVersion>4.0.0</modelVersion>
    <parent>
        <groupId>org.springframework.boot</groupId>
        <artifactId>spring-boot-starter-parent</artifactId>
        <version>2.4.6</version>
        <relativePath/>
    </parent>
    <groupId>org.lanqiao</groupId>
    <artifactId>lanqiaoSpringboot</artifactId>
    <version>0.0.1-SNAPSHOT</version>
    <name>lanqiaoSpringboot</name>
    <description>the first Spring Boot example</description>
    <properties>
        <java.version>1.8</java.version>
    </properties>
    <dependencies>
        <dependency>
            <groupId>org.springframework.boot</groupId>
            <artifactId>spring-boot-starter</artifactId>
        </dependency>

        <dependency>
            <groupId>org.springframework.boot</groupId>
            <artifactId>spring-boot-starter-test</artifactId>
            <scope>test</scope>
        </dependency>
    </dependencies>

    <build>
        <plugins>
            <plugin>
                <groupId>org.springframework.boot</groupId>
                <artifactId>spring-boot-maven-plugin</artifactId>
            </plugin>
        </plugins>
    </build>

</project>
```

程序清单 17.2

程序清单 17.2 显示了我们创建的 Spring Boot 项目的 pom.xml 文件，可以看到在这个文件里添加了一个<parent>标签，这个标签的作用和 Java 代码中继承的作用是一样的，也就是说，我们创建的项目继承了 Spring Boot 2.4.6 中关于项目构建的所有设置。<parent>标签的主要目的是可以避免重复设置。由于新建的项目没有添加任何功能组件，所以这里的依赖项只有 spring-boot-starter 和 spring-boot-starter-test。

在 pom.xml 文件中，Spring Boot Maven Plugin 插件最主要的功能是对 Spring Boot 项目重新打包，在 Maven 的 package 生命周期阶段，能够将 mvn package 生成的软件包再次打包为可执行的软件包。

接下来，启动第一个 Spring Boot 项目，但是由于在该项目中没有自定义任何 Bean，也没有加入任何其他功能，所以要进行如下修改。

新建一个"org.lanqiao.test.service"包，在该包中新建一个服务接口"StudentService"，该接口的代码详见程序清单 17.3。

StudentService.java：

```
package org.lanqiao.test.service;

public interface StudentService {
    public boolean addStudent(int stuId);
}
```

程序清单 17.3

新建一个"org.lanqiao.test.service.impl"包，在这个包中新建一个"StudentServiceImpl"服务类的实现接口"StudentService"。该类的代码详见程序清单 17.4。

```
package org.lanqiao.test.service.impl;

import org.lanqiao.test.service.StudentService;
import org.springframework.stereotype.Service;

@Service
public class StudentServiceImple implements StudentService {
    @Override
    public boolean addStudent(int stuId) {
        System.out.println("添加 Id 为"+stuId+"的学生。");
        return true;
    }
}
```

程序清单 17.4

对 LanqiaoSpringbootApplication 类中的 main 方法做一些修改，代码详见程序清单 17.5。

```
package org.lanqiao.test;

import org.lanqiao.test.service.StudentService;
import org.springframework.boot.SpringApplication;
import org.springframework.boot.autoconfigure.SpringBootApplication;
import org.springframework.context.ConfigurableApplicationContext;
```

```
@SpringBootApplication
public class LanqiaoSpringbootApplication {

    public static void main(String[] args) {
        ConfigurableApplicationContext context =
                SpringApplication.run(LanqiaoSpringbootApplication.class, args);
        StudentService studentService = (StudentService) context.getBean("studentServiceImple");
        studentService.addStudent(0);
    }
}
```

程序清单 17.5

在程序清单 17.5 中，我们使用 SpringApplication.run()方法的返回对象 context 获取 Spring IoC 加载的 Bean。

选择 "Run As" → "Spring Boot App" 菜单命令，执行该 main 方法，项目启动后，在控制台查看输出日志，如图 17.5 所示。

图 17.5 Spring Boot 项目启动

从图 17.5 中，我们可以看到最前面的是 Spring Boot 的 banner，接着是项目的启动信息，最后输出了 addStudent()方法中的打印信息。

2. 集成 MyBatis

目前创建的 Sprong Boot 项目 lanqiaoSpringboot 不具备实际功能。接下来，我们会把 MyBatis 添加到项目中，让该项目具备操作数据库的能力。先在项目中添加 MyBatis 需要修改的 pom.xml 文件，并添加三个依赖，代码如下。

```
<!-- 添加 MyBatis 需要的依赖 -->
<dependency>
    <groupId>org.mybatis.spring.boot</groupId>
    <artifactId>mybatis-spring-boot-starter</artifactId>
```

```xml
        <version>2.1.4</version>
    </dependency>
    <!-- 添加数据源需要的依赖-->
    <dependency>
        <groupId>com.alibaba</groupId>
        <artifactId>druid-spring-boot-starter</artifactId>
        <version>1.2.6</version>
    </dependency>
    <!-- 添加 mysql 的 jdbc 驱动包 -->
    <dependency>
        <groupId>mysql</groupId>
        <artifactId>mysql-connector-java</artifactId>
    </dependency>
```

由于使用的 Spring Boot 是 2.4.6 版本,所以 mybatis-spring-boot-starter 应选择 2.1.x 版本。添加依赖后,我们使用 10.2 节中的 student 表验证 Spring Boot 项目集成 MyBatis。

首先,使用第 6 章中的 MyBatis Generator 逆向生成 student 表对应的实体类和映射文件。逆向生成代码后,在"src/main/resources"目录下添加第 10 章的程序清单 10.3,即 mybatis-config.xml 文件。

然后,修改 application.properties 文件,代码详见程序清单 17.6。

application.properties:

```
#druid 数据源配置项
spring.datasource.url=jdbc:mysql://127.0.0.1:3306/lanqiaodb?useSSL=false&characterEncoding=utf8
spring.datasource.username=root
spring.datasource.password=zhangQIANG@123
spring.datasource.driver-class-name=com.mysql.jdbc.Driver
spring.datasource.druid.max-active=50
spring.datasource.druid.min-idle=10
#MyBatis 配置项
mybatis.config-location=classpath:mybatis-config.xml
mybatis.mapper-locations=classpath*:org/lanqiao/test/dao/xml/*.xml
```

程序清单 17.6

在程序清单 17.6 的配置项中,先配置 Druid 数据源,再在 MyBatis 配置项中配置 MyBatis 配置文件所在的位置和 XML 映射文件所在的位置。

在 Spring 框架中使用 MyBatis 时,需要操作映射接口,因此接下来要完成映射接口的扫描,这一步要对 LanqiaoSpringbootApplication 类进行修改。修改后的代码详见程序清单 17.7。

LanqiaoSpringbootApplication.java:

```java
package org.lanqiao.test;

import org.lanqiao.test.service.StudentService;
import org.mybatis.spring.annotation.MapperScan;
import org.springframework.boot.SpringApplication;
import org.springframework.boot.autoconfigure.SpringBootApplication;
import org.springframework.context.ConfigurableApplicationContext;
```

```java
@SpringBootApplication
@MapperScan(basePackages = {"org.lanqiao.test.dao"})
public class LanqiaoSpringbootApplication {

    public static void main(String[] args) {
        //main 方法中的代码不变
        ...
    }
}
```

程序清单 17.7

在程序清单 17.7 中，为了扫描映射接口，我们在 LanqiaoSpringbootApplication 类中添加了一个注解@MapperScan，这个注解的作用就是在当前包及子包中扫描符合要求的 xxxxMapper 映射接口，然后实例化到 Spring IoC 容器中。在程序清单 17.7 中，直接通过注解@MapperScan 的属性 basePackages 指定了需要扫描的包路径，basePackages 的值需要字符串数组，如果想扫描多个具体的包路径，则可以在这个数组中持续添加。

接下来修改服务层代码，首先修改的是接口 StudentService.java 的代码，修改后的代码详见程序清单 17.8。

StudentService.java：

```java
package org.lanqiao.test.service;

import org.lanqiao.test.entity.Student;

public interface StudentService {
    public boolean addStudent(Student student);
    public Student findStudentById(int stuId);
    public List<Student> findAllStudents();
}
```

程序清单 17.8

然后在接口 StudentService 的实现类 StudentServiceImple 中通过 StuentMapper 访问数据库。修改后的代码详见程序清单 17.9。

StudentServiceImpl.java：

```java
package org.lanqiao.test.service.impl;

import org.lanqiao.test.dao.StudentMapper;
import org.lanqiao.test.entity.Student;
import org.lanqiao.test.service.StudentService;
import org.springframework.beans.factory.annotation.Autowired;
import org.springframework.stereotype.Service;

@Service
public class StudentServiceImple implements StudentService {
    @Autowired
    StudentMapper studentMapper;
```

```
    @Override
    public boolean addStudent(Student student) {
        return false;
    }

    @Override
    public Student findStudentById(int stuId) {
        return studentMapper.selectByPrimaryKey(stuId);
    }

    @Override
    public List<Student> findAllStudents() {
        List<Student> allStudents = new ArrayList<Student>();
        allStudents = studentMapper.selectByExample(null);
        return allStudents;
    }
}
```

程序清单 17.9

在程序清单 17.9 中,我们修改了 findStudentById()方法,并使用了 StudentMapper 查询数据库表,StudentMapper 的实例是通过 Spring IoC 的自动装配功能注入的。

现在,我们可以通过 LanqiaoSpringbootApplication 的 main 方法测试 MyBatis 的集成是否成功了。测试前,要对 main 方法做一些改动,代码如下。

```
public static void main(String[] args) {
    ConfigurableApplicationContext context =
            SpringApplication.run(LanqiaoSpringbootApplication.class, args);
    StudentService studentService = (StudentService) context.getBean(StudentService.class);
    studentService.findStudentById(50);
}
```

在新修改的 main 方法中,使用 type 方式获取 Bean,即在 getBean()方法中传入的参数是接口的 class 对象。执行该方法,结果如图 17.6 所示。

图 17.6　集成 MyBatis 的执行结果

17.1.2 使用 Spring Boot 开发 Web 应用

Spring Boot 非常适合开发 Web 应用,我们可以使用嵌入式 Tomcat、Jetty、Undertow 或 Netty 创建自包含的 HTTP 服务器。

开发 Web 应用时,需要在 pom.xml 文件中添加 spring-boot-starter-web 依赖,代码如下。

```
<dependency>
    <groupId>org.springframework.boot</groupId>
    <artifactId>spring-boot-starter-web</artifactId>
</dependency>
```

添加 spring-boot-starter-web 依赖后,Spring Boot 会为 Web 应用提供 Tomcat 作为默认的内置容器。如果想更换为其他内置容器(如 Undertow),则需要进行配置,代码如下。

```
<dependency>
    <groupId>org.springframework.boot</groupId>
    <artifactId>spring-boot-starter-web</artifactId>
    <exclusions>
    <!-- 去除 Tomcat 依赖 -->
        <exclusion>
            <groupId>org.springframework.boot</groupId>
            <artifactId>spring-boot-starter-tomcat</artifactId>
        </exclusion>
    </exclusions>
</dependency>
<!-- 添加去除 Undertow 依赖 -->
<dependency>
    <groupId>org.springframework.boot</groupId>
    <artifactId>spring-boot-starter-undertow</artifactId>
</dependency>
```

我们在添加这个依赖的时候没有添加版本号,其原因是在父 Pom 中对常用的 jar 包的版本号进行了统一管理。

Spring Boot 对 Spring MVC 提供了自动配置组件,而这些自动配置组件对大多数 Web 应用而言都是满足需求的。

但是在使用后台模板引擎时,Spring Boot 并不推荐使用 JSP,其原因是 JSP 需要本地空间保存 JSP 引擎动态生成的 Servlet 类,而 Spring Boot 程序往往以 jar 包的形式脱离外部容器独立运行,这就需要设置额外的地址保存生成的文件。然而,这种使用方法背离了 Spring Boot 最初的易配置、快速开发的初衷。

所以在本节的示例中,我们使用 Spring Boot 支持的模板引擎 Thymeleaf 构建页面。接下来,在 Pom 文件中加入 Thymeleaf 的依赖,代码如下。

```
<dependency>
    <groupId>org.springframework.boot</groupId>
    <artifactId>spring-boot-starter-thymeleaf</artifactId>
</dependency>
```

Thymeleaf 是用来开发 Web 应用的服务器端模版引擎,Thymeleaf 的主要作用是把 model 中的数据渲染到 HTML 页面中,因此其语法结构主要围绕解析 model 中的数据。Spring Boot 提供了 Thymeleaf 的默认配置,并且为 Thymeleaf 设置了视图解析器,我们可以像操作 JSP 一样操作 Thymeleaf。Java 代码几乎没有任何区别,只是在模板语法上有所区别。

Spring Boot 项目中默认的静态资源放在 "src/main/resources/static" 目录下,而所有模板页面的默认路径存放在 "src/main/resources/templates" 目录下,如果我们在项目创建时选择了 spring-boot-starter-web 依赖,则这两个目录会自动创建。但是,我们在项目创建时没有选择 spring-boot-starter-web 依赖,所以在图 17.4 的项目文件结构中没有这两个文件夹,现在需要手动创建这两个文件夹。创建文件夹后的项目文件结构如图 17.7 所示。

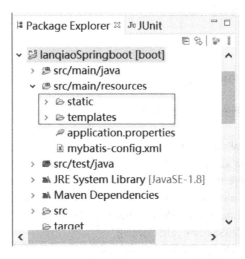

图 17.7 创建文件夹后的项目文件结构

Spring Boot 默认支持静态欢迎页面 index.html,但是这个页面必须放在 "src/main/resources/static" 目录下。我们创建一个 index.html 页面,该页面中,添加一个 form 表单用于输入学生 id 并查询学生的详细信息,再添加一个 <a> 标签,用于查询所有学生的信息。index.html 页面的代码详见程序清单 17.10。

```
<!DOCTYPE html>
<html>
<head>
<meta charset="UTF-8">
<title>Insert title here</title>
</head>
<body>
    <form action="/studentById " method="GET">
        <input type="text" name="stuId" /> <input type="submit" value="查询" />
    </form>
    <a href="/allstudents">查询所有学生的信息</a>
</body>
</html>
```

程序清单 17.10

在 index.html 页面中，我们定义了两个请求地址"/studentById"和"/allstudents"。接下来，就要创建一个 Controller 类接受并处理这两个请求。首先在"src/main/java"目录下创建"org.lanqiao.test.controller"包，然后在其中创建"StudentController.java"类。该类的代码详见程序清单 17.11。

StudentController.java：

```java
package org.lanqiao.test.controller;
//省略 import
…
@Controller
public class StudentController {
    @Autowired
    StudentService studentService;
    @Autowired
    ConversionService converter;
    /*
     * 响应客户端获取所有学生列表的请求
     */
    @RequestMapping("/allstudents")
    public ModelAndView allStudents() {
        Map<String, Object> modelMap = new HashMap<String, Object>();
        List<Student>   allStudents = studentService.findAllStudents();
        ModelAndView showStudentsMAV = new ModelAndView();
        modelMap.put("allStudents", allStudents);
        showStudentsMAV.addAllObjects(modelMap);
        showStudentsMAV.setViewName("studentlist");
        return showStudentsMAV;
    }
    /*
     * 响应客户端通过学生 id 查询学生信息的请求
     */
    @RequestMapping("/studentById")
    public ModelAndView studentById(@RequestParam("stuId") String stuIdString) {
        Integer stuId = converter.convert(stuIdString, Integer.class);
        Student   student = studentService.findStudentById(stuId);
        ModelAndView showStudentsMAV = new ModelAndView();
        Map<String, Object> modelMap = new HashMap<String, Object>();
        modelMap.put("stuId", stuIdString);
        modelMap.put("student", student);
        showStudentsMAV.addAllObjects(modelMap);
        showStudentsMAV.setViewName("studentlist ");
        return showStudentsMAV;
    }
}
```

程序清单 17.11

在程序清单 17.11 的 StudentController 类中，通过自动装配注入了 StudentService 实例，

其代码详见程序清单 17.9。自动装配注入的 ConversionService 实例是 Spring Boot 启动时在环境配置这一步的自动实例化的一个服务类，可以通过自动装配直接注入类中。在本实例中，使用这个服务类的 convert() 方法将页面传入的代表学生 id 的字符串转换为整数。

在程序清单 17.11 中，两个处理请求的方法返回的是同一个页面"studentlist.html"，"studentlist.html"是一个后端模板页面，Spring Boot 默认后端模板页面的位置在"src/main/resources/templates"目录下。"studentlist.html"页面的代码详见程序清单 17.12。

studentlist.html：

```html
<!DOCTYPE html>
<html xmlns:th="http://www.thymeleaf***.org">
<head>
<meta charset="UTF-8">
<title>Insert title here</title>
</head>
<body>

<p>下面是表格示例：</p>
<p th:if="${stuId}">查询 id 条件是：<div th:text="${stuId}"></div></p>
<table border="1" >
    <thead>
        <tr>
            <th width="100">ID</th>
            <th width="100">姓名</th>
            <th width="100">性别</th>
        </tr>
    </thead>
    <tbody th:if="${student}">
        <tr >
            <td th:text="${student.stuNo}"></td>
            <td th:text="${student.stuName}"></td>
            <td th:text="${student.stuAge}"></td>
        </tr>
    </tbody>
    <tbody th:if="${allStudents}">
        <tr th:each="student:${allStudents}">
            <td th:text="${student.stuNo}"></td>
            <td th:text="${student.stuName}"></td>
            <td th:text="${student.stuAge}"></td>
        </tr>
    </tbody>
</table>

</body>
</html>
```

程序清单 17.12

在程序清单 17.12 中，我们可以看到在 <html> 标签中添加了命名空间 "xmlns:th=http://www.thymeleaf***.org"。这个命名空间是非必要的，但是添加后可以避免编辑器出现 html 验证错误，即避免在 html 页面中使用 th:开头的标签属性（指令）时编辑器报错，然而这些错误并不影响页面的解析。

程序清单 17.12 中的 "th:if="${student}"" 是一个判断语句。假设有如下代码：

```
<p th:if="${stuId}">查询id条件是：<div th:text="${stuId}"></div></p>
```

如果 model 中不存在 stuId 对象，则上述代码中的<p>标签整体不显示。

我们再来看页面中用到的另一个 Thymeleaf 指令 "th:text"。假设有如下代码：

```
<div th:text="${stuId}"></div>
```

<div>标签中的指令 "th:text" 用来显示 model 中的 stuId 值，取值依靠表达式 "${}"。在程序清单 17.12 中用到的最后一个 Thymeleaf 指令是 th:each，这个指令用在<tr>标签中，用于循环执行<tr>，代码如下：

```
<tr th:each="student:${allStudents}">
```

这个指令会循环获取列表 allStudents 中的对象，赋值给 student，然后将 student 的属性值填充到 table 当前行的各列中。

现在执行主类中的 main 方法，然后在浏览器的地址栏中输入 http://localhost:8080/，打开如图 17.8 所示的 Web 应用首页。

图 17.8　Web 应用首页

在文本框中输入一个代表 stuId 的整数（如 56），单击 "查询" 按钮，页面跳转，打开的查询结果页面如图 17.9 所示。

图 17.9　查询结果页面（查看单个学生信息）

在 Web 应用首页中单击"查看所有学生信息"超链接后，页面跳转，打开的查询结果页面如图 17.10 所示。

图 17.10　查询结果页面（查看所有学生信息）

Spring Boot 最常见的使用场景是被用作微服务的基础框架。使用 Spring Boot 构建的 Web 应用一般都是没有客户端的只对外提供 RESTful 格式的接口或其他格式接口的服务类项目。这也就意味着基于 Spring Boot 的 Web 应用一般都是前后端分离的。所以我们对这种在服务端通过模板构建页面的技术并不做详细的研究，这里只进行简单的介绍。

17.2　Spring Cloud

17.2.1　微服务概述

微服务本质上属于分布式架构、分布式应用、分布式计算。微服务化的核心内容是将传统的一站式应用根据业务拆分成一个一个的服务，彻底解耦，每个微服务提供单个业务功能，一个服务做一件事。从技术角度看，微服务就是一种小而独立的处理过程，类似进程概念，能够自行启动或销毁，拥有独立的数据库。

微服务关注的是服务的大小，强调一个服务只做一件事，虽然微服务仍是一个大的系统中的一部分，但它是独立存在的，它和系统的其他部分实现了彻底解耦。这从另一个层面也表明，微服务的架构使数据和语言实现了去中心化。一个系统中任意一个微服务的实现语言不再要求是同一种语言。我们可以使用任何语言实现微服务，只要有统一的对外接口就可以。由于微服务有自己的数据库，所以在微服务架构下的数据库不再是统一的大而全的数据库，而是由很多不同的业务数据库组成的数据存储结构。

微服务的特性包括可靠性、弹性、可扩展性、可用性、稳健性等。

下面我们从程序设计人员的角度总结微服务的优点。

- 每个微服务都很小,这样能聚焦一个指定的业务功能或业务需求。
- 微服务能够被小团队单独开发。
- 微服务是松耦合的,微服务是有功能意义的服务,无论是在开发阶段还是在部署阶段,微服务都是独立的。
- 微服务能使用不同的语言进行开发。
- 微服务容易被开发人员理解,修改和维护,这样小团队能够更关注自己的工作成果。
- 微服务允许开发人员融合最新技术。
- 微服务只是业务逻辑的代码,不会和 HTML、CSS 或其他界面组件混合。

当然,微服务本身也有一些不足之处。

- 开发人员要处理分布式系统本身所带来的复杂操作,如分布式事务,分布式锁等。
- 涉及多个服务之间的自动化测试也具有一定的挑战性。
- 服务管理的复杂性。在生产环境中要管理多个不同服务的实例,这给运维人员带来了不小的挑战。
- 系统集成测试,会变得很复杂。
- 系统整体的性能监控也是个复杂的问题。

17.2.2 Spring Cloud 生态概述

Spring Cloud 为开发者提供了快速构建分布式系统中一些常用功能的工具,如配置管理、服务发现、断路器、智能路由、微代理、控制总线、一次性令牌、全局锁、领导选举、分布式会话、集群状态。

微服务系统为了协调服务之间的关系,使 Spring Cloud 集成了大量的常用功能部件,开发人员在开发过程中只要套用或简单配置后就可以使用这些部件了。

Spring Cloud 专注于为微服务提供常用的开箱即用(out of box)的组件,以及在这些组件上面的扩展机制。

微服务系统必备的,同时也最常用的功能包含以下几项。

- 服务注册和发现机制。
- 路由功能。
- 服务调用客户端功能。
- 服务熔断机制。
- 分布式消息机制。
- 配置外部化。

对微服务而言,服务注册和发现机制是必须具备的功能,微服务要想参与到整个系统中发挥作用,必须能被别的服务找到,这就要求微服务框架必须提供服务注册功能。为此 Spring Cloud 提供了 Eureka、Consul、Zookeeper 的集成组件。

微服务的路由功能被称为微服务网关,其主要作用是请求过滤和路由转发。Spring Cloud 提供了 Gateway 组件。

服务调用客户端功能可以让微服务之间的调用变得更简单,同时能够提供负载均衡的功能,Spring Cloud 提供了 OpenFeign 组件。OpenFeign 组件本质上是一个 REST 客户端,但是它对上层协议进行了较好的封装,使用 OpenFeign 时类似 controller 调用 service,比较简单易用。同时,OpenFeign 实现了客户端调用服务时的负载均衡。

服务熔断机制，一般是指在服务之间相互调用时，由于网络故障或资源不足导致某个目标服务调用慢，或者有大量超时，熔断该服务的调用，对于后续调用请求，不再继续调用目标服务，直接返回，快速释放资源。如果目标服务情况好转，则恢复调用。Spring Cloud 提供了组件 resilience4j。

分布式消息机制提供了同步操作转异步操作时的必要组件，Spring Cloud 为我们提供了 Kafka 和 RabbitMQ 的集成组件，使用 Spring Cloud 提供的消息中间件的集成组件后，就可以直接使用 Spring API 接收和发送消息了，而无须使用消息中间件原生的客户端。

配置外部化可以解决系统的配置属性发生变化后微服务就需要重新启动的问题。Spring Cloud 提供了一个名为 Config 的组件把微服务的配置属性从各项目中转移到统一的存储介质中，用于存储统一配置的介质可以是 Git 服务器，也可以是数据库。

Spring Cloud 作为微服务的框架，通过一整套构建微服务系统的基础组件组成了一个很完善的微服务生态系统。

17.2.3 使用 Spring Cloud 构建微服务项目

本节中所有示例的 Spring Cloud 的版本号是 2020.0.3。该版本的 Spring Cloud 支持的 Spring Boot 的版本号是 2.4.6。

在本节中，我们将搭建一个简单的微服务系统，系统整体架构如图 17.11 所示，整个系统由 Gateway 网关统一对客户端开发接口，该网关同时具备路由功能。服务注册和发现由 Eureka 服务承担，服务 ServiceA 和服务 ServiceB 是两个具体的业务服务，ServiceB 的一个功能需要依赖 ServiceA 提供的一个服务，ServiceB 对 ServiceA 的调用使用 OpenFeign 组件完成。

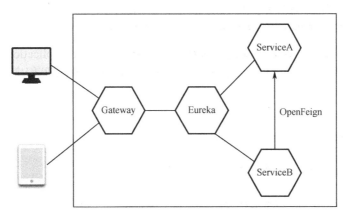

图 17.11　系统整体架构

1. 创建 Eureka 服务器

使用 Spring Cloud 构建微服务，首先需要部署一个服务注册和发现服务，这里我们使用 Eureka。Eureka 是一个服务注册和发现组件，分为服务端和客户端两部分。通过创建一个 Spring Boot 项目可以获得 Eureka 的服务端。于是，我们创建一个 Spring Boot 项目，项目名为"lanqiaoeureka"，使用的 Spring Boot 的版本号为 2.4.6。添加 Erueka 服务器的依赖，代码如下。

```xml
<dependency>
    <groupId>org.springframework.cloud</groupId>
    <artifactId>spring-cloud-starter-netflix-eureka-server</artifactId>
    <version>3.0.3</version>
</dependency>
```

在实际操作中，<version>标签是不用添加的，因为父 Pom 已经对这个依赖进行了管理，并定义了它的版本号。

接下来，需要对 Eureka 服务器的属性进行基本设置，在属性文件 application.properties 中添加 Eureka 服务器的端口号和主机名，代码如下。

```
#Eureka 服务器端口号
server.port=8671
#应用实例主机名
eureka.instance.hostname=localhost
```

因为每个 Eureka 服务器本身具有两种角色，即服务器和客户端，所以每个 Eureka 服务器的客户端都会不断地尝试将自己注册到 Eureka 服务器中，然而在 Eureka 的单机模式下，这个注册操作是无法实现的，因此会导致日志文件中产生大量的错误信息。所以，在 Eureka 的单机模式下，我们要将客户端功能关闭，具体的配置代码如下。

```
#禁止将自己注册到 Eureka 服务器中
eureka.client.register-with-eureka=false
#是否从 Eureka-Server 中获取服务注册信息到客户端缓存，默认为 true
eureka.client.fetchRegistry=false
#指出 serviceUrl 指向当前实例本身
eureka.client.serviceUrl.defaultZone=http://127.0.0.1:8671/eureka/
```

要想启动 Eureka 服务器，我们还应在主类 LanqiaoeruekaApplication 中添加一个注解 @EnableEurekaServer。LanqiaoeruekaApplication.java 的完整代码详见程序清单 17.13。

```java
package org.lanqiao.test;
//省略 import
@SpringBootApplication
@EnableEurekaServer
public class LanqiaoeruekaApplication {

    public static void main(String[] args) {
        SpringApplication.run(LanqiaoeruekaApplication.class, args);
    }
}
```

程序清单 17.13

之后，就可以通过 LanqiaoeruekaApplication 类的 main 方法启动 Eureka 服务器了，Eureka 服务器启动后，我们可以在浏览器的地址栏中输入 http://127.0.0.1:8671/，打开 Eureka 的控制台，如图 17.12 所示。

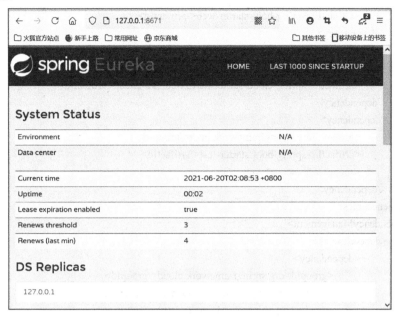

图 17.12 Eureka 的控制台

2. 创建微服务,并将其注册到 Eureka 服务器中

接下来,我们再创建一个项目,即名为"lanqiaoserviceA"的服务。我们要为该服务添加 Eureka 客户端依赖,完整的 Pom 文件的代码详见程序清单 17.14。

pom.xml:

```xml
<?xml version="1.0" encoding="UTF-8"?>
<project xmlns=http://maven.apache***.org/POM/4.0.0
    xmlns:xsi="http://www.w3.org/2001***/XMLSchema-instance"
    xsi:schemaLocation="http://maven.apache***.org/POM/4.0.0
    https://maven.apache***.org/xsd/maven-4.0.0.xsd">
    <modelVersion>4.0.0</modelVersion>
    <parent>
        <groupId>org.springframework.boot</groupId>
        <artifactId>spring-boot-starter-parent</artifactId>
        <version>2.4.6</version>
    </parent>
    <groupId>org.lanqiao</groupId>
    <artifactId>lanqiaoserviceA</artifactId>
    <version>0.0.1-SNAPSHOT</version>
    <name>lanqiaoserviceA</name>
    <properties>
        <java.version>1.8</java.version>
        <spring-cloud.version>2020.0.3</spring-cloud.version>
    </properties>
    <dependencies>
        <dependency>
            <groupId>org.springframework.boot</groupId>
```

```xml
                <artifactId>spring-boot-starter-web</artifactId>
            </dependency>
            <dependency>
                <groupId>org.springframework.cloud</groupId>
                <artifactId>spring-cloud-starter-netflix-eureka-client</artifactId>
            </dependency>
            <dependency>
                <groupId>org.springframework.boot</groupId>
                <artifactId>spring-boot-starter-test</artifactId>
                <scope>test</scope>
            </dependency>
        </dependencies>
        <dependencyManagement>
            <dependencies>
                <dependency>
                    <groupId>org.springframework.cloud</groupId>
                    <artifactId>spring-cloud-dependencies</artifactId>
                    <version>${spring-cloud.version}</version>
                    <type>pom</type>
                    <scope>import</scope>
                </dependency>
            </dependencies>
        </dependencyManagement>
        <build>
            <plugins>
                <plugin>
                    <groupId>org.springframework.boot</groupId>
                    <artifactId>spring-boot-maven-plugin</artifactId>
                </plugin>
            </plugins>
        </build>
</project>
```

程序清单17.14

添加 Eureka 客户端依赖后，我们要通过配置文件添加配置信息，以便能将服务"lanqiaoserviceA"注册到 Eureka 服务器中。为了完成这一步，需要在属性文件 application.properties 中进行如下配置，完整的配置代码详见程序清单17.15。

application.properties

```
server.port=8081
#Eureka 服务器地址
eureka.client.serviceUrl.defaultZone=http://127.0.0.1:8671/eureka/
#本服务名称
spring.application.name=lanqiaoserviceA
```

程序清单17.15

现在启动服务"lanqiaoserviceA"，然后在浏览器中打开 Eureka 的控制台，页面显示当前服务已经注册成功，如图 17.13 所示。

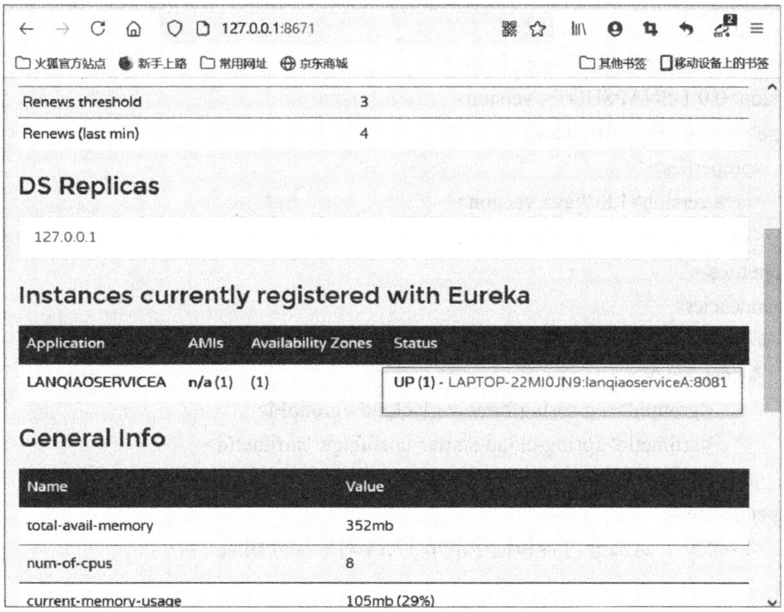

图 17.13　当前服务已经注册成功

为了让服务"lanqiaoserviceA"能够被别的服务调用，我们在服务"lanqiaoserviceA"中添加一个包"org.lanqiao.servicea.controller"，然后添加一个类"StudentController.java"，该类的代码详见程序清单 17.16。

```
package org.lanqiao.servicea.controller;
//省略 import
@RestController
@RequestMapping("/servicea")
public class StudentController {
    @GetMapping("/studentbyid")
    public ResponseEntity<Object> getStudentById(@RequestParam("stuId") String stuId){
        ResponseEntity<Object> responseEntity =
                new ResponseEntity("这是 servicea 的对外接口。",HttpStatus.OK);
        return responseEntity;
    }
}
```

程序清单 17.16

3．使用 Web Service 客户端 OpenFeign

继续创建 Spring Boot 项目，即名为"lanqiaoserviceB"的服务，创建"lanqiaoserviceB"的过程和创建"lanqiaoserviceA"的过程是一样的，并且也要为"lanqiaoserviceB"服务添加 Eureka 客户端依赖。此外，因为服务"lanqiaoserviceB"需要调用服务"lanqiaoserviceA"，所以必须添加客户端 OpenFeign 依赖。完整的 Pom 文件的代码详见程序清单 17.17。

pom.xml：

```xml
<?xml version="1.0" encoding="UTF-8"?>
<!--省略，这部分内容和程序清单 17.14 的对应部分相同  -->
    <groupId>org.lanqiao</groupId>
    <artifactId>lanqiaoserviceB</artifactId>
    <version>0.0.1-SNAPSHOT</version>
    <name>lanqiaoserviceB</name>
    <properties>
        <java.version>1.8</java.version>
        <spring-cloud.version>2020.0.3</spring-cloud.version>
    </properties>
<dependencies>
<!--省略，这部分内容和程序清单 17.14 对应部分相同  -->
    <dependency>
        <groupId>org.springframework.cloud</groupId>
        <artifactId>spring-cloud-starter-openfeign</artifactId>
    </dependency>
</dependencies>
    <!--省略，这部分内容和程序清单 17.14 对应部分相同  -->
</project>
```

程序清单 17.17

对比程序清单 17.17 和程序清单 17.14，可以看出"lanqiaoserviceB"的 pom.xml 文件只比"lanqiaoserviceA"的 pom.xml 文件多了一个 OpenFeign 依赖。

OpenFeign 组件是一个声明式的 Web Service 客户端，它可以极大地简化对 Web Service 的调用。使用 OpenFeign 组件只需定义一个接口并添加注解即可。

要想在项目中使用 OpenFeigen 组件，就必须在主类 LanqiaoserviceBApplication.java 中添加注解"@EnableFeignClients"，LanqiaoserviceBApplication.java 类的代码详见程序清单 17.18。

```java
package org.lanqiao.serviceb;
//省略 import
@SpringBootApplication
@EnableFeignClients
public class LanqiaoserviceBApplication {
    public static void main(String[] args) {
        SpringApplication.run(LanqiaoserviceBApplication.class, args);
    }
}
```

程序清单 17.18

接下来，新建一个接口，用于声明 OpenFeign 客户端，在"lanqiaoserviceB"中新建一个包"org.lanqiao.serviceb.feign"，在该包下新建一个接口 ServicebStudentClient.java，代码详见程序清单 17.19。

```java
package org.lanqiao.serviceb.feign;
//省略 import
@FeignClient(value = "lanqiaoserviceA")
public interface ServicebStudentClient {
```

```
    @GetMapping("/servicea/studentbyid")
    public ResponseEntity<String> getStudentById(@RequestParam("stuId") String stuId);
}
```

程序清单 17.19

在程序清单 17.19 中，接口通过使用注解@FeignClient(value = "lanqiaoserviceA")变成了服务"lanqiaoserviceA"的客户端。服务名称"lanqiaoserviceA"是在项目"lanqiaoserviceA"的属性文件中定义的（见程序清单 17.15）。

接口 ServicebStudentClient.java 中的方法对应的是服务"lanqiaoserviceA"对外开放的 Controller 接口，这些方法必须和 Controller 中定义的方法是一样的。

下面，在项目"lanqiaoserviceB"中创建包 org.lanqiao.serviceb.controller，在这个包下创建控制器类 TestFeignController.java，该控制器类的完整代码详见程序清单 17.20。

```
package org.lanqiao.serviceb.controller;
//省略 import
@RestController
@RequestMapping("/test/")
public class TestFeignController {

    @Autowired ServicebStudentClient servicebStudentClient;
    @GetMapping("client")
    public ResponseEntity<String> testClient(@RequestParam("stuId") String stuId){
        return servicebStudentClient.getStudentById(stuId);
    }
}
```

程序清单 17.20

在程序清单 17.20 中，我们定义了一个控制器，testClient()方法可以接收页面传入的 stuId 参数，然后传给上面定义的"lanqiaoserviceB"的 OpenFeign 客户端的 getStudentById()方法，该 OpenFeign 客户端就会调用"lanqiaoserviceB"服务中对应的控制器。

最后，不要忘了在项目"lanqiaoserviceB"的属性文件中配置端口号、Eureka 服务器的地址及服务名称。项目"lanqiaoserviceB"的配置文件的完整代码详见程序清单 17.21。

```
server.port=8082
#Eureka 服务器地址
eureka.client.serviceUrl.defaultZone=http://127.0.0.1:8671/eureka/
#本服务名称
spring.application.name=lanqiaoserviceB
```

程序清单 17.21

现在，可以启动"lanqiaoserviceB"服务并进行测试了，在启动"lanqiaoserviceB"服务之前，必须确保 Eureka 服务器和"lanqiaoserviceA"服务都已经启动了。三者都启动后，在浏览器中打开 Eureka 的控制台，可以看到两个服务都已经注册成功了。

在浏览器的地址栏中输入 URL"http://127.0.0.1:8082/test/client?stuId=10"，结果如图 17.14 所示，显示 OpenFeign 调用结果。

图 17.14 OpenFeign 调用结果

4. 为微服务添加一个网关

网关是一种用来保护、增强和控制所有微服务对外接口的服务。网关处于所有微服务的最前端，在大多数的系统设计中我们都会把认证、授权、访问控制等功能放在网关中。Spring Cloud 提供了一个名为"Gateway"的组件，用于担任微服务系统网关的角色。对网关而言，最基本的功能就是路由。

下面，通过创建一个网关服务介绍 Gateway 的路由功能。

创建一个 Spring Boot 项目，名称为"lanqiaogateway"，在该项目中添加 Gateway 和 Eureka 客户端依赖。完整的 Pom 文件的代码详见程序清单 17.22。

pom.xml：

```xml
<?xml version="1.0" encoding="UTF-8"?>
<project xmlns="http://maven.apache***.org/POM/4.0.0"
<!--省略 -->
    <groupId>org.lanqiao</groupId>
    <artifactId>lanqiaogateway</artifactId>
    <version>0.0.1-SNAPSHOT</version>
    <name>lanqiaogateway</name>
    <properties>
        <java.version>1.8</java.version>
        <spring-cloud.version>2020.0.3</spring-cloud.version>
    </properties>
    <dependencies>
        <dependency>
            <groupId>org.springframework.cloud</groupId>
            <artifactId>spring-cloud-starter-gateway</artifactId>
        </dependency>
        <dependency>
            <groupId>org.springframework.cloud</groupId>
            <artifactId>spring-cloud-starter-netflix-eureka-client</artifactId>
        </dependency>
        <dependency>
            <groupId>org.springframework.boot</groupId>
            <artifactId>spring-boot-starter-test</artifactId>
            <scope>test</scope>
        </dependency>
```

```xml
        <dependency>
            <groupId>org.springframework.boot</groupId>
            <artifactId>spring-boot-devtools</artifactId>
            <scope>runtime</scope>
            <optional>true</optional>
        </dependency>
    </dependencies>
    <!--省略 -->
</project>
```

程序清单 17.22

从程序清单 17.22 中可以看到，这个项目添加了 Gateway 和 Eureka 客户端依赖。同时，我们还添加了 spring-boot-devtools 依赖，这个依赖可以使项目具有热部署的能力，当项目启动后，如果再对项目中的任何文件进行修改，只要保存后，项目就会自动重新部署，并且自动重启服务。

除了在属性文件中配置路由规则，项目自动生成的代码无须改动。在属性文件中，需要先配置服务的端口号和服务名称，以及注册到 Eureka 服务器的属性，之后就可以配置路由了。

由于路由配置属性的结构比较复杂，在 propeties 文件中表达这种复杂结构比较困难，所以在这个项目中建议使用 Yml 配置文件。

项目中原来的属性文件 application.properties 无须删除，可以用来配置一些结构简单的属性，或者配置自定义的属性。例如，在本例中我们就把端口号和服务名称放在属性文件 application.properties 中。属性文件 application.properties 的代码详见程序清单 17.23。

```
#端口号配置
server.port=8089
#本服务名称
spring.application.name=lanqiaogateway
```

程序清单 17.23

同时，我们在属性文件 application.properties 的目录下新建文件 application.yml，然后将 Eureka 客户端的配置和路由的配置放在该文件中。application.yml 的代码详见程序清单 17.24。

```yaml
#配置 eureka 客户端
eureka:
  client:
    serviceUrl:
      defaultZone: http://127.0.0.1:8671/eureka/
#配置 gateway 路由
spring:
  cloud:
    gateway:
      routes:
        - id: serva_routh       #路由的 ID，没有固定规则，但要求唯一，并配合服务名称
          uri: lb://lanqiaoserviceA        #匹配后提供服务的路由地址
          predicates:
            - Path=/serva/**             #断言，路径匹配的进行路由
```

```
              filters:
                - StripPrefix=1              #路径中需要忽略几组用/分割的子路径
              - id: servb_routh              #路由的ID，没有固定规则，但要求唯一，并配合服务名称
                uri: http://localhost:8082    #匹配后提供服务的路由地址
                predicates:
                  - Path=/servb/**            #断言，路径匹配的进行路由
                filters:
                  - StripPrefix=1
#配置Gateway组件的日志级别，便于调试
logging:
  level:
    org.springframework.cloud.gateway: trace
```

程序清单 17.24

从程序清单 17.24 中可以看到，一共定义了两组路由规则，"-id"表明路由规则 serva_routh 和路由规则 servb_routh 都是数组 gateway.routes 中的元素。每个路由规则中的 uri 属性对应的是服务名称或服务的 URL 地址。属性 predicates 被称为断言，用来定义访问地址是否包含指定子路径。例如，在 ID 为 serva_routh 的路由规则中，如果访问地址的端口后紧跟着"/serva"，就会将请求路由到服务 lanqiaoserviceA 中。

若在浏览器的地址栏中输入"http://127.0.0.1:8089/serva/test/client?stuId=10"，则 Gateway 会根据路由规则 serva_routh，将请求路由到地址 "http://127.0.0.1:8081/serva/test/client?stuId=10"中，规则没有问题，但是这个路由后的请求一定会报 404 错误，即找不到服务器。

因为访问服务"lanqiaoserviceA"的"/test/client?stuId=10"请求时，正确的地址应该是"http://127.0.0.1:8081/test/client?stuId=10"。请求地址中没有子路径"/serva"，所以一旦在路由中修改了微服务的请求地址，就需要在路由规则中添加一个过滤规则 StripPrefix，过滤规则中的"StripPrefix=1"规定了路由时请求地址中的第一个子路径会被忽略，也就是说在路由转发时 Gateway 会自动删除地址中的第一个子路径。

为验证 Gateway 组件的路由规则，我们将程序清单 17.20 中的 TestFeignController.java 类复制到项目"lanqiaoserviceA"中并进行修改，修改后的代码详见程序清单 17.25。

```
package org.lanqiao.servicea.controller;
//省略 import
@RestController
@RequestMapping("/test")
public class TestFeignController {
    @GetMapping("/client")
    public ResponseEntity<String> testClient(@RequestParam("stuId") String stuId){
        return new ResponseEntity("lanqiaoserverA 的测试接口。",HttpStatus.OK);
    }
}
```

程序清单 17.25

将 Eureka 服务器，"lanqiaoserviceA"服务，"lanqiaoserviceB"服务，"lanqiaogateway"服务都启动，然后在浏览器的地址栏中输入"http://127.0.0.1:8089/serva/test/client?stuId=10"，

请求响应结果如图 17.15 所示。

图 17.15　请求响应结果（路由规则 serva_routh）

从图 17.15 中可以看到，地址栏的请求被路由到了服务 "lanqiaoserviceA" 中，执行的是程序清单 17.25 中的代码。

我们把地址栏中 URL 的 serva 改为 servb，请求结果如图 17.16 所示。

图 17.16　请求响应结果（路由规则 servb_routh）

从图 17.15 中可以看到，地址栏的请求被路由到了服务 "lanqiaoserviceB" 中，执行的是程序清单 17.20 中的代码。

Gateway 组件内置了多种路由规则，同时也内置了多种路由过滤器，我们可以根据实际需要选择不同的路由规则来配置自己的系统。

17.3　本 章 小 结

（1）Spring Boot 是一种全新的框架，它在 Spring 框架的基础上集成了大量常用框架，通过自动装载组件进行自动配置，并为用户提供了更简便的 Spring 框架的使用方式，Spring Boot 也提供了大量的开箱即用的非功能性组件，如安全性、健康检查等。

（2）Spring Boot 内置了 Web 容器，非常适合开发自包含的 Web 应用。Spring Boot 自动配置了 Spring MVC 需要的所有组件，如视图模型处理器，常用的转换器等。Spirng Boot 集成其他框架时主要依靠自动配置功能。例如，集成 MyBatis 时，我们只需在 Pom 文件中添加 mybatis-spring-boot-starter 依赖就可以使用 MyBatis 了，其原因是 mybatis-spring-boot-starter 依赖的 jar 包中有一个自动配置类在起作用。

（3）微服务是一种项目架构方式，微服务可以让系统具有更低的耦合度，更强的扩展性和更大的吞吐能力。但是，微服务也给系统设计和维护带来了一定的困难，如需要处理分布式事务，运维工作也变得更复杂。

（4）Spring Cloud 作为主流的微服务框架，为微服务系统提供了一整套结构性组件，如服务注册与发现组件、更便于使用的 Web Service 客户端、网关、断路器等微服务框架的必要组件。

（5）Eureka 是一个服务注册与发现组件，它的特点是配置简单，并且多个 Eureka 一起工作时，没有主次之分，各 Eureka 服务器节点都相互缓存其他节点上的注册信息。对于系统的稳定性有一定的保证，OpenFeign 组件是一个声明式 Web Service 客户端，其使用方法非常简单，OpenFeign 组件不仅可以用在 Spring Cloud 框架中，而且可以用在独立的非 Spring Cloud 项目中。网关是所有微服务系统必须具有的组件，因为它可以封装微服务系统的复杂性，有了网关后，就能获取统一的 URL 地址了。

17.4 本章练习

简答题

（1）简述 Spring Boot 自动配置功能的原理。
（2）简述 Spring Boot 的 Yml 配置文件的优点。
（3）简述 Spring Cloud 的定义。
（4）Eureka 的功能是什么？它有什么优点？
（5）简述 OpenFeign 组件的定义。创建 OpenFeign 组件时，应该注意哪些问题？

附录 A 部分练习参考答案及解析

第 1 章 MyBatis 基础

单选题

（1）【答案】D

【解析】ORM 是一种持久化的解决方案，主要用于将对象模型和关系型数据库的关系模型映射起来，让开发人员可以像操作对象那样操作数据表。但 JDBC 并没有把对象模型和数据库模型映射起来，需要开发人员自行关联对象中的属性和数据表中的字段。

（2）【答案】C

【解析】SqlSession 提供的查询方法是 selectOne() 和 selectList()。

（3）【答案】A

【解析】略。

（4）【答案】C

【解析】C 选项存在一种特殊情况，如果 SQL 配置文件中不存在 resultType，则表示方法的返回值为 void；如果方法的返回值是一个集合类型（如返回类型是 List<Student>），则 SQL 配置文件中的 resultType 不能是集合类型，而应该是集合中的元素类型。

（5）【答案】B

【解析】A 选项中 statementType 的值应该为 "CALLABLE"，C 选项中存储过程的参数类型应该使用 mode 进行设置，而不能使用 type 进行设置，D 选项中 SQL 参数的值不完整。

第 2 章 MyBatis 配置文件

单选题

（1）【答案】B

【解析】在 MyBatis 中，数据库信息是以 key=value 的形式写在该属性文件中的。

（2）【答案】D

【解析】略。

（3）【答案】A

【解析】

在 MyBatis 中，为某个类定义别名的形式如下：

```
<typeAliases>
        <typeAlias type="类型" alias="别名"/>
</typeAliases>
```

在 MyBatis 中，一次定义一批别名的形式如下：

```
<typeAliases>
        <package name="包名"/>
</typeAliases>
```

在 MyBatis 中定义的别名，不区分大小写。

（4）【答案】C

【解析】在 MyBatis 中，实现自定义类型处理器的两种方式：实现 TypeHandler 接口，或者继承 BaseTypeHandler 类。

（5）【答案】B

【解析】略。

第 3 章　SQL 映射文件

单选题

（1）【答案】A

【解析】当输入类型为 String 时，#{...}会给参数值加上双引号，而${...}不会给参数值加上双引号。因此，要想实现 order by 动态参数排序，则必须使用${value}。

（2）【答案】C

【解析】获取输入参数值的两种方式如表 A-1 所示。

表 A-1　获取输入参数值的两种方式

	#{参数}	${value 参数}
防止 SQL 注入	支持	不支持
参数名（参数值是简单类型时）	任意，如#{studentId}、#{abc}等	必须是 value，即${value}
参数值	会给 String 类型的参数值自动加引号	将参数值原样输出，可以用来实现动态参数排序
获取级联属性	支持	支持

（3）【答案】B

【解析】当输出参数为 HashMap 类型时，可以根据字段的别名获取查询结果。

（4）【答案】D

【解析】在<resultMap>中，<result>元素用来指定普通字段，<id>元素用来指定主键字段。

（5）【答案】B

【解析】MyBatis 提供了<if>、<where>、<foreach>等标签来实现 SQL 语句的动态拼接，并且<where>标签可以根据情况自动处理<if>开头的 and 关键字。

（6）【答案】C
【解析】略。

第 4 章 关联查询

单选题

（1）【答案】B
【解析】略。
（2）【答案】B
【解析】略。
（3）【答案】D
【解析】在 MyBatis 中，打开日志输出功能是为了观察 MyBatis 执行时的 SQL 语句，以便分析延迟加载的实际情况。但日志和延迟加载是两个独立的功能，可以独立使用。
（4）【答案】C
【解析】在进行关联查询时，很多时候仅需要"一"的一方，无须立即将"多"的一方查询出来。开发人员最好能够将查询"多"的操作进行延迟，即首次查询只查询主要信息，而关联信息等需要的时候再加载，以减少不必要的数据库查询开销，从而提升程序的效率。

第 5 章 查询缓存

单选题

（1）【答案】D
【解析】如果两个不同的 SQL 映射文件有相同的 namespace 值，那么这两个 namespace 的 SQL 映射文件也依然共享同一个 mapper 对象。
（2）【答案】A
【解析】略。
（3）【答案】A
【解析】当执行增、删、改的 commit()方法时，一级缓存和二级缓存都会被清理；MyBatis 默认开启一级缓存，但没有开启二级缓存；MyBatis 可以整合 Ehcache、OSCache、MEMcache 等由第三方厂商提供的二级缓存，MyBatis 默认提供了用于整合二级缓存的接口 Cache 及默认的实现类 PerpetualCache。
（4）【答案】C
【解析】略。

第 6 章 MyBatis 高级开发

一、单选题

（1）【答案】C

【解析】略。

（2）【答案】C

【解析】MyBatis Plus 是一个在 MyBatis 基础上扩展了很多常用功能的完整的 ORM 框架。

二、多选题

（1）【答案】A、B、C

【解析】略。本题的知识点在 6.1.1 节中有所介绍。

（2）【答案】A、B、C

【解析】查看程序清单 6.8。

（3）【答案】C、D

【解析】Mapper 提供的 AR 编程适用于非常简单的需求，同时要求和数据库表对应的实体类必须继承 com.baomidou.mybatisplus.extension。

第 7 章　Spring 框架

单选题

（1）【答案】A

【解析】Spring IoC 加载的 Bean 都是通过 Context 创建的，也就说每个 Bean 的作用范围都是相对于一个上下文（context）定义的。

（2）【答案】A

【解析】Spring IoC 的目的是实现代码的解耦，即程序之间的相互调用交由 IoC 控制。

（3）【答案】B

【解析】参见 7.4 节中的表 7.5。

（4）【答案】B

【解析】Spring Bean 的默认作用范围是 Singleton。

（5）【答案】A

【解析】@Repository 用于标注 DAO 层的类，@Service 用于标注 Service 层的类，@Controller 用于标注 Controller 层的类，@Component 用于标注任何一层中的类。

第 8 章　Spring AOP

一、选择题

（1）【答案】B

【解析】JoinPoint 被称为连接点，是一个接口。

（2）【答案】C

【解析】参考 8.2 节中的表 8.5。

二、简答题

（1）AOP 是面向切面编程的简称。OOP（面向对象编程）是以类为基础单位对代码进行模块划分的，AOP 则是一种跨越多个类的解决共性问题的模块组织方式，也就是说 AOP 可以解决多个类共有的问题。

（2）基于 XML 配置 AOP 的优势在于所有 Bean 的配置是集中式的，可读性强，通过配置文件可以了解设计思路，但是通知类则要实现对应的接口。以注解的方式使用 AOP 的优势在于无须书写 XML 文件配置项，同时通知类无须实现对应的接口，注解的方式降低了代码的可读性和维护性。基于 Schema 使用 AOP 的优势在于可以将普通 java 类的方法配置为通知方法，这种方式的缺点是需要配置的内容增多了。

（3）通知类主要包括前置通知、后置通知、异常通知和环绕通知。前置通知在目标方法执行前执行通知。后置通知在目标方法执行后执行通知，异常通知在目标方法抛出异常时执行通知。环绕通知拦截目标方法，相当于执行了 JDK 动态代理的一个完整过程，也就是说环绕通知会拦截目标方法，通过调用 ProceedingJoinPoint 类的实例的 process() 方法代理执行目标方法，这意味着我们可以在 process() 方法执行前和执行后添加统一处理代码，甚至可以通过捕获目标方法的异常对目标方法进行相应的处理。

（4）配置文件会随着项目的完善逐渐变大，维护起来会很麻烦，同时不利于多人协作。配置文件可以根据项目结构进行拆分，也可以根据模块进行拆分，以便开发人员更好地维护项目，从而有利于团队协作。

第 9 章　调度框架 Quartz

一、单选题

（1）【答案】D。
【解析】参考 9.1 节中的表 9.6。
（2）【答案】C。
【解析】注解@Scheduled 的属性 fixedDelay、fixedRate、initialDelay 的单位都是毫秒。

二、简答题

（1）独立使用 Quartz 框架时，任务单元类必须实现接口 Job，这个类中的内容是具体的要定时执行的任务。然后在可执行的方法中应创建 JobDetail 实例、Trigger 实例和 Scheduler 实例。通过 Schedular 实例将 JobDetail 实例和 Trigger 实例组织在一起，之后通过 Scheduler 实例的 start() 方法执行定时任务。具体代码可参考程序清单 9.4。

（2）Spring 整合 Quartz 框架的基本步骤如下。
- 创建具体的 Job 类，需要继承 Spring 提供的抽象类 QuartzJobBean。
- 在 Spring 配置文件中配置 JobDetail。
- 在 Spring 配置文件中配置 Trigger。
- 在 Spring 配置文件中配置 Scheduler。

具体代码可以参考程序清单 9.11 和程序清单 9.14。

（3）cron="0 25 12 19 9 ?"。

（4）任务是一个具体的可调度的执行程序，触发器用来定义任务的执行频率，如开始时间、结束时间等。调度器是具体的定时任务管理机构，它可以把任务和和触发器组合在一起，完成定时任务调度的整个过程。

第10章 Spring整合MyBatis

简答题

（1）jar包mybatis-spring.jar在整合Spring和MyBatis时，主要为MyBatis提供了在Spring环境下生成SqlSessionFactory需要的工厂类，以及生成Mapper实例的工厂类，并且将MyBatis的事务管理托管给了Spring的事务管理。同时，该jar包也提供了MyBatis在Spring配置文件中需要的配置属性，以及注解所需要的元数据。

（2）在Spring配置文件中，使用<context:property-placeholder location="db.properties"/>加载数据库属性文件，数据库属性文件中的属性是通过表达式${propertyName}使用的。

（3）使用jar包mybatis-spring.jar整合Spring和MyBatis时，可以省略MyBatis的配置文件。因为SqlSessionFactoryBean会创建自有的MyBatis配置环境（Environment），并且按照要求自定义配置环境的值。

（4）不可以使用<context:component-scan />替换<mybatis-spring:scan/>，因为Spring的组件扫描器<context:component-scan/>无法正确地为xxxxMapper.java注入sqlSessionFactory对象。

（5）Spring整合MyBatis后，事务管理没有需要特别处理的地方，因为整合后，MyBatis直接参与了Spring事务管理，也就意味着整合后的MyBatis事务管理是通过Spring完成的。

第11章 Spring MVC

单选题

（1）【答案】A

在配置Spring MVC的web.xml时，"/"表示拦截所有请求，其他常见的<url-pattern>值如表A-2所示。

表A-2 常见的<url-pattern>值

<url-pattern>值	含义
/	所有请求，注意不能是/* 。 /：所有请求。 /user：以user开头的所有请求。 /user/pay.action：/user/pay.action这个唯一的请求。 此方式会导致静态资源（css、js、图片等）无法正常显示
.do或.action等	固定后缀的请求路径，如*.action表示/save.action、/user/save.action等所有以.action结尾的请求

（2）【答案】C

【解析】可以使用@PathVariable 获得请求路径中的动态参数。

（3）【答案】B

【解析】略。

（4）【答案】B

【解析】略。

（5）【答案】D

【解析】在 Spring MVC 中，@RequestParam 用于接收请求中的参数值，其他三项可用于处理带数据视图的组件。

第 12 章　视图与表单

单选题

（1）【答案】A

【解析】JstlView 是 InternalResourceView 的子类。如果在 JSP 中使用了 JSTL 的国际化标签，就要使用 JstlView。

（2）【答案】C

【解析】为了使项目能够正常访问静态资源，可以在 Spring MVC 配置文件中增加<mvc:default-servlet-handler/>和<mvc:annotation-driven></mvc:annotation-driven>。

（3）【答案】A

【解析】ConversionServiceFactoryBean 是 Spring MVC 提供的类型转换器，因此可以用于类型转换；FormattingConversionServiceFactoryBean 既可以用于格式化，又可以用于类型转换。

（4）【答案】D

【解析】@NotNull 表示被注释的元素不为 null；@DecimalMax(value)表示被注释的元素必须是一个数字，其值必须小于或等于 value；@Past 表示被注释的元素必须是一个过去的日期。

（5）【答案】B

【解析】将程序中的提示信息、错误信息等放在资源文件中，为不同地区/国家编写对应的资源文件。这些资源文件使用共同的基名，通过在基名后面添加语言代码、国家及地区代码来区分不同的访问者。

第 13 章　表单标签

单选题

（1）【答案】C

【解析】form 标签支持所有的表单提交方式（GET、POST、DELETE、PUT 等）。

（2）【答案】B

【解析】可以通过表单标签提供的 commandName 和 modelAttribute 属性指定 request 域中

的哪个属性与 form 表单进行绑定。

（3）【答案】A

【解析】Spring MVC 提供的一个 checkbox 标签只能生成一个对应的复选框，而一个 checkboxes 标签可以根据其绑定的数据生成多个复选框。除复选框功能外，Spring MVC 提供的 checkbox 标签还可以绑定数据。<form:checkboxes .../>绑定的数据可以是数组、List 或 Set 对象。使用时，必须指定两个属性：path 和 items。其中，items 通过指定 request 域中的集合对象表示所有要显示的 checkbox 项（包含选中和不选中）；path 通过指定 form 表单所绑定对象的属性表示被选中的 checkbox 项。

（4）【答案】D

【解析】<form:errors path="*"/>可以显示所有的错误信息。<form:errors path="绑定对象的属性名"/>可以显示特定元素的错误信息。

第 14 章 文件上传与拦截器

单选题

（1）【答案】A

【解析】略。

（2）【答案】C

【解析】在 Spring MVC 中配置 MultipartResolver 接口的实现类时，id 值必须是 multipartResolver。DispatcherServlet 在 Web 服务启动时，会自动查找 id="multipartResolver" 的 Bean，并对其进行解析。如果 id 值不是 multipartResolver，DispatcherServlet 就会忽略对此 Bean 的解析。

（3）【答案】B

【解析】要想使返回的集合或数组在前端以 JSON 的形式被接收，就必须在请求处理方法前加入@ResponseBody 注解。

（4）【答案】D

【解析】拦截器和过滤器的原理及使用场景均不相同；拦截器和过滤器都可以对用户发出的请求，或者对服务器做出的响应进行拦截。如果有一个请求经过了多个拦截器，那么这些拦截器拦截这些请求的顺序和拦截与之对应的响应的顺序是相反的。

第 15 章 异常处理与 Spring MVC 处理流程

简答题

（1）DispatcherServlet 默认加载的异常处理器是 DefaultHandlerExceptionResolver，该异常处理器的主要功能是将 Controller 类发生的异常自动对应到相应的 HTTP 状态码返回给客户端。

（2）Spring MVC 提供了四种常用的异常处理器，所以我们在面对异常处理时，可以不用编辑任何代码或注解，直接使用 Spring MVC 默认加载的异常处理器

DefaultHandlerExceptionResolver。也可以使用注解@ExceptionHandler 捕获特定的异常，并且按照自己的需要进行相应的页面跳转。还可以使用注解@ResponseStatus 自定义异常类，返回自定义的 HTTP 状态码，以及异常发生原因。还有一种方式，即在 Spring 配置文件中使用 SimpleMappingExceptionResolver 类配置全局的异常处理，使用该类配置的 Bean 可以为 Controller 类产生的不同异常配置不同的跳转页面。

（3）使用 ExceptionHandlerExceptionResolver 处理异常，首先需要在 Controller 类中定义一个异常处理方法，该方法必须被注解@ExceptionHandler 修饰，同时还要在这个注解的 value 中添加需要捕获的异常类，在异常处理方法中，可以定义指定异常发生时需要跳转的页面，但是其作用范围只包含当前的 Controller 类。

（4）Spring MVC 的核心组件 HandlerMapping 是用来解析通过配置或使用@Controller 注解修饰过的控制器类，将其中被@RequestMapping 修饰过的方法转换为<key,value>形式的键值对，并将其存储在内存中。

（5）ViewResolver 组件的主要作用是将逻辑视图转换为用户可以看到的物理视图，简而言之，就是将请求处理方法返回的字符串转换为 WEB-INF 目录下对应的 JSP 等视图文件。

第 16 章　SSM 整合与 Maven

单选题

（1）【答案】B
【解析】略。
（2）【答案】D
【解析】A 选项中，在<property name="configLocation" .../>中应该使用 value，而非 ref；B 选项的全类名"org.mybatis.springframework.SqlSessionFactoryBean"书写错误；C 选项的属性名应该是 configLocation，而非 config。
（3）【答案】A
【解析】容器化是 docker 等组件的主要功能，而非 Maven。
（4）【答案】C
【解析】mvn test 命令可以执行 Maven 项目中的测试程序。

第 17 章　微服务

简答题

（1）Spring Boot 自动配置的目的：自动完成用户所需组件的加载，默认参数的赋值和初始化操作。Spring Boot 需要使用注解@EnableAutoConfiguration 的功能，并将用到的 starter jar 包中的 META-INF/spring.factoires 文件所定义的全部 EnableAutoConfiguration 类加载到 IoC 容器中。然后根据这些已经被加载的类中的 Condition 注解加载所需的依赖的组件。

（2）Sping Boot 的 Yml 配置文件的优点是可以表示结构复杂的属性，配置有序，支持数组等集合。

（3）Spring Cloud 是一个微服务治理框架，在这个框架中集成了大量构建微服务系统所需的治理组件。我们也可以将 Spring Cloud 理解为微服务系统架构的一站式解决方案。Spring Cloud 提供了构建微服务系统需要的各种组件，如服务注册和发现组件、配置中心、消息总线、负载均衡、断路器、数据监控等。

（4）Eureka 是一个用于服务注册和发现的服务组件，分为客户端和服务端。当多个 Eureka 服务组成集群部署时，每个 Eureka 节点之间是对等的，没有主次之分，他们都会相互备份别的节点的注册信息。当其中一个节点发生故障时，客户端请求会自动切换到新的 Eureka 节点。Eureka 还有客户端缓存功能，客户端会缓存服务端的注册信息，所以即使所有 Eureka 服务端节点全部宕机，客户端仍然可以依靠本地缓存的服务注册信息找到要访问的节点。

（5）OpenFeign 是为了方便 HTTP RESTful 调用而产生的，使用 OpenFeign 访问 HTTP 服务时，无须编写大量代码，仅仅简单地声明一个接口文件即可。声明 OpenFeign 接口的步骤如下，首先在主启动类中添加注解@EnableFeignClients，然后在新建的接口文件中添加注解@Component 和@FeignClient，在注解@FeignClient 的 value 属性中添加要访问的服务名称。最后在接口中声明被调用服务的方法。

参 考 文 献

[1] 颜群. 亿级流量Java高并发与网络编程实战[M]. 北京：北京大学出版社，2020.
[2] 杨开振，周吉文，梁华辉，等. Java EE互联网轻量级框架整合开发[M]. 北京：电子工业出版社，2017.

参考文献

[1] 耿祥义. 名师课堂 Java 程序设计基础篇教程[M]. 长沙：北京大学出版社，2020.
[2] 耿祥义，张跃平，等. Java EE 主流框架应用案例教程[M]. 北京：电子工业出版社，2017.